绿色奥秘

植物中褪黑素的生物学探索

崔桂宾 ◎ 著

新华出版社

图书在版编目（CIP）数据

绿色奥秘：植物中褪黑素的生物学探索 / 崔桂宾著 .
北京：新华出版社，2024. 10. -- ISBN 978-7-5166
-7691-2

Ⅰ . Ⅰ . Q576

中国国家版本馆 CIP 数据核字第 2024JL2033 号

绿色奥秘：植物中褪黑素的生物学探索
作者：崔桂宾
责任编辑：蒋小云
出版发行：新华出版社有限责任公司
（北京市石景山区京原路 8 号　邮编 :100040）
印刷：北京亚吉飞数码科技有限公司

成品尺寸：170mm×240mm　1/16　　印张：18.5　字数：293千字
版次：2025年4月第1版　　　　　　　印次：2025年4月第1次印刷
书号：ISBN 978-7-5166-7691-2　　　定价：98.00元

微店

视频号小店

京东旗舰店

微信公众号

喜马拉雅

小红书

淘宝旗舰店

企业微信

前 言

褪黑激素（Melatonin），也被称为松果体素或褪黑色素，是目前为止发现的人体内合成的最强的抗氧化性物质之一。近几十年的研究发现，褪黑激素在动物和人体中发挥着重要作用，包括但不限于在神经系统、内分泌系统、免疫系统中发挥作用。

但最近十五年的研究表明，褪黑激素在植物中也发挥着重要作用，植物中关于褪黑激素的研究论文越来越多。以"melatonin"和"plant"作为检索关键词在美国 Clarivate Analytics（科睿唯安）的 Web of Science 网站进行检索发现，植物中关于褪黑激素的研究越来越多，从十几年前的每年 100 多篇论文，到现在的每年将近 600 篇文章。研究论文的数量增长了 6 倍之多，可见研究人员对植物中褪黑激素的关注显著增加。

而褪黑激素之所以能够引起研究人员的注意，其重要原因在于，褪黑激素在植物中的生理功能越来越多地被发现。其功能不仅局限在干旱、高温、冻害、盐碱等各种非生物胁迫中，在病害等生物胁迫中也发挥着重要作用。此外，在植物根系发育、花期、种子活力、果实发育、果实成熟和衰老等方面均能够发挥作用。另外，在粮食作物中的研究发现，褪黑激素还能够影响作物的产量和品质，同时在园艺作物的采后存储和保鲜等方面也有重要作用。

除了在植物中的重要作用以外，我们在研究中也发现，褪黑激素还和其他植物激素存在广泛的串扰和相互影响，由此极大拓展了褪黑激素研究的范围和深度。同时，也从侧面证实了褪黑激素在植物中功能多样性的原因。

在本书中，我们详细探讨了植物中褪黑激素。第 1 章节简单介绍了褪黑激素的研究起源，同时介绍了褪黑激素在动物和人类疾病中的作用。第 2 章中介绍了植物中褪黑激素的分布,同时对植物中褪黑激素的合成进行了梳理。在第 3、4、5 章中,我们详细介绍了褪黑激素在非生物和生物胁迫、植物的生长发育等方面的作用和研究进展。在第 6 章中,我们介绍了褪黑激素作为目前发现的最强的抗氧剂之一与活性自由基(包括 ROS、RNS 和 H_2S)的相互作用和具体的作用方式。第 7 章则介绍了植物中褪黑激素与植物激素的串扰。第 8 章则着眼于目前主要的粮食作物、油料作物以及园艺果实中褪黑激素的研究进展。

我们希望通过这本书,对褪黑激素在植物中的研究进展做一个整体的梳理,为关心褪黑激素研究的学生和研究人员提供参考,同时也为褪黑激素在作物品种改良、植物生长调节剂的开发等方面提供一些借鉴。此外,也希望借此书向褪黑激素应用研究(特别是作为种子引发剂使用)提供一些理论参考,以进一步推动褪黑激素在植物生产上的使用。

目　录

第 1 章　人和动物中的褪黑激素

褪黑激素(Melatonin),化学名称为 N- 乙酰基 -5 甲氧基色胺,属于吲哚杂环类化合物,既有脂溶性也有水溶性,是目前为止发现的人体内合成的抗氧化性最强的物质之一。近几十年的研究发现,褪黑激素在动物和人体中发挥着重要作用,包括但不限于在神经系统、内分泌系统、免疫系统中发挥作用。褪黑激素还有助于改善血管状况,保护心脏,并对治疗心脑血管疾病具有积极作用。此外,褪黑激素对维持皮肤表面的弹性和完整性至关重要,可以起到延缓衰老的效果。总的来说,褪黑激素是一种在动物和人体内发挥多种重要生理作用的激素,它在改善睡眠、增强免疫力、延缓衰老等方面具有显著效果。

1.1　褪黑激素的发现

褪黑激素的发现和研究历程跨越了数十年,涉及了多位科学家的努力与探索。对褪黑激素的发现最早开始于人类对大脑中的松果体的研究。20 世纪初,研究人员在意识到大脑对人类的重要作用后,就开始了对大脑各部分结构功能的研究,其中就包括了对松果体的研究。

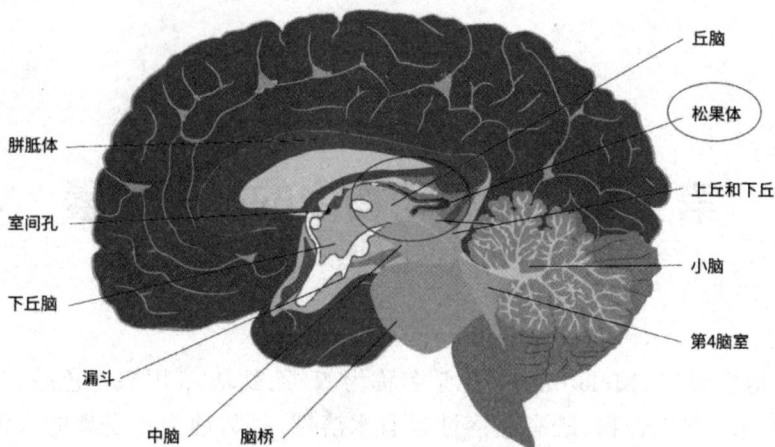

图 1-1 大脑内的松果体位置

松果体在大脑中的体积微不足道,仅是一个重量为 120 ～ 200 mg、长度为 7 ～ 8 mm、宽度为 3 ～ 5 mm、厚度为 2 mm 左右的红褐色豆状小体,位于大脑的几何中心(Netter,2014)。更准确地说,它坐落于中脑上丘之上、第三脑室后部,嵌入在两个大脑半球之间的鞍上池内,紧邻小脑幕切迹和大脑镰(图 1-1)。在解剖位置上,松果体处于胼胝体压部的后上方,被大脑镰所覆盖,并突入到第三脑室的后上部(Netter,2014)。

在几十年前,这个神秘的腺体一度被认为是无功能的退化器官。在神秘学和某些灵性传统中,松果体被视为一个神秘的腺体,有着超越生物学功能的重要意义。一些理论认为,松果体是人类与更高维度或灵性世界之间的连接点。也有一些人认为,松果体可能是人类具有"第六感"能力的生物学基础,尽管这一观点在科学界并未得到广泛认可。"第三只眼"是另一个与松果体紧密相关的神秘学概念。在多个文化和灵性传统中,第三只眼象征着内在视觉、洞察力或灵性觉醒。松果体因其位于大脑中心的位置,有时被比作是"精神之眼"或"第三只眼"的所在。然而,这些观念更多是基于象征和隐喻,而非科学事实。

随着对松果体研究的深入,排除神秘学的因素,科学家们逐渐发现松果体在调节人体生命活动中发挥着重要作用。1958 年,美国科学家 Aaron B. Lerner 及其同事在研究松果体的过程中,首次从牛松果体提取物中分离出了一种能够使蝌蚪皮肤褪色的物质,他们将其命名为"褪黑激素"(Melatonin,MT),意为"使皮肤变白"(Lerner *et al.*,1958)。

随后的研究中,科学家又先后在其他动物和人体内的松果体中发现褪黑激素的存在,表明其广泛存在于动物和人体内,预示其有着重要的生理功能,而在近几十年的研究中,这一点已经得到了广泛的共识。

1.2　人和动物中褪黑激素的合成

1.2.1　合成部位

褪黑激素的研究从 20 世纪 50 年代开始,目前已经发现,褪黑激素几乎存在于所有的动物中,包括低等的原核动物中,而在人和高等动物中更是广泛存在。

褪黑激素最早是在松果体中发现的,随后的研究也表明,在几乎所有脊椎动物和人中,松果体都是褪黑激素合成的主要器官(Ganguly *et al.*, 2002, Xie *et al.*, 2022b)。但需要注意的是,虽然大脑中的松果体是褪黑激素合成的主要部位,但并不意味着褪黑激素只在松果体中合成。大量研究表明,褪黑激素及其受体广泛存在于人和动物的胰腺、肾脏、心脏、肝脏、脂肪细胞、小肠、肺、前列腺、卵巢、子宫和皮肤等各种外周组织中(Talpur *et al.*, 2018, Ahmad *et al.*, 2023)。更进一步的研究表明,几乎所有细胞均能够合成一定量的褪黑激素,只是不同类型的组织细胞合成褪黑激素的水平具有较大差异(Chattoraj *et al.*, 2009)。在褪黑激素相对富集的组织器官如松果体、胃肠道、视网膜中的合成量相对较高,而在褪黑激素含量较低的组织中合成量较少,如肌肉组织、脂肪组织等(Huether, 1994, Tosini and Fukuhara, 2003)。

值得关注的是,在胃肠道中发现的褪黑激素含量远高于任何其他器官,包括松果体(在白天或晚上的任何时间,大鼠肠道中含有的褪黑激素至少是松果体的 400 倍),肠道似乎对褪黑激素的合成做出了重大贡献(Huether, 1993)。进一步的研究显示,肠道中可以积累保存来自于其他器官特别是松果体的褪黑激素,同时肠道中也存在褪黑激素合成的重要细胞,即肠嗜铬素(EC)细胞,可以利用 L- 色氨酸合成褪黑激素,这是肠道能够积累大量褪黑激素的重要原因(Huether *et al.*, 1992,

Kvetnoy et al., 2002）。在合成褪黑激素的细胞器的研究中发现，线粒体是褪黑激素合成的主要细胞器。这与生物进化高度相关，因为线粒体是细胞体内自由基产生的主要来源，需要强大的抗氧化保护以免受自由基和相关的氧化应激损伤。而褪黑激素是一种有效的自由基清除剂和抗氧化剂，它符合线粒体需要强抗氧化剂的需求，是生物进化的本能选择（Tan et al., 2013）。

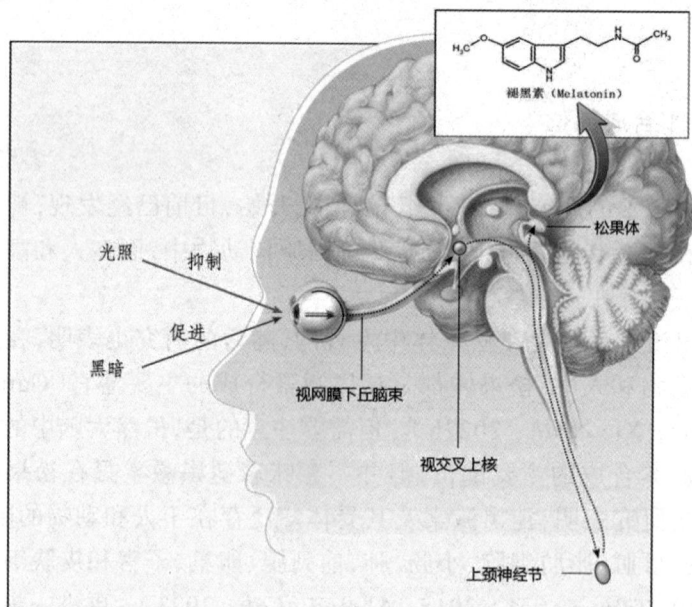

图 1-2　光照和黑暗条件下褪黑激素的合成

1.2.2 影响褪黑激素合成的主要因素

昼夜节律是影响褪黑激素合成的最重要的因素之一，其中最关键的影响因子是光照。在光照条件下褪黑激素的合成受到显著抑制，而在黑夜条件下，褪黑激素的合成才能够被正常启动（图 1-2）。褪黑激素在体内的合成一般从太阳落山后开始，合成量逐渐升高，合成高峰一般在凌晨 3 点左右，以后逐渐降低，在早上太阳升起后褪黑激素合成降至最低水平（图 1-3）。褪黑激素这种昼夜合成差异也是褪黑激素被认为是调节昼夜节律和季节性组织行为的最重要的证据之一。

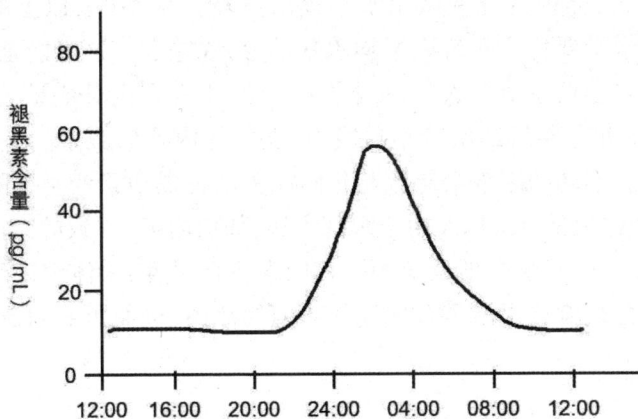

图 1-3　不同时间段褪黑素的合成规律

　　正是这种对昼夜时钟的敏感性,造成了褪黑激素含量在不同时间的差异,对生物体本身来说是一种天然的生物时钟,可以让生物适应不同时间的环境差异(Cardinali *et al.*, 1997, Trivedi and Kumar, 2014)。同时值得注意的是,这种节律调节具有十分复杂的机制。在哺乳动物中,松果体可以对来自下丘脑视交叉上核(SCN)内源性时钟的信号作出反应(这种内源性时钟信号可以感知光照和温度的变化),负责在不同的节律条件下合成褪黑激素,同时褪黑激素也能通过影响生物钟的夹带通路对这种节律响应产生反馈调节作用(Foulkes *et al.*, 1997a)。进一步的研究表明,褪黑激素的这种按照不同昼夜节律的合成规律,与褪黑激素合成通路中的关键限速酶有关,即 5- 羟色胺 N- 乙酰转移酶(AANAT)。AANAT 基因的表达能够响应不同的光照和节律条件,涉及不同的基因表达调控方式,包括转录调控、转录后调控等机制(Foulkes *et al.*, 1997b)。当然,研究表明褪黑激素合成通路中的其他酶也在一定程度上受到各种调控方式的影响,包括对昼夜节律的响应调控。此外,年龄也会影响褪黑激素的合成。对人而言,新生婴幼儿不会自己产生褪黑激素。出生前,他们可以通过胎盘从母体中接受褪黑激素,出生后,他们可以通过母乳获得褪黑激素。而新生婴幼儿自己的褪黑激素合成周期大概在出生后 2 ~ 3 个月时出现。随着孩子年龄的增长,整体的褪黑激素水平会持续增加,在青春期前达到最高值。青春期以后,人体内的褪黑激素含量就会逐步下降,直到十几到二十岁左右会达到平衡。随后,褪黑激素的含量会一直稳定到 40 岁左右,然后随着年龄的增长,体内的褪黑激素水平逐渐下降。在 90 岁以上的人群中,褪黑激素水平要低于年轻人平均水平的 20% 左右。这可能是老年人的睡眠质量要远低于成年人的原因之一。此外,性别也对褪黑激素的合成有影响,在青春期后的所有年龄段中,女性体内褪黑激素的整体水平要高于男性。不同的因素会导致与年龄相关的褪黑激素产生下降,包括松果体钙化(这很常见),以及由于眼部疾病(如白内障)导致的光检测问题。

除此之外,影响酶促反应的一切因素包括温度、人体内微环境的 pH 等因素均会影响褪黑激素合成途径中酶的活性,进而影响到褪黑激素的合成。

1.2.3 褪黑激素的合成途径

褪黑激素是一种吲哚胺类的化合物。从理化性质上,纯褪黑激素呈灰白色粉末状,分子量为 232.28 g/mol,密度为 1.175 g/cm^3,既具有水溶性,也具有酯溶性,在水中的溶解度大于 34.8 mg/L,在乙醇中溶解度大于 50 g/L。褪黑激素具有亲水和亲脂双相溶解性,这决定了褪黑激素功能的多样性。它既可以作用于细胞中亲水性强的部位,比如细胞质、液泡等;也可以作用于细胞中亲脂性的部位,比如细胞的膜结构上。同时,这种特性也使褪黑激素能够较为容易地穿过生物膜进入任何细胞和亚细胞区室,使其易于分布的同时加强了对各细胞区室氧化应激的保护作用。从化学角度来看,褪黑激素的化学式是 $C_{13}H_{16}N_2O_2$,吲哚化学支架被一个 3- 酰胺基团和一个 5- 烷氧基功能化,这种特殊的化学结构通过高共振介散反应赋予了极大的稳定性,同时也是褪黑激素级联抗氧化反应的结构基础。在这些附属基团上,褪黑激素的氧化可能会进一步产生一系列具有显著抗氧化作用的新化合物。

尽管褪黑激素在人和动物的多个器官中合成,但对于合成褪黑激素的亚细胞结构还有待进一步研究。目前学界的主流观点认为,主要从细胞的线粒体中产成褪黑激素,合成来源相对单一。在人和动物体中,褪黑激素的合成主要通过以下四步途径进行(Xie *et al.*, 2022a)(图 1-4)。

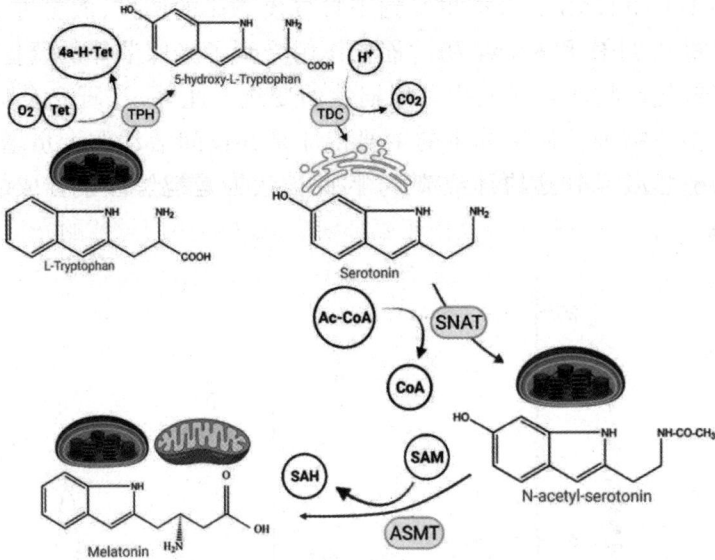

图 1-4　褪黑激素在植物和动物体内的合成途径图

首先，在辅因子 BH₄ 和氧气的参与下，色氨酸羟化酶（TPH）将吸收的 L- 色氨酸（L-Tryptophan）转化为 5- 羟色氨酸（5-hydroxy-L-Tryptophan，简称为 5-HT）。

第二步：5- 羟色氨酸在色氨酸羧化酶（TDC）的作用下转化为 5-羟色胺（又名血清素，Serotonin）。血清素是褪黑激素合成的主要前体，该反应同时伴随着二氧化碳的释放。

第三步：5- 羟色胺 -N- 乙酰转移酶或者芳烷基胺 -N- 乙酰转移酶（SNAT）以牺牲乙酰辅酶 A（Ac-CoA）为代价将血清素转化为 N- 乙酰血清素（N-acetyl-serotonin，NAS）。

第四步，N- 乙酰 -5- 羟色胺甲基转移酶（ASMT）在辅因子 SAM 的参与下将 N- 乙酰血清素转化为最终产物褪黑激素（Melatonin），同时转化辅因子 SAM 为 SAH。

在褪黑激素的合成反应中，L- 色氨酸是褪黑激素合成的初始原料，人和动物本身不能合成 L- 色氨酸，必须从外部摄入。人和动物的松果体能够特异性吸收 L- 色氨酸，以为合成褪黑激素做储备。而作为中间产物 5-HT、血清素和 NAS 也与褪黑激素功能的发挥有着密切联系。5-HT 和 NAS 的含量变化与褪黑激素一样存在类似的周期节律，且含量峰值要比褪黑激素的峰值到来更加提前（Chattoraj et al.，2009）。这表明,5-HT 和 NAS 的合成也受到来自昼夜节律的调控,而更进一步引申可以得到 TPH 和 SNAT 酶的催化作用受到了光照节律的调控,从而导致酶催化产物的含量发生了周期性的变化。此外,有研究表明,SNAT 在大多数物种的松果体中的主要特征是其夜间活动的大量增加,从而驱动褪黑激素分泌的日常节律,因此被认为是褪黑激素合成的主要限速酶。

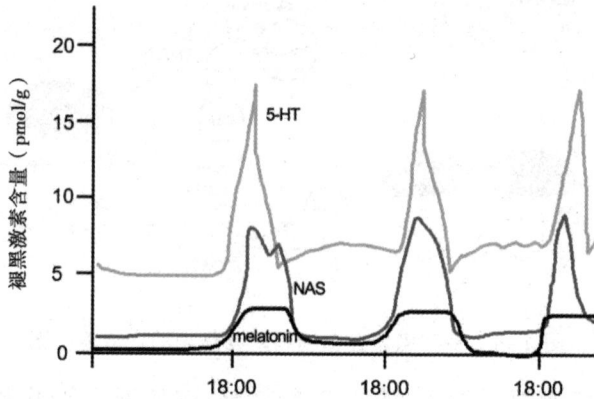

图 1-5 大鼠中不同时间 5-HT、NAS 和褪黑激素的含量变化

1.3 褪黑激素在人和动物中的作用

褪黑激素在人和动物体内的作用相当广泛且复杂,它参与了许多生理和行为的调控过程。

1.3.1 褪黑激素的抗氧化作用

活性氧(ROS, Reactive Oxygen Species)是一类生物体内与氧代谢有关的、含氧自由基和易形成自由基的过氧化物的总称,他们含有具有高度活性的含氧分子或离子,在生物体内起着重要且复杂的作用。这些分子包括超氧阴离子、过氧化氢、羟基自由基以及单线态氧等。活性氧可以在正常的细胞代谢过程中产生,在正常生理状态下,活性氧作为信号分子,参与细胞的生长、分化和凋亡等过程的调控。它们在细胞信号传导、免疫反应以及防御微生物感染等方面发挥着关键作用。然而,当活性氧的产生超过细胞的清除能力时,它们就会对细胞内的蛋白质、脂质和核酸等大分子造成氧化损伤,从而引发细胞功能障碍甚至死亡。

活性氧的产生主要来源于线粒体呼吸链的电子传递过程。在这一过程中,部分电子可能直接从呼吸链中逃逸,与氧分子结合形成超氧阴离子。此外,一些酶促反应,如吞噬细胞中的 NADPH 氧化酶,也可以产生大量的活性氧,以杀灭侵入的微生物。除了内源性产生,外源性因素如紫外线照射、化学物质和环境污染等也可以诱导活性氧的生成。在某些病理条件下,如缺血再灌注、炎症反应和退行性疾病等,活性氧的产生会显著增加,从而导致氧化应激的发生。氧化应激是许多慢性疾病的重要发病机制之一,包括心血管疾病、糖尿病、癌症和神经退行性疾病等。在这些疾病中,活性氧通过损伤 DNA、蛋白质和脂质等生物大分子,破坏细胞结构和功能,进而促进疾病的发生和发展。为了维持细胞内环境的稳态,生物体进化出了一套复杂的抗氧化系统来清除过量的活性氧。这套系统包括酶类抗氧化剂,如超氧化物歧化酶(SOD)、过氧化氢酶和谷胱甘肽过氧化物酶等,它们能够催化活性氧的分解和转化。此外,还有非酶类抗氧化剂,如维生素 C、维生素 E 和谷胱甘肽等,它们可以直接与活性氧反应,从而保护细胞免受氧化损伤。

褪黑激素是一种独特的抗氧化剂,它既可以通过饮食摄入,也可以由生物体内源性合成。与其他抗氧化剂相比,褪黑激素在食物供应不足时仍能被生物体合成,因此更可靠。褪黑激素缺乏通常是由于机体中的合成量减少或消耗量增加,而衰老、基因突变和严重的氧化应激都可能导致其合成的量减少。此外,褪黑激素在氧化应激或不利环境条件下可以被诱导产生,这是一种生物体应对压力的重要生存策略。这种现象在动物、植物甚至单细胞生物中都有观察到。因此,褪黑激素作为一种能在压力条件下被诱导产生的抗氧化剂,显示出了其在保护生物体免受氧化应激损伤方面的独特性和有效性。目前,褪黑激素及其代谢物和衍生物的抗氧化活性已经得到广泛报道和认同,是已知人体内单位摩尔浓度活性氧清除能力最强的抗氧化剂。但是褪黑激素的抗氧化能力表现也不仅如此,它们还可以通过增加体内酶类抗氧化剂的活性和非酶类抗氧化剂的合成等方式提高机体的抗氧化能力(Gurer-Orhan and Suzen,

2015），其主要表现在以下几个方面。

1.3.1.1 褪黑激素可以直接清除活性氧自由基

自由基是机体代谢过程中产生的具有高度活性的分子，它们可以与细胞内的其他分子发生反应，造成细胞损伤。当自由基产生过多或清除不足时，就会对机体造成氧化应激，进而引发多种疾病。褪黑激素作为一种强效的抗氧化剂，能够通过清除自由基来减轻氧化应激对细胞的损伤。褪黑激素清除自由基的机制主要是通过其分子结构中的吲哚环来捕获自由基，即褪黑激素可以直接与活性氧自由基、活性氮自由基结合，从而阻断自由基链式反应，保护和防止细胞和线粒体受到自由基的侵害。褪黑激素作为一种高效的自由基清除剂和抗氧化剂，与其他经典抗氧化剂有所不同，因其具有独特的级联反应。所谓级联反应，即褪黑激素及其二级、三级代谢物能够中和众多有害的氧衍生物。通过这一机制，单个褪黑激素分子竟能清除多达 10 个活性氧（ROS），相比之下，传统抗氧化剂通常只能清除一个或更少的 ROS（Tan $et\ al.$, 2015）。已有研究将褪黑激素在体外和体内环境下的抗氧化能力，与其他抗氧化剂（如维生素 C、维生素 E、谷胱甘肽和 NADH）进行了对比。结果显示，在多数情况下，褪黑激素的表现均优于这些物质。特别值得一提的是，在体内环境中，褪黑激素对于保护细胞免受氧化应激的损害，其效果显著高于其他抗氧化剂。这主要归功于它与 ROS 和褪黑激素之间的级联反应。正因如此，褪黑激素与 ROS 反应后生成的产物（或代谢物）依然保持着清除自由基的能力。也就是说，一个褪黑激素分子能够解除多种有毒的 ROS 的毒性。相较之下，其他抗氧化剂与 ROS 的清除比例仅为 1∶1 或更低（Ortiz $et\ al.$, 2013）。褪黑激素及其代谢物与 ROS 或 RNS 的自由基清除级联反应不仅放大了褪黑激素作为抗氧化剂的效率，而且还扩大了其清除光谱。因此，褪黑激素可以清除多种 ROS 和活性氮（RNS），包括羟基自由基、H_2O_2、O_2^-、单线态氧、NO、NOO^-、次氯酸自由基、LOO^- 等（Zang $et\ al.$, 1998, Poeggeler $et\ al.$, 2002）（Reiter $et\ al.$, 2004, Ucar $et\ al.$, 2007）。这种与 ROS 和 RNS 的级联反应有助于其在动物和人类研究中对氧化应激的保护作用。此外，由于褪黑激素既具有亲水性，也具有亲脂性，因此褪黑激素还能够直接保护脂质体或微粒体免受脂质过氧化的损伤（Schaffazick $et\ al.$, 2005）。

除褪黑激素本身以外,褪黑激素的中间产物和代谢产物例如 5- 羟色胺、酚类衍生物等均具有抗氧化活性,可以直接参考活性氧或者活性氮的清除。褪黑激素代谢过程中褪黑激素分子上的其他官能团在褪黑激素抗氧化的有益作用中起着重要作用(Poeggeler et al., 1994)。已经报道的吲哚环可以直接捕获自由基。一些研究报道褪黑激素代谢物环 -3- 羟基褪黑激素比褪黑激素更能清除羟基自由基和其他活性氧(Galano et al., 2015)。AFMK 在其酶解和与 ROS 或 RNS(活性氮)相互作用过程中也是褪黑激素代谢的中心分子。循环伏安法研究表明,AFMK 提供了两个不同电位的电子作为还原剂(Mayo et al., 2005)。与其他测试的抗氧化剂相比,基于 AFMK 的电子供体和接受能力,它是一种平衡的抗氧化剂,因为他可以处在不同氧化物质的中间。在体外研究中,AFMK 的抗氧化能力不如其前体褪黑激素强,但在体内研究中,AFMK 表现出对氧化应激的强保护作用,这可能是其减轻炎症反应的机理。此外,有研究表明,缺乏酰胺基团的褪黑激素抗氧化能力减弱,缺乏酰胺基团的化合物被发现在铁和过氧化氢存在下有效地促进了自由基的产生(Matuszak et al., 1997)。相同的发现也出现在褪黑激素的甲氧基团上,表明褪黑激素的甲氧基对褪黑激素的抗氧化活性也具有增益作用,且无论其在吲哚环(5- 或 6- 甲氧基)上的位置如何均对褪黑激素的抗氧化作用有促进作用(Gozzo et al., 1999)。此外,褪黑激素的酚类衍生物非常活跃,与褪黑激素相比,酚类衍生物的抗氧化活性增加了一个数量级,在防止突触体膜中的脂质和蛋白质氧化方面具有重要作用(Millán-Plano et al., 2010)。

由此可见,无论是褪黑激素本身还是褪黑激素的部分衍生物,均具抗氧化活性,能够直接与活性氧自由基反应,提高机体对活性氧的清除能力。

1.3.1.2 褪黑激素可以调控抗氧化酶活性

过量的自由基会造成细胞损伤,从而加速衰老。褪黑激素除了直接清除自由基外,还能够通过调控细胞内抗氧化酶的活性来发挥抗氧化作用。研究表明,褪黑激素可以提高包括超氧化歧化酶、谷氨酰半胱氨酸合成酶、谷胱甘肽过氧化物酶、谷胱甘肽还原酶和葡萄糖 -6- 磷酸脱氢酶等抗氧化酶的活性或者合成量,同时,也可以抑制促氧化酶例如一氧化氮合酶的合成,从而增强细胞对自由基的清除能力,防止细胞和线粒体受到氧化活性自由基的侵害(Reiter *et al.*,1999,Rodriguez *et al.*,2004,Reiter *et al.*,2005)。这种调控作用可能与褪黑激素与抗氧化酶基因表达的调控有关,甚至可能与表观遗传调控相关联(Korkmaz and Reiter,2008)。褪黑激素的间接抗氧化作用还涉及褪黑激素受体,各种体外和体内研究表明,MT1 和 MT2 受体的激活会刺激内源性抗氧化酶的表达和活性,其中包括超氧化物歧化酶(SOD)、过氧化氢酶(CAT)、谷胱甘肽过氧化物酶(GPx)和谷胱甘肽还原酶。此外,褪黑激素还可以保护抗氧化酶免受氧化损伤,并增加 GSH 和葡萄糖 -6 磷酸脱氢酶(G6PD)的合成,G6PD 是磷酸戊糖途径的第一步和限速步骤的基础酶,它可以产生 NADPH,然后用于 GSH 回收。褪黑激素还通过表观遗传诱导 Nrf2 来增强抗氧化防御能力,Nrf2 可以与位于编码抗氧化酶的基因启动子区域的抗氧化反应元件结合,进而启动抗氧化酶基因的表达(Li and Kong,2009)。

褪黑激素对抗氧化酶活性的调控具有重要意义,因为它不仅可以增强细胞的抗氧化能力,还可以维持细胞内氧化 - 还原平衡,防止氧化应激对细胞的损伤。此外,褪黑激素还可以通过调控抗氧化酶活性来影响细胞的代谢和生理功能,从而对机体健康产生积极影响。

1.3.1.3 褪黑激素与其他抗氧化剂的协同作用

褪黑激素与其他抗氧化剂(如维生素 C、维生素 E 等)之间具有协同作用,可以共同发挥抗氧化功能。一些抗氧化剂,包括 α- 硫辛酸、维生素 E 和维生素 D$_3$,加上了褪黑激素,能起到 1+1>2 的协同效果。这种协同作用可以增强细胞对自由基的清除能力,提高细胞的抗氧化能力。此外,褪黑激素还能够刺激细胞中谷胱甘肽的产生(Winiarska *et al.*,2006);褪黑激素刺激 γ - 谷氨酰半胱氨酸合酶,从而增加谷胱甘肽水平,并促进谷胱甘肽还原酶的活性,谷胱甘肽还原酶将氧化谷胱甘肽(GSSG)转化回其还原形式(GSH)(Reiter *et al.*,2002)。

1.3.1.4 褪黑激素还能防止 DNA 的氧化损伤

褪黑激素对 DNA 具有重要的保护作用,能防止其受到重金属的损伤。并且,褪黑激素的效果要完胜许多常见的抗氧化剂,比如 α- 硫辛酸、儿茶酚和白藜芦醇。我们大脑、眼睛、肠道、骨髓、卵巢和睾丸的健康,都依赖于褪黑激素的抗氧化机制。不仅是褪黑激素本身,褪黑激素的代谢产物也往往有着抗氧化的效应。比如,褪黑激素的代谢产物 6- 羟基褪黑激素(6-Hydroxymelatonin)有着强大的神经保护作用。从这一点来看,褪黑激素的抗氧化能力是"薪火相传"的。

氧化应激是心血管疾病和神经退行性疾病的重要发病机制之一。褪黑激素作为一种强效的抗氧化剂,可以通过清除自由基和调控抗氧化酶活性来减轻氧化应激对这些疾病的促进作用。因此,褪黑激素在预防心血管疾病和神经退行性疾病方面具有潜在的应用价值。

研究表明,褪黑激素可以降低血压、改善血脂代谢、抑制动脉粥样硬化等心血管疾病的风险因素。此外,褪黑激素还可以通过保护脑细胞免受氧化损伤来预防神经退行性疾病的发生和发展。这些研究结果为褪黑激素在心血管疾病和神经退行性疾病预防方面的应用提供了理论依据。

1.3.1.5 结论与展望

综上所述,褪黑激素具有显著的抗氧化功能,它通过清除自由基、调控抗氧化酶活性以及与其他抗氧化剂的协同作用来发挥抗氧化作用。褪黑激素的抗氧化功能在保护细胞免受氧化损伤、预防心血管疾病和神经退行性疾病等方面具有重要意义。未来研究可以进一步探讨褪黑激素在抗氧化应激相关疾病中的具体应用及其作用机制,为褪黑激素的临床应用提供更多理论依据。

1.3.2 褪黑激素在调节昼夜节律中的作用

昼夜节律,也就是我们通常所说的生物钟,是大约每 24 小时在生物体内自然发生的一种重复的循环模式。这种循环模式从微小的细菌到高级哺乳动物,几乎所有的生物都拥有这种昼夜节律。这种节律影响着我们的睡眠、激素分泌、注意力、认知功能以及我们的情绪状态。这种与生俱来的循环周期在我们的生存和生活过程中扮演着举足轻重的角色,它们能够让我们的身体内部机能与外部环境的变化保持同步,是人类和高等动物在进化上的重要进步，也是人和动物适应环境的重要生理基础。而在哺乳动物中，控制这个节律的"时钟"就位于大脑内一个叫做视交叉上核（SCN）的区域，负责指挥和协调身体其他部位的生物钟，以确保我们的身体能够对外界的时间变化（昼夜变化）做出反应（Verma et al.，2023）。而 SCN 主要是通过调节松果体褪黑激素的分泌来控制我们的生物钟的。此外，褪黑激素还可以通过一种反馈机制来调节 SCN 的活性，进而影响我们的生物钟。因此，褪黑激素与昼夜节律以及进一步的生物钟之间具有密切的联系。

松果体在白天停止合成褪黑激素，而在夜晚则会大量释放出褪黑激素。这种褪黑激素含量的昼夜周期变化是褪黑激素影响人和动物昼夜节律行为和生理的关键，其主要作用机理是影响到我们身体内的主生物钟——SCN 的功能。通常认为，褪黑激素对 SCN 和其他生物钟网络的影响，主要与血液中褪黑激素的含量有关（Pevet et al.，2021）。这已经在许多哺乳动物中得到证实，血液中褪黑激素含量通常在夜晚开始后逐渐增加，在黑夜的夜中期达到最高点，随后在后半夜减少。褪黑激素可以通过不同的方式到达 SCN，并影响它的节律和功能。SCN 就像是我们身体的一个指挥中心，它接收并处理各种信息，然后控制我们的生理和行为反应，让我们更好地适应环境。而褪黑激素与 SCN 的作用方式，主要是通过褪黑激素受体来完成的，大部分哺乳动物都有很多 MT1 和 MT2 褪黑激素受体。这些受体能够与 G 蛋白结合，并影响上下游蛋白的功能，在昼夜节律中发挥着很重要的作用（Klosen et al.，2019）。另外，我们生活的环境光线明暗变化也会强烈影响到 SCN 神经元的工作状态，这也正是褪黑激素调节 SCN 的又一重要证明。这些结果均表明，褪黑激素可以通过与 SCN 之间的相互作用来调节动物的节律行为。此外，科学家们还研究了 SCN 和与年龄相关的神经退行性疾病之间的联系，比如阿尔茨海默病。随着年龄的增长，保持稳定昼夜节律的褪黑激素可能与 SCN 神经元一起工作，帮助防止神经元退化，进而保证人和动物体内的昼夜节律。

除了通过受体来起作用，褪黑激素还可能直接与 SCN 细胞的蛋白酶体互动，以改变生物钟基因的表达模式，可以增强或减弱某些生物钟基因的表达。而这种对生物钟基因的影响可能是褪黑激素影响节律行为的关键因子之一。在不同小鼠品系中的研究表明，正常褪黑激素水平的小鼠与缺乏褪黑激素的小鼠在昼夜节律基因（CCG）表达上存在差异,证明了褪黑激素在调节这些基因中的重要作用(Uz *et al.*, 2003, Mattam and Jagota, 2014)。此外,褪黑激素可能还会通过核孤儿受体基因与生物钟产生联系。由此可见,褪黑激素对生物钟基因表达的影响是褪黑激素影响昼夜节律的重要因素之一。

　　总之,褪黑激素合成的分布的昼夜节律性,是其能够调节动物节律生理和节律行为的关键,而其与 SCN 的共同作用以及对生物钟基因表达模式的影响是其节律调节能力的重要途径。

1.3.3 褪黑激素在免疫调控中起到的作用

　　褪黑激素是一种功能多样的激素,不仅能够清除自由基、调节生物节律,还能够在增强免疫力等方面发挥作用。它可以通过抗炎反应减弱机体的炎症反应,避免机体过强的免疫反应。它还可以通过调节多种免疫细胞的功能和细胞因子的表达来影响免疫反应。此外,褪黑激素还被认为对神经退行性疾病和免疫性疾病具有神经保护作用,如通过调节星形胶质细胞和小胶质细胞上的信号传导,改善氧化应激、神经炎症和自噬缺陷等途径,发挥抗抑郁作用。在阿尔茨海默病等神经退行性疾病中,褪黑激素也显示出对认知障碍的保护。

　　褪黑激素在免疫中作用的发现起于 20 世纪 90 年代,研究人员在研究小鼠对卡介苗的反应时,观察到小鼠爪子呈昼夜周期性的变化,猜测小鼠的免疫功能与节律调节有关;进一步的研究发现,切除松果体后可破坏这种昼夜节律现象,而夜间口服褪黑激素可恢复,由此证明褪黑激素很可能与免疫调节密切相关(Lopes *et al.*, 1997)。更进一步的研究将褪黑激素视为一种抗炎药物,并发现褪黑激素能够调节诸如胸腺、脾脏和肾上腺等免疫学器官的功能。此外,还有研究显示松果体激素与先天和后天免疫反应的调控有关。在健康状态下,夜间褪黑激素能阻止白细胞在内皮细胞上的滚动和粘附,从而防止血细胞的无效迁移。病原体、危险或损伤相关的分子模式以及促炎细胞因子会阻碍夜间褪黑激素的产生,进而促进中性粒细胞和单核细胞的迁移,从而在免疫调控中起作用(Markus *et al.*, 2021b)。目前,这一研究结果已经被广泛接受,并用于一些临床治疗中。

　　褪黑激素可由常驻巨噬细胞持续产生,也可由单核细胞衍生的巨噬细胞或其他具有免疫活性的细胞在需要时合成。它可以防止免疫反应过度,并成为指导免疫细胞对抗炎症的关键物质。目前,对常驻巨噬细胞产生的褪黑激素功能的了解,为我们理解褪黑激素如何协调一线防御,保护免疫系统和内稳态免受干扰提供了新的视角。它通过对机体的免疫系统进行有效的调节和控制,从而提高机体的免疫功能和应对各种环境压力和挑战(Stanford,2018)。更进一步的研究表明,Th1 细胞和Th2 细胞的平衡对维持免疫系统的健康至关重要,而褪黑激素能够对这种平衡起到维持作用,且众多的免疫细胞都具有褪黑激素的受体,其中包括 CD4+T 细胞、CD8+T 细胞和 B 细胞。此外,褪黑激素对免疫系统的调节是双向的。在免疫不足时,能够激活免疫系统,而在炎症反应的状况下,能够抑制多种炎症因子的产生,包括 IL-6、IL-1β、TNF-alpha、NF-kB 和一氧化氮等,从而起到消炎的作用。在许多自身免疫病中,褪黑激素也有重要的作用,包括对于 I 型糖尿病、多发性硬化和炎症性肠病,褪黑激素都能起到缓解炎症的作用。

皮肤是人和动物抵御有害微生物的第一道防线,褪黑激素的得名就来源于其可以使青蛙的皮肤褪色。研究表明,皮肤中褪黑激素的浓度会根据环境刺激和肤色而有所变化,可以促进 DNA 修复和抗氧化酶的表达,并通过与细胞色素 c 和电子传递链的相互作用来调节线粒体功能。我们皮肤里的褪黑激素多少会受到环境刺激和肤色的影响(Kim et al.,2013)。褪黑激素主要靠两种方式来起作用:一种是通过选择性的、亲和力高的 G 蛋白偶联受体;另一种是直接扫除活性氧和活性氮。为了让褪黑激素更好地清除自由基,皮肤中的褪黑激素通常被代谢为 2- 羟基黄素,从而生成两种新物质:AFMK 和 AMK,它们也具有较强的还原能力(Kim et al.,2013)。胃肠道也是人和动物与有害微生物直接接触的第一线,从 1976 年开始,人们就知道胃肠道黏膜的肠色素细胞能产出褪黑激素,进一步的研究表明,胃肠道里面的褪黑激素水平仅次松果体。肠道里的褪黑激素会随着血清素和肠色素细胞的分布来调节急性和慢性的局部或者整体炎症反应。给大鼠口服褪黑激素或者 L- 色氨酸,可以减轻因为缺血再灌注引起的急性胰腺炎,也可以帮助调节肠道的病理生理(Jaworek et al.,2003)。此外,如果把大鼠放在一直黑暗的环境里,它们的胃炎和结肠炎就会减轻(Cevik et al.,2005)。褪黑激素与肠道之间的作用还有另一个方面,就是人的肠道微生物群也会受到褪黑激素的影响,表现出昼夜节律性。人和微生物群之间的这种相互影响,可能是因为每天的吃饭时间和时差变化,导致了生态的失调。总的来说,褪黑激素在胃肠道系统的免疫调节中有着重要的作用，同时，胃肠道也能够合成相当数据的褪黑激素，从而对身体局部和整体的褪黑激素水平起补充作用。

除此之外，褪黑激素对于激活肺部免疫功能也具有重要作用。已有研究表明，肺泡巨噬细胞在肺部免疫防御中具有重要作用，其功能的发挥与褪黑激素的局部积累密切相关。褪黑激素对于肺部抵御吸入的有害物质、减轻炎症反应、维持肺泡巨噬细胞活力具有重要作用，而肺泡巨噬细胞也能够合成褪黑激素（Carvalho-Sousa *et al.*, 2020）。进一步的研究显示，如果阻断褪黑激素的受体，巨噬细胞对空气中有害微生物颗粒的吞噬受到阻碍。此外，在 COVID-19 相关研究中显示，高水平的肺褪黑激素可以阻止 COVID-19 病毒进入血液和触发免疫反应。总之，褪黑激素的局部积累是抵御外界入侵的重要防线，可防止免疫系统过度激活。

总体而言，褪黑激素在人和动物免疫中起着重要作用，其功能可以概况为以下三个方面：首先，褪黑激素能够调节免疫系统的功能，有助于维持免疫平衡。其次，褪黑激素具有抗炎作用，可以减轻炎症反应，有助于炎症的解决。此外，褪黑激素还能增强免疫细胞的活性，如增强巨噬细胞、T 细胞和 NK 细胞的活性，从而提高机体对病原体的抵抗力。特别是在抗病毒免疫中，褪黑激素能够抑制病毒的复制和传播，对抵御病毒感染具有积极作用。总的来说，褪黑激素在人和动物免疫中发挥着重要的调节作用，有助于增强机体的免疫功能，抵御病原体地入侵。

1.3.4 褪黑激素在生殖活动中发挥的作用

松果体中褪黑激素的合成呈现出昼夜节律，这种节律在人和哺乳动物的繁殖调控中发挥着重要作用。自 1963 年 Wurtman 等人首次报道褪黑激素给药能减轻雌性大鼠卵巢重量以来，大量证据已经表明，松果体通过褪黑激素对多种物种的繁殖性能产生影响，广泛参与了动物的性成熟、激素分泌、卵泡发育、黄体功能、排卵、妊娠和分娩等过程。例如，在排卵前，褪黑激素通过特定的受体调控卵泡颗粒细胞的黄体化，从而影响排卵过程。除此之外，褪黑激素还能影响动物的性行为，对长日照繁殖动物的性行为具有抑制效果，而对短日照繁殖动物的性活动则具有促进作用。生殖活动与季节性的昼长变化之间的时间耦合，正是由褪黑激素分泌每天分泌的总时长的季节性变化所介导的（Kennaway *et al.*，2012）。在多数动物中，褪黑激素展现出抗促性腺激素的效应，这种效应主要通过膜结合受体 MT1 和 MT2 来实现（Stein *et al.*，2020）。此外，褪黑激素还可能对卵巢产生局部影响，如在卵巢卵泡液中发现大量褪黑激素，同时在卵巢颗粒细胞中也检测到了褪黑激素受体（Yie *et al.*，1995）。

褪黑激素对人类生殖和发育的影响研究较多。在人类儿童时期，褪黑激素在血液中水平相对较高，但进入青春期后显著下降。这一现象激发了科学家对松果体和褪黑激素在青春期启动中作用的探究。不过，关于褪黑激素在人类青春期过程中的具体作用，文献报道存在矛盾（Brzezinski *et al.*，2021）。有些研究发现，青春期前和青春期延迟的个体血浆褪黑激素水平较高，而青春期后或性早熟的个体则相反。然而，也有研究未发现正常青春期与青春期紊乱之间褪黑激素水平的显著差异。这些研究结果的差别导致研究者对褪黑激素在青春期发育中的重要性产生怀疑，以至于褪黑激素与青春期的关系在人类中尚未确立明确的因果关系。在妊娠和分娩方面，褪黑激素能够穿过胎盘并与胎儿组织中的褪黑激素受体结合，人胎盘中已经检测到褪黑激素受体 MT1 和 MT2 的表达，并且在整个妊娠期间均持续表达（Soliman *et al.*，2015a）。此外，研究表明，高剂量的褪黑激素体外给药可以显著提高人滋养层细胞释放 hCG，同时也可以保护滋养层细胞免受缺氧诱导的炎症损伤（Soliman *et al.*，2015b）。在另一项关于子痫病的研究中，子痫病前期女性每天三次口服 10mg 褪黑激素后，妊娠期有所改善，这些结果可能为改善先兆子痫女性的临床结果提供新的治疗思路。

总体而言，目前关于褪黑激素影响人和动物的生殖发育的观点是确切的，但褪黑激素过量或耗竭与生殖之间的具体关联仍然不清楚，与该问题相关的临床实验得出了不确定且有时相互矛盾的结果，还需要进一步的临床研究来深入探讨这一问题。

1.3.5 褪黑激素在消化系统中的作用

自 1974 年 Raikhlin 和 Kvetnoy 在脊椎动物的肠道中发现褪黑激素以来，越来越多的发现证实褪黑激素在消化道中广泛且大量存在，其含量甚至比松果体中褪黑激素的含量更高。据报道，消化道中的褪黑激素由肠嗜铬细胞合成,其浓度是血液中浓度的 10 ~ 100 倍,且其总含量大概是松果体中褪黑激素浓度的 400 倍左右。由此表明,胃肠道对褪黑激素在血液中的循环浓度具有显著贡献。

褪黑激素在胃肠道中的分布和浓度表明其很可能在胃肠道中发挥重要作用,其作用包括可以作为内分泌、旁分泌或自分泌激素,影响胃肠道上皮细胞的再生和功能,增强肠道的免疫系统,降低胃肠道肌肉的张力。在前文中已经提到,褪黑激素具有强大的抗氧化功能,而这种功能对于消化道的修复可能有着重要的意义。研究发现,不管是在阿司匹林造成的胃溃疡还是在幽门螺杆菌引起的胃溃疡中,褪黑激素都能够加速伤口的愈合(Bubenik *et al.*, 1998)。在胃食管反流症的研究中,每晚 3mg 的褪黑激素也能帮助缓解症状,尽管没有处方药奥美拉唑那么有效,但两者共同使用时能起到协同作用(Bubenik, 2002)。而在肠易激综合征的研究中发现,褪黑激素(大多数试验用的是每晚 3mg)能够有效地缓解腹痛的症状(Bubenik and Pang, 1994)。

1.3.6 作用机理

褪黑激素的作用机理是多方面的,可以通过内分泌、自分泌和旁分泌模式表现出其作用(Reiter *et al.*, 2003)。它可以通过与细胞膜上的受体结合或直接作用于目标分子来发生作用。在已报道的物种内,褪黑激素的受体在密度和位置上表现出相当大的变异性。在哺乳动物中,褪黑激素通过与质膜受体、细胞内蛋白(如钙调蛋白或孤核受体蛋白)结合来显示其作用(Liu *et al.*, 2016)。褪黑激素还显示出与细胞内其他蛋白质分子的相互作用,如钙网蛋白、钙调蛋白和微管蛋白等(Bolliet *et al.*, 1996)。钙调蛋白是一种细胞内二级信使,褪黑激素可以直接与钙竞争性地与钙调蛋白结合,这也可能是褪黑激素在癌症中观察到的减缓肿瘤细胞增殖作用的原因(Ekmekcioglu, 2006)。

此外,褪黑激素最直接的作用是与活性氧(ROS)或者活性氮(RNS)直接结合,包括其与之结合后的中间产物。褪黑激素作为一种高效的自由基清除剂和抗氧化剂,其独有的级联反应使得其抗氧化能力极强,单个褪黑激素分子能够清除多个活性氧(ROS)或者活性氮(RNS),相比之下,传统抗氧化剂通常只能清除一个或更少。

褪黑激素还能够诱导转录因子或者蛋白质活性,从而调控与免疫、节律调节、炎症反应等相关基因的表达,进而影响机体的生理和行为。

1.3.7 结论和展望

总的来说,褪黑激素在人和动物体内的作用是多方面的,它参与了免疫调控、生殖活动、生理节律以及生长和发育等过程。这些功能的实现使得褪黑激素在动物体内起到了关键的调节作用,有助于动物适应各种环境条件和应对生活压力。

1.4　褪黑激素的临床应用

基于褪黑激素功能的多样性,其在临床医学研究和应用中具有广泛的研究内容,主要体现在以下几个方面。

1.4.1 褪黑激素与脑部疾病

褪黑激素主要在大脑的松果体中合成,而松果体对人类大脑的影响是多方面的。因此,褪黑激素在调节昼夜节律、季节性适应和青春期发育等方面发挥重要作用,相关研究也多种多样。

褪黑激素已被证明对治疗神经系统疾病非常有帮助,例如帕金森病(Gunata *et al*., 2020)、阿尔茨海默病(Vecchierini *et al*., 2021)、脑水肿和创伤性脑损伤(Dehghan *et al*., 2013)、抑郁症(Grima *et al*., 2018)、脑缺血(Tang *et al*., 2014)、高同型半胱氨酸尿症(Karolczak and Watala, 2021)、神经胶质瘤(Lai *et al*., 2019)、苯丙酮尿症(Yano *et al*., 2016)和周围神经的淀粉样变性疾病(Shukla *et al*., 2017)。阿尔茨海默病(AD)是一种与年龄相关的疾病,由有毒蛋白 β- 淀粉样蛋白(Aβ)和神经原纤维缠结(NFTs)在记忆神经相关区域的沉积导致认知行为的进行性下降。

研究报道褪黑激素还具有诱导神经兴奋的作用,在抗抑郁、抗焦虑治疗等方面起作用（Uz *et al.*，2005）。它还能够控特殊条件下身体的姿势和平衡，在运动调节方面起作用（Agil *et al.*，2012）。

此外，褪黑激素在大脑中还具有降低血压、调节疼痛的作用，还可以保护神经、血管和视网膜，调节季节性的生殖和卵巢生理变化的功能（Li *et al.*，2013）。这在之前的研究中也已经明确，褪黑激素能够调节性激素的分泌和生殖功能的形成，包括能够调节促性腺激素释放激素（GnRH）的分泌、促卵泡激素（FSH）和促黄体生成素（LH）的合成（Dubocovich *et al.*，2003）。此外，褪黑激素还能够抑制雌激素受体表达和雌激素激活（Carlberg，2000），这表明褪黑激素在生殖调节的过程也起作用。

1.4.2 褪黑激素在氧化损伤导致的疾病中的作用

在人类中，大脑中的氧气消耗量很高，占人体总耗氧量的 20% 左右，这种增加的耗氧量会导致细胞的氧化应激反应，并在体内积累有毒的自由基分子。这些高活性自由基会损伤 DNA、蛋白质和细胞的膜结构。而大脑中膜和髓鞘中大量脂肪的存在增强了自由基的损害，从而造成氧化剂和抗氧化剂之间的不平衡。积累过多的活性氧（ROS）会导致血脑屏障受损，增强兴奋性神经递质在细胞外空间的表达，从而触发神经的去极化反应。此外，ROS 还会影响基因的表达，启动细胞凋亡级联反应和降低神经元活力（Gilgun-Sherki *et al.*，2002）。

在前文中已经提到，褪黑激素作为一种高效的自由基清除剂和抗氧化剂，因其具有独特的级联反应，与其他经典抗氧化剂有所不同。褪黑激素及其代谢物与 ROS 或 RNS 的自由基清除级联反应不仅放大了褪黑激素作为抗氧化剂的效率，而且还扩大了其清除光谱。通过这一机制，单个褪黑激素分子能够清除多达 10 个活性氧（ROS），相比之下，传统抗氧化剂通常只能清除一个或更少的 ROS。因此，褪黑激素是目前人和动物体内发现的最有效的抗氧化剂之一，而且其主要在人体大脑中的松果体合成，可以穿透大脑屏障，可以就近作为重要的 ROS 清除剂，直接参与 ROS 的清除，减少大脑因活性氧产生的损伤（Tordjman *et al.*，2017）。在冬眠动物中，这种现象尤为显著。在冬眠期间，相较于处于高温状态下的动物，它们的大脑血液供应降低到不足 10%，这被视为一种脑缺血状态。然而，当它们从冬眠中苏醒，脑部血液供应会迅速恢复至正常水平。这一过程被称作生理性缺血 / 再灌注。从理论上来说，这种生理性缺血 / 再灌注过程极有可能对神经元造成损伤。但在冬眠动物身上并未观察到神经元受损的现象。这主要归功于当大脑经历再灌注时，褪黑激素的水平会显著提升，有效保护大脑免受缺血 / 再灌注所带来的损伤（Tan et al., 2005）。

进一步的临床应用研究表明，褪黑激素在降低中风卒中风险中也可以起作用。卒中的发作会导致细胞的大量损伤、ROS 和炎症反应增加，其神经元的存活取决于主动能量代谢。因此，脑血流的任何阻塞、葡萄糖和氧气供应受限都会导致缺血性中风，从而对神经元产生灾难性的影响（Flynn et al., 2008）。在葡萄糖和氧气短缺的情况下，影响细胞存活的多种途径受到影响，特别是 Na^+/K^+-ATP 酶的功能受到损害，造成细胞内 Na^+ 的积累，导致细胞膜的缺氧去极化、电压门控钙通道的激活以及 Na^{2+}/Ca^{2+} 交换的减少。这种干扰进一步导致细胞内 Ca^{2+} 的积累，从而引发细胞损伤（Stys, 1998）。而褪黑激素作为强抗氧化剂和对抗氧化系统产生积极作用的物质，在防止缺血性损伤上具有重要的意义，可以清除多余的 ROS，减少因中风造成的缺血性损伤（Watson et al., 2016, Wu et al., 2017）。在诱发中风的动物模型中施用褪黑激素可减少脑梗塞、血脑的炎症级联反应和通透性（Pei et al., 2003, Lee et al., 2007）。在诱导脑损伤的大鼠模型中，褪黑激素减轻了大鼠模型中的氧化性脑损伤，减少了循环中巨噬细胞 / 单核细胞和中性粒细胞向受损区域的运动，表现出了明显的抗炎特性（Lee et al., 2007, Wu et al., 2017）。此外，褪黑激素还有助于细胞维持 Ca^{2+} 的稳态和细胞外低水平的谷氨酸累积（Lee et al., 2007）。

此外，褪黑激素的抗氧化作用的应用也表现在对于阿尔茨海默病（AD）的改善上。阿尔茨海默病（AD）是一种与年龄相关的疾病，由记忆相关区域中有毒蛋白 β- 淀粉样蛋白（Aβ）和神经元纤维缠结（NFTs）的沉积引起，进而导致渐进性的认知行为能力下降（Ittner and Götz, 2011）。由 Aβ 引发的自由基积累、膜功能障碍和炎症而导致的氧化应激，在 AD 的发病中起着关键作用（Nesi et al., 2017）。而褪黑激素还可以阻止淀粉样前体蛋白（APP）的合成，进而阻断 Aβ 的形成（Shukla et al., 2017）。在小鼠中的研究表明，长时间给予褪黑激素可防止转基因小鼠海马和皮层中 Aβ 的积累（Olcese et al., 2009）。在阿尔茨海默病中，褪黑激素作为一种强效的抗氧化剂，可以维持皮层中某些抗氧化剂（如过氧化氢酶、GPx 和超氧化物歧化酶）的水平，减轻 Aβ 引起的氧化应激和脂质过氧化（Shukla *et al.*, 2017）（Olcese *et al.*, 2009），降低阿尔茨海默病的发病风险。

除此之外，ROS 也是诱发帕金森病（PD）的重要诱因。在纹状体和海马体中，褪黑激素的给药可以调节 SOD 和过氧化氢酶的抗氧化酶活性，防止脂质的过氧化，从而阻止 PD 模型的神经元死亡（Antolín *et al.*, 2002）。由此可以看出褪黑激素可以通过其抗氧化和抗炎作用表现出其神经保护特性。

1.4.3 褪黑激素与高血压

多年来，褪黑激素在调控血压方面的作用一直是研究人员感兴趣的课题（Cook *et al.*, 2011, Agil *et al.*, 2012）。在哺乳动物中，已有褪黑激素调节心率和动脉血压的相关报道（Simko and Pechanova, 2009, Reiter *et al.*, 2010b）。同时，高血压患者同样会表现出日夜节律紊乱，因高血压而导致冠心病的患者在夜间褪黑激素水平降低，表明高血压与褪黑激素存在一定关系（Brugger *et al.*, 1995, Nakano *et al.*, 2001）。进一步的研究表明，大鼠松果体切除后会导致高血压，而给予内源性褪黑激素可抑制松果体切除术后大鼠血压的升高（Simko and Paulis, 2007）。有确凿证据表明，白天患有高血压的人昼夜节律紊乱，在年轻女性高血压患者中，夜间褪黑激素水平较低被视为高血压发展的危险因素（Forman *et al.*, 2010）。夜间褪黑激素可以通过心脏的主要起搏点（窦房结）直接增强昼夜节律，并在改善日夜节律和血压（BP）方面发挥关键作用（Scheer *et al.*, 2004a, Cipolla-Neto and Amaral, 2018）。此外，研究发现长期外源服用褪黑激素可降低原发性高血压患者的动态血压（Scheer *et al.*, 2004b, Buijs *et al.*, 2017）。活性氧和活性氮在高血压的发生中起着重要作用，而抗氧化剂可降低活性氧和一氧化氮合酶的升压作用。褪黑激素可以通过增强谷胱甘肽过氧化物酶活性或者直接参与 ROS 的清除来降低细胞内超氧阴离子和丙二醛含量，从而降低血压（Girouard *et al.*, 2004, Paulis *et al.*, 2006）。基于这些发现，褪黑激素是一种用于高血压心脏病和夜间高血压患者的有效治疗分子，高血压患者适量摄入褪黑激素可降低收缩压和舒张压（Reiter *et al.*, 2010b, Grossman *et al.*, 2011）。

1.4.4 褪黑激素与糖尿病

糖尿病（DM）和糖尿病相关并发症是造成人类死亡的主要原因之一。糖尿病是一种以高血糖为特征、胰岛素分泌缺陷或生物作用受损的代谢性疾病。长期存在的高血糖会导致各种组织,特别是眼、肾、心脏、血管、神经的慢性损害和功能障碍。在糖尿病患者中,褪黑激素的作用变得更为复杂。一方面,褪黑激素可以辅助改善睡眠质量,这对于糖尿病患者来说尤为重要。因为良好的睡眠质量有助于稳定血糖水平,减少因睡眠不足导致的血糖波动。另一方面,能够在胰岛素分泌和葡萄糖稳态调控中发挥作用（Patel et al., 2022）。

褪黑激素与 I 型糖尿病（T1D）和 II 型糖尿病（T2D）均有关联。在自身免疫性 I 型糖尿病中胰岛素水平的降低与褪黑激素在血液中的浓度升高有关,在 II 型糖尿病中则观察到胰岛素水平升高与褪黑激素水平降低有关,证实褪黑激素和胰岛素之间存在拮抗作用（Peschke et al., 2010, Peschke et al., 2011）。已有报道表明,cAMP 是胰岛素分泌的增强剂,而两种功能性褪黑激素受体（小鼠中的 MT1 和 MT2；人类中的 1A 和 1B）在胰岛细胞或者 β 细胞中表达,抑制了 cAMP 的活性,引起了褪黑激素对胰岛素分泌的抑制作用（Mulder et al., 2009, Peschke et al., 2015）。然而,关于褪黑激素和胰岛素水平的相互关系也存在相互矛盾的报道,褪黑激素信号对胰岛素的影响也可能是有益的（Mulder and Diabetologia, 2017, Patel *et al.*, 2022）。褪黑激素已被证实可以提高胰岛素敏感性,诱导胰腺 β 细胞再生,促进肝糖原合成,从而降低啮齿动物的高血糖（Kanter *et al.*, 2006, She *et al.*, 2009, Li *et al.*, 2018）。然而,与动物效果的降低相比,褪黑激素在一些人体研究中导致高血糖的风险增加,因此,人们普遍认为褪黑激素会损害葡萄糖稳态。此外,氧化应激、内质网应激和炎症在两种类型的糖尿病发病机制中起主要作用。事实证明,补充褪黑激素有利于改善糖尿病动物的氧化状态,褪黑激素具有在糖尿病模型中对抗氧化应激、炎症和内质网应激的治疗能力,相关有益作用已有报道（Patel *et al.*, 2022）。然而,这并不意味着褪黑激素可以直接用于治疗糖尿病,它并非降糖药物,与胰岛素的关系存在拮抗。但对于改善糖尿病诱发的并发症、缓解氧化应激和炎症反应具有一定的功效。

1.4.5 褪黑激素与癌症

癌症是仅次于心血管疾病造成全球因病死亡人数最多的疾病,在20 世纪,已有许多研究报告评估了褪黑激素对各种恶性肿瘤的抑癌特性,如结直肠癌、乳腺癌、前列腺癌、白血病、胰腺癌和黑色素瘤(Foon,1989)。到目前为止,肿瘤疾病数据清楚地表明,人类癌症的进展不仅取决于疾病的生物学特征,如突变、基因过表达、分级、组织学,还取决于患者的免疫生物学反应,包括免疫和内分泌系统状态。同样,免疫系统的功能障碍不仅依赖于免疫细胞的活性,还依赖于神经内分泌生理学的调节,而松果体在其中发挥重要影响。松果体通过分泌肽激素、各种抗癌吲哚分子包括褪黑激素来发挥抗肿瘤增殖的能力。褪黑激素与癌症之间的关联已经研究了几十年,大量的流行病学研究支持褪黑激素对癌症的抑制潜力,各种研究表明了褪黑激素在不同类型的癌症中的预防作用(Talib *et al.*, 2021c)。褪黑激素有助于对抗肿瘤的一个重要特性是它能够通过细胞抑制和减轻细胞毒性来抑制肿瘤的扩增(Martín *et al.*, 2007)。此外,临床应用研究还表明,褪黑激素参与了不同的抗癌机制,包括诱导细胞凋亡、抑制细胞增殖、减少肿瘤生长和转移、减少化疗和放疗相关的副作用、降低癌症治疗中的耐药性以及增强常规抗癌治疗的治疗效果(Talib *et al.*, 2021a)。细胞凋亡控制的丧失是癌症的标志之一,它允许细胞无限增殖,促进血管生成和细胞凋亡逃避,而激活细胞的促凋亡蛋白是征服癌细胞的主要靶点之一。根据文献报道,褪黑激素能够增加多种促凋亡介质的表达,如 BAX/BAK、Apaf-1、caspases和 p53 等(Mortezaee et al., 2019)。细胞不受控增殖也是癌症的标志之一,癌细胞通过控制性缺氧诱导因子 NF-KBS、PI3K/Akt、细胞周期蛋白依赖性激酶(cyclin-dependent kinases, CDK)等蛋白实现其不受控增殖的目的。在研究中发现,褪黑激素能够通过下调 PI3K/AKT 信号通路,在结肠癌细胞中显示出抗增殖、抗迁移和促凋亡作用(Gao *et al.*, 2017)。在人骨肉瘤细胞(MG-63 细胞)中,褪黑激素还可以通过降低细胞周期蛋白 D1、CDK4、细胞周期蛋白 B1 和 CDK1 的表达来抑制癌细胞的增殖(Lifeng *et al.*, 2017)。血管生成指的是癌症在发生发展过程中新血管的形成,这种新的血管网络对癌细胞非常重要,其有助于建立细胞增殖和转移扩散。许多因素控制血管生成,如血管内皮因子（vascular endothelial factor，VEGF）、血小板衍生生长因子（platelet-derived growth factor，PDGF）、表皮生长因子（epidermal growth factor，EGF）和肝细胞生长因子（hepatocyte growth factor，HGF）等。研究表明，褪黑激素能够抑制人神经母细胞瘤细胞、乳腺癌、卵巢癌细胞、血管瘤、肝癌细胞等癌细胞中 EGF、PDGF、HGF 和 VEGF 表达的活性，进而抑制肿瘤细胞中血管的生成（Talib et al.，2021b）。此外，褪黑激素还表现出多种抑制癌细胞转移的机制，如调节细胞 - 细胞和细胞 - 基质间相互作用、基质金属蛋白酶重塑细胞外基质、细胞骨架调整、上皮 - 间充质转化和血管生成等（Su et al.，2017）。

1.4.6 褪黑激素与肥胖

肥胖及其并发症已成为严重威胁人类健康的全球性突出公共卫生问题。尽管褪黑激素最初被认为是一种有效的抗氧化剂，但近几十年来，越来越多的研究关注其在调节能量代谢方面的独特功能，特别是在葡萄糖和脂质代谢方面。越来越多的证据已经确定褪黑激素与肥胖之间的关系。

早在 1984 年，Bartness 等人就发现，松果体切除术后，短光周期会导致仓鼠体重增加（Bartness and Wade，1984），这表明松果体、褪黑激素和体重之间存在关系。随后越来越多的证据表明，补充外源性褪黑激素可减轻动物体重（Tan et al.，2011）。且褪黑激素及其激动剂给药已被证明在昼夜节律重置和纠正与肥胖相关的疾病中有效（Cardinali et al.，2011）。褪黑激素已经被证实可以提高动物机体对胰岛素的敏感性，诱导胰腺 β 细胞再生，促进肝糖原合成，从而降低啮齿动物的高血糖（Guan et al.，2022）。此外，据报道，褪黑激素还可以调节脂肪组织和脂肪因子有代谢，例如脂肪细胞的脂肪分解、脂肪沉积、棕色脂肪组织生长、米色脂肪生成和白色脂肪组织褐变，影响能量消耗（de Souza et al.，2019）。特别是，褪黑激素介导的信号通路在脂肪分解和脂肪生成中的可能机制已被 Pan 等很好地总结（Pan et al.，2022）。褪黑激素可显著诱导脂肪细胞的脂肪分解，并通过 MT2 上调脂肪分解基因和蛋白质的表达，包括激素敏感性脂肪酶（HSL）、脂肪细胞甘油三酯脂肪酶（ATGL）和外膜素 1（PLIN1）（Yang et al.，2017）。

然而，并非所有临床前和临床证据都表明褪黑激素具有抗肥胖作用。在临床上,以往的研究证据表明褪黑激素的减肥效果相对较弱。此外,一些关于褪黑激素与体重关联的研究集中在褪黑激素在一些用于精神问题患者的临床药物中的作用,这些药物不可避免地会引起体重变化等副作用。进一步研究发现,正常情况下褪黑激素对人体体重没有显著影响,不同浓度和持续时间的褪黑激素对不同人群体重的影响也不一致,这使得褪黑激素在对抗肥胖方面的临床效果仍有待得出结论。

1.4.7 褪黑激素与免疫调控

1.4.7.1 自身免疫

自身免疫性疾病是一类复杂的疾病,其特征是耐受性中断和免疫系统的不适当激活,导致免疫系统向促炎症状态转变,使得机体产生自身抗体和组织破坏。这些疾病涉及 B 细胞和 T 细胞之间的相互作用,包括 CD4+T 辅助细胞(Th)、调节性 T 细胞(Tregs)和 CD8+T 淋巴细胞。CD4+T 细胞可以产生 Th1、Th2、Th17 和 Treg 细胞,而致病性 Th1 和 Th17 细胞可以分泌促炎细胞因子,Treg 细胞可以抑制效应细胞并抑制广泛的免疫反应,Th17 细胞不仅可以产生 IL-17 和 IL-22,还可以募集其他炎症细胞类型,尤其是中性粒细胞。褪黑激素(MLT)在非特异性免疫和特异性免疫中都起着关键作用,其可以调节 Th1、Th2、Th17、Tregs 和 B 细胞的反应(Currier *et al.*, 2000)。此外,许多研究报道了褪黑激素促进了自身免疫性疾病的发生和发病机制,并将多种自身免疫疾病包括类风湿性关节炎(RA)、多发性硬化症(MS)、系统性红斑狼疮(SLE)等的发作与褪黑激素的外源性和内源性产生联系起来(Chen and Wei, 2002, Ahmad *et al.*, 2023)。因此,褪黑激素对于维持外周免疫耐受至关重要,并可能作为预防自身免疫和组织损伤的潜在新治疗靶点。

1.4.7.2 免疫调节

褪黑激素除了参与自身免疫作用的调节外,还能够影响机体对其他疾病的免疫能力。包括胸腺、肥大细胞、自然杀伤细胞、嗜酸性白细胞、血小板和内皮细胞在内的免疫器官和免疫细胞均含有不同浓度的褪黑激素。胸腺中内源性的褪黑激素、松果体中的褪黑激素以及其他激素一起调节胸腺功能和稳态,褪黑激素可以增加胸腺肽的产生,并防止胸腺细胞凋亡(Sainz *et al.*, 1995, Jimenez-Jorge *et al.*, 2005)。松果体分泌的褪黑激素通过血液运送到胸腺靶细胞,而这些褪黑激素在胸腺细胞中作为分泌、自分泌和旁分泌物质起着关键作用。在中性粒细胞中,褪黑激素可恢复中性粒细胞的功能,并防止因谷胱甘肽氧化还原系统功能失调诱发的细胞凋亡(Markus *et al.*, 2021a)。此外,在免疫反应过程中,活化的白细胞(巨噬细胞、淋巴细胞、中性粒细胞、肥大细胞)产生的褪黑激素浓度比其在血中的水平高 100 ~ 1000 倍,这将有助于改善细菌吞噬作用和恢复受损区域(Martins *et al.*, 2004, Carrillo-Vico *et al.*, 2013)。实验数据更是证实了淋巴细胞中褪黑激素的多种作用,包括 IL-2 和 / 或 IL-2R 的内分泌调节、自动分泌调节和旁分泌调节(所有这些细胞类型都表达 MT 受体,从而介导其旁分泌和自分泌作用)(Maldonado *et al.*, 2010)。神经病学、内分泌学、心脏病学、肿瘤学、生殖学等医学领域的大量研究表明,褪黑激素通过免疫调节和抗凋亡作用以及维持机体的生物节律稳态,以及对线粒体的氧化磷酸化、抗氧化剂和自由基活性产生有益作用,在保护组织免受损伤方面发挥关键作用。这些研究结果可知,褪黑激素与机体的免疫调节关系密切,但是否能够通过直接口服褪黑激素来提高机体免疫力尚有待进一步的研究。

1.4.8 褪黑激素与生殖

半个多世纪以来,人们发现褪黑激素与脊椎动物的繁殖密切相关,尤其是在季节性繁殖的背景下。这种联系很大程度上源于褪黑激素的分泌特点:它是由松果体在夜间分泌到外周循环中的,其分泌时间的长短反映了夜间的长度。在冬季,夜间变长,褪黑激素的分泌时间也相应变长;而在夏季则相反。几乎所有脊椎动物都会保守地通过夜间血液中的褪黑激素信号来调节生殖节律,同时还会影响其代谢活动、免疫功能和行为的季节性周期。自从褪黑激素被发现以来,过去 60 年里已经积累了大量关于它和脊椎动物生物学的研究文献,涵盖了动物繁殖的多个方面。尽管在现代工业化社会中,人类的生殖季节性已经几乎消失,但褪黑激素与人类生殖之间的关系仍然受到科学界的广泛关注。

关于褪黑激素对哺乳动物青春期影响的研究已经有许多报道。然而,20 世纪后期,有关人类青春期及其褪黑激素调节的报道却存在矛盾。一些研究发现,较高的血浆褪黑激素水平与青春期前和青春期延迟有关联(Waldhauser *et al.*,1984),而在青春期后或性早熟的情况下,褪黑激素水平则相反(Puig-Domingo *et al.*,1992)。但也有许多其他研究发现,褪黑激素在正常青春期和紊乱的青春期之间并无显著差异(Puig-Domingo *et al.*,1992)。鉴于褪黑激素的昼夜节律分泌特点,以及青春期和成人垂体激素水平的昼夜节律性质,人们长期以来一直认为褪黑激素在调节人体生殖周期中发挥作用。在青春期,GnRH、促性腺激素的释放在夜间达到最高,排卵时 LH 和 FSH 分泌的高峰也主要发生在黑暗后(Grumbach,2002,Russo *et al.*,2015)。下丘脑分泌物与褪黑激素释放的时间重合,能够在多大程度上反映褪黑激素对神经内分泌激素的明确调节,目前尚不清楚。

褪黑激素受体已在女性生殖道子宫的多种细胞类型中得到证实,大多数研究显示两种不同类型的受体包括 MT1 和 MT2 在子宫的不同细胞类型中均有表达,这些细胞类型很可能是褪黑激素作用的潜在靶标。研究发现卵泡液中的褪黑激素水平高于血浆中的褪黑激素水平,而且与卵泡孕酮水平和日照时间成反比,这表明卵巢很可能会优先吸收循环中的褪黑激素(Nakamura *et al.*,2003)。此外,卵泡液褪黑激素水平与卵巢储备标记物之间存在正相关关系,而且褪黑激素水平也与卵母细胞质量有关(Tamura *et al.*,2014)。此外,研究人员还提出了卵泡颗粒细胞可能局部合成褪黑激素的新观点,如果得到证实,这将为褪黑激素在人类生殖系统中作为旁分泌调节剂的作用增加新的见解(Reiter *et al.*,2010a)。研究还发现药理补充褪黑激素可以减少卵泡内的氧化应激,对不孕症女性进行褪黑激素治疗可以提高受精率和怀孕率,这指出了褪黑激素在卵子发生过程中的潜在益处以及可能的临床应用(Tong *et al.*,2017)。更进一步的研究表明,褪黑激素很可能对孕妇及胎儿产生影响。褪黑激素能够从母体转移到胎儿,对胎儿的发育有重要作用。褪黑激素的受体和合成酶在人胎盘中被检测到,并且在整个妊娠期间都有表达(Iwasaki *et al.*,2005)。高水平的褪黑激素可以提高胎盘滋养层细胞释放的"妊娠激素"人绒毛膜促性腺激素(hCG),在体外保护滋养层细胞免受缺氧 / 复氧诱导的炎症和自噬(Soliman *et al.*,2015b)。褪黑激素可能还参与重塑母体子宫螺旋动脉使胎盘血管化的过程,该过程在先兆子痫中可能存在缺陷,患有严重先兆子痫的女性的褪黑激素水平显著下降,一些体外和临床研究显示,褪黑激素可能对胎盘组织有益,可以改善先兆子痫女性的临床结果(Hobson *et al.*,2018)。

褪黑激素还能够影响分娩时间。研究发现,褪黑激素可能是控制分娩时间的关键昼夜节律信号,在啮齿动物中,消除内源性褪黑激素会打乱其分娩时间,而晚上服用褪黑激素可以恢复正常的分娩模式(Takayama *et al.*,2003)。此外,褪黑激素和催产素在体外对人子宫肌层平滑肌细胞收缩有显著的协同作用,这解释了为什么高水平的夜间子宫收缩会导致夜间分娩(Olcese and Beesley,2014)。这些发现可以启发新的引产药物组合,减少副作用。同时,产妇子宫肌层中褪黑激素受体的上调可能与分娩有关,而过早表达可能使妇女易患早产(McCarthy *et al.*,2019)。

此外,褪黑激素还可能与老年人的生殖衰退有关。老年人的血浆褪黑激素水平降低,夜间褪黑激素的峰值出现时间提前。有研究探讨了褪黑激素对围绝经期和绝经后妇女的影响,但结果并不一致。一些研究发现褪黑激素可以改善睡眠质量,但对生活质量和情绪的影响不显著;另有研究未发现褪黑激素水平与各种生理和心理指标之间的相关性(Toffol *et al.*,2014,Amstrup *et al.*,2015)。然而,长期褪黑激素给药被证明可以减轻绝经后妇女的某些症状(Chojnacki *et al.*,2018)。此外,虽然褪黑激素对卵巢有多效性作用,但由于大多数研究都是在动物中进行的,内源性褪黑激素水平下降与人类更年期之间的明确病因关系尚未得到充分证明。

总体而言,褪黑激素对生殖生理的影响是显著的,但关于褪黑激素在人体生殖生理中的明确作用目前依然还有许多未知之处,临床应用还有许多限制。

1.4.9 褪黑激素与情绪障碍

褪黑激素与一些情绪障碍疾病也有关系,在各种情绪障碍如双相情感障碍(BD)、重度抑郁症(MDD)和季节性情感障碍(SAD)的发展过程中,都发现了褪黑激素的影响,其褪黑激素水平的异常表现很可能影响病情的发生。BD患者常伴随着夜间睡眠时间的缩短和昼夜节律的混乱,都与褪黑激素的分泌有关(Harvey,2008)。在BD的抑郁阶段,褪黑激素的分泌明显减少,但当症状得到缓解时,其水平又会恢复正常。对于 MDD 患者,如清晨早醒等睡眠障碍问题较为常见,同时白天情绪波动、警觉性过高以及疲劳感也更加明显。这类患者体内褪黑激素水平偏高,其相位的改变被视为此疾病的一个重要临床标志。SAD 患者冬季易陷入抑郁,而夏季则情绪正常,这与褪黑激素的季节性变化密切相关。心境障碍的发病机制中,昼夜节律和睡眠紊乱是常见问题。多种情绪障碍患者的褪黑激素水平变化可能导致下丘脑前视交叉上核的生物钟功能紊乱。针对这种情况,寻找能恢复生物钟功能的抗抑郁药物显得尤为重要。其中,阿戈美拉汀作为一种有效的抗抑郁药物备受关注。阿戈美拉汀是一种化学合成的萘化合物,主要通过与褪黑激素受体 MT1 和 MT2 受体结合发挥作用。在治疗情绪障碍时,阿戈美拉汀展现出了其独特的优势:能有效重新调整紊乱的昼夜节律和睡眠模式(Kennedy et al., 2011)。这些异常与睡眠障碍、昼夜节律紊乱等症状有关。阿戈美拉汀作为一种抗抑郁药物,可以恢复生物钟功能,重新同步异常的昼夜节律和睡眠模式紊乱,且在治疗强迫症方面也表现出有效性。该药物显示出良好的临床疗效、安全性和耐受性。

1.4.10 褪黑激素与疟疾

疟疾是由原生动物引发的严重疾病,全球约有 2 亿人受其影响,每年更是导致超过 100 万人死亡。除了常见的引发人类疟疾的恶性疟原虫,还有一种更为人所知的致命寄生虫——诺氏疟原虫,它起源于马来西亚,并迅速向全球蔓延。过去,全球曾通过喷洒杀虫剂来尝试根除疟疾,并取得了一定的成效。随后,强效抗疟药物的出现使得疟疾感染一度被成功根除。然而,随着耐药性的增强,耐药性相关的疟疾再次复发。近两年的研究发现,褪黑激素竟然是恶性疟原虫生长和发育的触发因素(Mallaupoma et al., 2022)。同样,诺氏疟原虫可能也受褪黑激素的影响。因此,通过强光治疗或阻断褪黑激素受体来整夜抑制褪黑激素对疟原虫的作用,这可能成为根除人类疟疾的一个可行方法。

参考文献

[1] Agil, A., Rosado, I., Ruiz, R., Figueroa, A., Zen, N. and Fernández-Vázquez, G. (2012).Melatonin improves glucose homeostasis in young Zucker diabetic fatty rats. J. Pineal Res., 52, 203-210.

[2] Ahmad, S.B., Ali, A., Bilal, M., Rashid, S.M., Wani, A.B., Bhat, R.R. and Rehman, M.U.(2023). Melatonin and Health: Insights of Melatonin Action, Biological Functions, and Associated Disorders. Cell. Mol. Neurobiol., 43, 2437-2458.

[3] Amstrup, A.K., Sikjaer, T., Mosekilde, L. and Rejnmark, L.(2015). The effect of melatonin treatment on postural stability, muscle strength, and quality of life and sleep in postmenopausal women: a randomized controlled trial. Nutrition journal, 14, 102.

[4] Antolín, I., Mayo, J.C., Sainz, R.M., del Brío Mde, L., Herrera, F., Martín, V. and Rodríguez, C.(2002). Protective effect of melatonin in a chronic experimental model of Parkinson's disease. Brain Res., 943, 163-173.

[5] Bartness, T.J. and Wade, G.N.(1984). Photoperiodic control of body weight and energy metabolism in Syrian hamsters (Mesocricetus auratus): role of pineal gland, melatonin, gonads, and diet. Endocrinology, 114, 492-498.

[6] Bolliet, V., Ali, M.A., Lapointe, F.J. and Falcón, J.(1996). Rhythmic melatonin secretion in different teleost species: an in vitro study. J Comp Physiol B, 165, 677-683.

[7] Brugger, P., Marktl, W. and Herold, M.(1995). Impaired nocturnal secretion of melatonin in coronary heart disease. Lancet,

345, 1408.

[8] Brzezinski, A., Rai, S., Purohit, A. and Pandi-Perumal, S.R. (2021). Melatonin, Clock Genes, and Mammalian Reproduction: What Is the Link? Int. J. Mol. Sci., 22, 13240.

[9] Bubenik, G.A. (2002). REVIEW: Gastrointestinal Melatonin: Localization, Function, and Clinical Relevance. Dig. Dis. Sci., 47, 2336-2348.

[10] Bubenik, G.A., Ayles, H.L., Friendship, R.M., Brown, G.M. and Ball, R.O. (1998). Relationship between melatonin levels in plasma and gastrointestinal tissues and the incidence and severity of gastric ulcers in pigs. J. Pineal Res., 24, 62-66.

[11] Bubenik, G.A. and Pang, S.F. (1994). The role of serotonin and melatonin in gastrointestinal physiology: Ontogeny, regulation of food intake, and mutual serotonin-melatonin feedback. J. Pineal Res., 16, 91-99.

[12] Buijs, M., Scheer, F.A.J.L., Montfrans, G.A.V., Someren, E.J.W.V., Mairuhu, G. and Ruud (2017). hypertension daily nighttime melatonin reduces blood pressure in male patients with essential.

[13] Cardinali, D.P., Golombek, D.A., Rosenstein, R.E., Cutrera, R.A. and Esquifino, A.I. (1997). Melatonin site and mechanism of action: Single or multiple? J. Pineal Res., 23, 32-39.

[14] Cardinali, D.P., Pagano, E.S., Scacchi Bernasconi, P.A., Reynoso, R. and Scacchi, P. (2011). Disrupted chronobiology of sleep and cytoprotection in obesity: possible therapeutic value of melatonin. Neuro endocrinology letters, 32, 588-606.

[15] Carlberg, C. (2000). Gene regulation by melatonin. Ann. N. Y. Acad. Sci., 917, 387-396.

[16] Carrillo-Vico, A., Lardone, P.J., Alvarez-Sánchez, N., Rodríguez-Rodríguez, A. and Guerrero, J.M. (2013). Melatonin: buffering the immune system. Int J Mol Sci, 14, 8638-8683.

[17] Carvalho-Sousa, C.E., Pereira, E.P., Kinker, G.S., Veras, M., Ferreira, Z.S., Barbosa-Nunes, F.P., Martins, J.O., Saldiva, P.H.N., Reiter, R.J., Fernandes, P.A., da Silveira Cruz-Machado,

S. and Markus, R.P.（2020）. Immune-pineal axis protects rat lungs exposed to polluted air. J. Pineal Res., 68, e12636.

[18] Cevík, H., Erkanli, G., Ercan, F., Işman, C.A. and Yeğen, B.C.（2005）. Exposure to continuous darkness ameliorates gastric and colonic inflammation in the rat: both receptor and non-receptor-mediated processes. J Gastroenterol Hepatol, 20, 294-303.

[19] Chattoraj, A., Liu, T., Zhang, L.S., Huang, Z. and Borjigin, J.（2009）. Melatonin formation in mammals: In vivo perspectives. Reviews in Endocrine and Metabolic Disorders, 10, 237-243.

[20] Chen, Q. and Wei, W.（2002）. Effects and mechanisms of melatonin on inflammatory and immune responses of adjuvant arthritis rat. Int. Immunopharmacol., 2, 1443-1449.

[21] Chojnacki, C., Kaczka, A., Gasiorowska, A., Fichna, J., Chojnacki, J. and Brzozowski, T.（2018）. The effect of long-term melatonin supplementation on psychosomatic disorders in postmenopausal women. Journal of physiology and pharmacology : an official journal of the Polish Physiological Society, 69.

[22] Cipolla-Neto, J. and Amaral, F.G.D.（2018）. Melatonin as a Hormone: New Physiological and Clinical Insights. Endocr. Rev., 39, 990-1028.

[23] Cook, J.S., Sauder, C.L. and Ray, C.A.（2011）. Melatonin differentially affects vascular blood flow in humans. Am. J. Physiol. Heart Circ. Physiol., 300, H670-674.

[24] Currier, N.L., Sun, L.Z.Y. and Miller, S.C.（2000）. Exogenous melatonin: quantitative enhancement in vivo of cells mediating non-specific immunity. J. Neuroimmunol., 104, 101-108.

[25] de Souza, C.A.P., Gallo, C.C., de Camargo, L.S., de Carvalho, P.V.V., Olesçuck, I.F., Macedo, F., da Cunha, F.M., Cipolla-Neto, J. and do Amaral, F.G.（2019）. Melatonin multiple effects on brown adipose tissue molecular machinery. 66, e12549.

[26] Dehghan, F., Khaksari Hadad, M., Asadikram, G., Najafipour, H. and Shahrokhi, N.（2013）. Effect of melatonin on

intracranial pressure and brain edema following traumatic brain injury: role of oxidative stresses. Archives of medical research, 44, 251-258.

[27] Dubocovich, M.L., Rivera-Bermudez, M.A., Gerdin, M.J. and Masana, M.I. (2003). Molecular pharmacology, regulation and function of mammalian melatonin receptors. Frontiers in bioscience : a journal and virtual library, 8, d1093-1108.

[28] Ekmekcioglu, C. (2006). Melatonin receptors in humans: biological role and clinical relevance. Biomedicine & pharmacotherapy = Biomedecine & pharmacotherapie, 60, 97-108.

[29] Flynn, R.W., MacWalter, R.S. and Doney, A.S. (2008). The cost of cerebral ischaemia. Neuropharmacology, 55, 250-256.

[30] Foon, K.A. (1989). Biological response modifiers: the new immunotherapy. Cancer Res., 49, 1621-1639.

[31] Forman, J.P., Curhan, G.C. and Schernhammer, E.S. (2010). Urinary melatonin and risk of incident hypertension among young women. J Hypertens, 28, 446-451.

[32] Foulkes, N.S., Borjigin, J., Snyder, S.H. and Sassone-Corsi, P. (1997a). Rhythmic transcription: the molecular basis of circadian melatonin synthesis. Trends Neurosci., 20, 487-492.

[33] Foulkes, N.S., Whitmore, D. and Sassone-Corsi, P. (1997b). Rhythmic transcription: The molecular basis of circadian melatonin synthesis. Biol. Cell, 89, 487-494.

[34] Galano, A., Medina, M.E., Tan, D.X. and Reiter, R.J. (2015). Melatonin and its metabolites as copper chelating agents and their role in inhibiting oxidative stress: a physicochemical analysis. 58, 107-116.

[35] Ganguly, S., Coon, S.L. and Klein, D.C. (2002). Control of melatonin synthesis in the mammalian pineal gland: the critical role of serotonin acetylation. Cell Tissue Res., 309, 127-137.

[36] Gao, Y., Xiao, X., Zhang, C., Yu, W., Guo, W., Zhang, Z., Li, Z., Feng, X., Hao, J., Zhang, K., Xiao, B., Chen, M., Huang, W., Xiong, S., Wu, X. and Deng, W. (2017). Melatonin synergizes the chemotherapeutic effect of 5-fluorouracil in colon cancer

by suppressing PI3K/AKT and NF-κB/iNOS signaling pathways. J. Pineal Res., 62.

[37] Gilgun-Sherki, Y., Rosenbaum, Z., Melamed, E. and Offen, D. (2002). Antioxidant therapy in acute central nervous system injury: current state. Pharmacol. Rev., 54, 271-284.

[38] Girouard, H.é., Denault, C., Chulak, C. and de Champlain, J. (2004). Treatment by n-acetylcysteine and melatonin increases cardiac baroreflex and improves antioxidant reserve. American Journal of Hypertension, 17, 947-954.

[39] Gozzo, A., Lesieur, D., Duriez, P., Fruchart, J.C. and Teissier, E. (1999). Structure-activity relationships in a series of melatonin analogues with the low-density lipoprotein oxidation model. Free Radic Biol Med, 26, 1538-1543.

[40] Grima, N.A., Rajaratnam, S.M.W., Mansfield, D., Sletten, T.L., Spitz, G. and Ponsford, J.L.J.B.M. (2018). Efficacy of melatonin for sleep disturbance following traumatic brain injury: a randomised controlled trial. 16, 8.

[41] Grossman, E., Laudon, M. and Zisapel, N. (2011). Effect of melatonin on nocturnal blood pressure: meta-analysis of randomized controlled trials. Vascular health and risk management, 7, 577-584.

[42] Grumbach, M.M. (2002). The neuroendocrinology of human puberty revisited. Horm Res, 57 Suppl 2, 2-14.

[43] Guan, Q., Wang, Z., Cao, J., Dong, Y. and Chen, Y. (2022). Mechanisms of Melatonin in Obesity: A Review. 23, 218.

[44] Gunata, M., Parlakpinar, H. and Acet, H.A. (2020). Melatonin: A review of its potential functions and effects on neurological diseases. Revue neurologique, 176, 148-165.

[45] Gurer-Orhan, H. and Suzen, S. (2015). Melatonin, its Metabolites and its Synthetic Analogs as Multi-Faceted Compounds: Antioxidant, Prooxidant and Inhibitor of Bioactivation Reactions. Curr. Med. Chem., 22, 490-499.

[46] Harvey, A.G. (2008). Sleep and circadian rhythms in

bipolar disorder: seeking synchrony, harmony, and regulation. Am. J. Psychiatry, 165, 820-829.

[47] Hobson, S.R., Gurusinghe, S., Lim, R., Alers, N.O., Miller, S.L., Kingdom, J.C. and Wallace, E.M. (2018). Melatonin improves endothelial function in vitro and prolongs pregnancy in women with early-onset preeclampsia. J. Pineal Res., 65, e12508.

[48] Huether, G. (1993). The contribution of extrapineal sites of melatonin synthesis to circulating melatonin levels in higher vertebrates. Experientia, 49, 665-670.

[49] Huether, G. (1994). Melatonin Synthesis in The Gastrointestinal-Tract and The Impact of Nutritional Factors on Circulating Melatonin. in Aging Clock: The Pineal Gland and Other Pacemakers in the Progression of Aging and Carcinogenesis (Pierpaoli, W., Regelson, W. and Fabris, N. eds), pp. 146-158.

[50] Huether, G., Poeggeler, B., Reimer, A. and George, A. (1992). Effect of tryptophan administration on circulating melatonin levels in chicks and rats: evidence for stimulation of melatonin synthesis and release in the gastrointestinal tract. Life Sci., 51, 945-953.

[51] Ittner, L.M. and Götz, J. (2011). Amyloid-β and tau--a toxic pas de deux in Alzheimer's disease. Nat. Rev. Neurosci., 12, 65-72.

[52] Iwasaki, S., Nakazawa, K., Sakai, J., Kometani, K., Iwashita, M., Yoshimura, Y. and Maruyama, T. (2005). Melatonin as a local regulator of human placental function. J. Pineal Res., 39, 261-265.

[53] Jaworek, J., Leja-Szpak, A., Bonior, J., Nawrot, K., Tomaszewska, R., Stachura, J., Sendur, R., Pawlik, W., Brzozowski, T. and Konturek, S.J. (2003). Protective effect of melatonin and its precursor L-tryptophan on acute pancreatitis induced by caerulein overstimulation or ischemia/reperfusion. J. Pineal Res., 34, 40-52.

[54] Jimenez-Jorge, S., Jimenez-Caliani, A.J., Guerrero, J.M., Naranjo, M.C., Lardone, P.J., Carrillo-Vico, A., Osuna, C. and

Molinero, P. (2005). Melatonin synthesis and melatonin-membrane receptor (MT1).expression during rat thymus development: role of the pineal gland. 39, 77-83.

[55] Kanter, M., Uysal, H., Karaca, T. and Sagmanligil, H.O. (2006). Depression of glucose levels and partial restoration of pancreatic β-cell damage by melatonin in streptozotocin-induced diabetic rats. Arch. Toxicol., 80, 362-369.

[56] Karolczak, K. and Watala, C. (2021). Melatonin as a Reducer of Neuro- and Vasculotoxic Oxidative Stress Induced by Homocysteine. Antioxidants (Basel, Switzerland), 10.

[57] Kennaway, D.J., Boden, M.J. and Varcoe, T.J. (2012). Circadian rhythms and fertility. Mol. Cell. Endocrinol., 349, 56-61.

[58] Kennedy, S.H., Young, A.H. and Blier, P. (2011). Strategies to achieve clinical effectiveness: refining existing therapies and pursuing emerging targets. Journal of affective disorders, 132 Suppl 1, S21-28.

[59] Kim, T.K., Kleszczynski, K., Janjetovic, Z., Sweatman, T., Lin, Z., Li, W., Reiter, R.J., Fischer, T.W. and Slominski, A.T. (2013). Metabolism of melatonin and biological activity of intermediates of melatoninergic pathway in human skin cells. FASEB J., 27, 2742-2755.

[60] Klosen, P., Lapmanee, S., Schuster, C., Guardiola, B., Hicks, D., Pevet, P. and Felder-Schmittbuhl, M.P. (2019). MT1 and MT2 melatonin receptors are expressed in nonoverlapping neuronal populations. J. Pineal Res., 67, e12575.

[61] Korkmaz, A. and Reiter, R.J. (2008). Epigenetic regulation: a new research area for melatonin? J. Pineal Res., 44, 41-44.

[62] Kvetnoy, I.M., Ingel, I.E., Kvetnaia, T.V., Malinovskaya, N.K., Rapoport, S.I., Raikhlin, N.T., Trofimov, A.V. and Yuzhakov, V.V. (2002). Gastrointestinal melatonin: cellular identification and biological role. Neuro endocrinology letters, 23, 121-132.

[63] Lai, S.W., Liu, Y.S., Lu, D.Y. and Tsai, C.F. (2019).

Melatonin Modulates the Microenvironment of Glioblastoma Multiforme by Targeting Sirtuin 1. Nutrients, 11.

[64] Lee, M.Y., Kuan, Y.H., Chen, H.Y., Chen, T.Y., Chen, S.T., Huang, C.C., Yang, I.P., Hsu, Y.S., Wu, T.S. and Lee, E.J. (2007). Intravenous administration of melatonin reduces the intracerebral cellular inflammatory response following transient focal cerebral ischemia in rats. J. Pineal Res., 42, 297-309.

[65] Lerner, A.B., Case, J.D., Takahashi, Y., Lee, T.H. and Mori, W.J.J.o.t.A.C.S. (1958). ISOLATION OF MELATONIN, THE PINEAL GLAND FACTOR THAT LIGHTENS MELANOCYTES1. J. Am. Chem. Soc., 80, 2587.

[66] Li, D.Y., Smith, D.G., Hardeland, R., Yang, M.Y., Xu, H.L., Zhang, L., Yin, H.D. and Zhu, Q. (2013). Melatonin receptor genes in vertebrates. Int J Mol Sci, 14, 11208-11223.

[67] Li, T., Ni, L., Zhao, Z., Liu, X., Lai, Z., Di, X., Xie, Z., Song, X., Wang, X., Zhang, R. and Liu, C. (2018). Melatonin attenuates smoking-induced hyperglycemia via preserving insulin secretion and hepatic glycogen synthesis in rats. 64, e12475.

[68] Li, W. and Kong, A.N. (2009). Molecular mechanisms of Nrf2-mediated antioxidant response. Mol. Carcinog., 48, 91-104.

[69] Lifeng, L., Yutao, P., Di, C., Xia, L.I., Yangzhou, L., Xingyu, P.U. and Zengchun, L.I.J.J.o.C.M.U. (2017). Melatonin Inhibits the Proliferation of Human MG-63 Osteosarcoma Cells via Downregulation of Cyclins and CDKs.

[70] Liu, J., Clough, S.J., Hutchinson, A.J., Adamah-Biassi, E.B., Popovska-Gorevski, M. and Dubocovich, M.L. (2016). MT1 and MT2 Melatonin Receptors: A Therapeutic Perspective. Annu. Rev. Pharmacol. Toxicol., 56, 361-383.

[71] Lopes, C., deLyra, J.L., Markus, R.P. and Mariano, M. (1997). Circadian rhythm in experimental granulomatous inflammation is modulated by melatonin. J. Pineal Res., 23, 72-78.

[72] Maldonado, M.D., Mora-Santos, M., Naji, L., Carrascosa-Salmoral, M.P., Naranjo, M.C. and Calvo, J.R. (2010). Evidence of

melatonin synthesis and release by mast cells. Possible modulatory role on inflammation. Pharmacol. Res., 62, 282-287.

[73] Mallaupoma, L.R.C., Dias, B.K.M., Singh, M.K., Honorio, R.I., Nakabashi, M., Kisukuri, C.M., Paixão, M.W. and Garcia, C.R.S. (2022). Decoding the Role of Melatonin Structure on Plasmodium falciparum Human Malaria Parasites Synchronization Using 2-Sulfenylindoles Derivatives. Biomolecules, 12.

[74] Markus, R.P., Sousa, K.S., da Silveira Cruz-Machado, S., Fernandes, P.A. and Ferreira, Z.S. (2021a). Possible Role of Pineal and Extra-Pineal Melatonin in Surveillance, Immunity, and First-Line Defense. Int J Mol Sci, 22.

[75] Markus, R.P., Sousa, K.S., da Silveira Cruz-Machado, S., Fernandes, P.A. and Ferreira, Z.S. (2021b). Possible Role of Pineal and Extra-Pineal Melatonin in Surveillance, Immunity, and First-Line Defense. 22, 12143.

[76] Martín, V., Herrera, F., García-Santos, G., Antolín, I., Rodriguez-Blanco, J., Medina, M. and Rodriguez, C. (2007). Involvement of protein kinase C in melatonin's oncostatic effect in C6 glioma cells. J. Pineal Res., 43, 239-244.

[77] Martins, E., Jr., Ferreira, A.C., Skorupa, A.L., Afeche, S.C., Cipolla-Neto, J. and Costa Rosa, L.F. (2004). Tryptophan consumption and indoleamines production by peritoneal cavity macrophages. J Leukoc Biol, 75, 1116-1121.

[78] Mattam, U. and Jagota, A. (2014). Differential role of melatonin in restoration of age-induced alterations in daily rhythms of expression of various clock genes in suprachiasmatic nucleus of male Wistar rats. Biogerontology, 15, 257-268.

[79] Matuszak, Z., Reszka, K. and Chignell, C.F. (1997). Reaction of melatonin and related indoles with hydroxyl radicals: EPR and spin trapping investigations. Free Radic Biol Med, 23, 367-372.

[80] Mayo, J.C., Sainz, R.M., Tan, D.X., Hardeland, R., Leon, J., Rodriguez, C. and Reiter, R.J. (2005). Anti-inflammatory actions of melatonin and its metabolites, N1-acetyl-N2-formyl-5-

methoxykynuramine（AFMK）and N1-acetyl-5-methoxykynuramine
（AMK）, in macrophages. J. Neuroimmunol., 165, 139-149.

[81] McCarthy, R., Jungheim, E.S., Fay, J.C., Bates, K., Herzog, E.D. and England, S.K.（2019）. Riding the Rhythm of Melatonin Through Pregnancy to Deliver on Time. Front Endocrinol（Lausanne）, 10, 616.

[82] Millán-Plano, S., Piedrafita, E., Miana-Mena, F.J., Fuentes-Broto, L., Martínez-Ballarín, E., López-Pingarrón, L., Sáenz, M.A. and García, J.J.（2010）. Melatonin and structurally-related compounds protect synaptosomal membranes from free radical damage. Int J Mol Sci, 11, 312-328.

[83] Mortezaee, K., Najafi, M., Farhood, B., Ahmadi, A., Potes, Y., Shabeeb, D. and Musa, A.E.J.L.s.（2019）. Modulation of apoptosis by melatonin for improving cancer treatment efficiency：An updated review. 228, 228-241.

[84] Mulder and Diabetologia, H.J.（2017）. Melatonin signalling and type 2 diabetes risk：too little, too much or just right? , 60, 826-829.

[85] Mulder, H., Nagorny, C.L., Lyssenko, V. and Groop, L.（2009）. Melatonin receptors in pancreatic islets：good morning to a novel type 2 diabetes gene. Diabetologia, 52, 1240-1249.

[86] Nakamura, Y., Tamura, H., Takayama, H. and Kato, H.（2003）. Increased endogenous level of melatonin in preovulatory human follicles does not directly influence progesterone production. Fertility and sterility, 80, 1012-1016.

[87] Nakano, Y., Oshima, T., Ozono, R., Higashi, Y., Sasaki, S., Matsumoto, T., Matsuura, H., Chayama, K. and Kambe, M.（2001）. Non-dipper phenomenon in essential hypertension is related to blunted nocturnal rise and fall of sympatho-vagal nervous activity and progress in retinopathy. Autonomic neuroscience：basic & clinical, 88, 181-186.

[88] Nesi, G., Sestito, S., Digiacomo, M. and Rapposelli, S.（2017）. Oxidative Stress, Mitochondrial Abnormalities and Proteins

Deposition: Multitarget Approaches in Alzheimer's Disease. Curr. Top. Med. Chem., 17, 3062-3079.

[89] Netter, F.H. (2014). Atlas of Human Anatomy Philadelphia: Elsevier Saunders.

[90] Olcese, J. and Beesley, S. (2014). Clinical significance of melatonin receptors in the human myometrium. Fertility and sterility, 102, 329-335.

[91] Olcese, J.M., Cao, C., Mori, T., Mamcarz, M.B., Maxwell, A., Runfeldt, M.J., Wang, L., Zhang, C., Lin, X., Zhang, G. and Arendash, G.W. (2009). Protection against cognitive deficits and markers of neurodegeneration by long-term oral administration of melatonin in a transgenic model of Alzheimer disease. J. Pineal Res., 47, 82-96.

[92] Ortiz, G.G., Pacheco-Moisés, F.P., Gómez-Rodríguez, V.M., González-Renovato, E.D., Torres-Sánchez, E.D. and Ramírez-Anguiano, A.C. (2013). Fish oil, melatonin and vitamin E attenuates midbrain cyclooxygenase-2 activity and oxidative stress after the administration of 1-methyl-4-phenyl-1,2,3,6- tetrahydropyridine. Metab. Brain Dis., 28, 705-709.

[93] Pan, S., Guo, Y., Hong, F., Xu, P. and Zhai, Y. (2022). Therapeutic potential of melatonin in colorectal cancer: Focus on lipid metabolism and gut microbiota. Biochimica et Biophysica Acta (BBA) - Molecular Basis of Disease, 1868, 166281.

[94] Patel, R., Parmar, N., Pramanik Palit, S., Rathwa, N., Ramachandran, A.V. and Begum, R. (2022). Diabetes mellitus and melatonin: Where are we? Biochimie, 202, 2-14.

[95] Paulis, L., Krajcirovicova, K., Janega, P., Kojsova, S. and Simko, F. (2006). The antihypertensive action of melatonin in spontaneously hypertensive rats: Comparison with spironolactone. In 11th Annual Meeting of the European-Council- for Cardiovascular Reseach.

[96] Pei, Z., Pang, S.F. and Cheung, R.T. (2003). Administration of melatonin after onset of ischemia reduces the volume

of cerebral infarction in a rat middle cerebral artery occlusion stroke model. Stroke, 34, 770-775.

[97] Peschke, E., Bähr, I. and Mühlbauer, E. (2015). Experimental and clinical aspects of melatonin and clock genes in diabetes. J. Pineal Res., 59, 1-23.

[98] Peschke, E., Hofmann, K., B?Hr, I., Streck, S., Albrecht, E., Wedekind, D. and Diabetologia, E.M.J. (2011). The insulin-melatonin antagonism: studies in the LEW.1AR1-iddm rat (an animal model of human type 1 diabetes mellitus) 54, 1831-1840.

[99] Peschke, E., Wolgast, S., Bazwinsky, I., Pönicke, K. and Muhlbauer, E.J.J.o.P.R. (2010). Increased melatonin synthesis in pineal glands of rats in streptozotocin induced type 1 diabetes. 45, 439-448.

[100] Pevet, P., Challet, E. and Felder-Schmittbuhl, M.P. (2021). Melatonin and the circadian system: Keys for health with a focus on sleep. Handb Clin Neurol, 179, 331-343.

[101] Poeggeler, B., Saarela, S., Reiter, R.J., Tan, D.X., Chen, L.D., Manchester, L.C. and Barlow-Walden, L.R. (1994). Melatonin--a highly potent endogenous radical scavenger and electron donor: new aspects of the oxidation chemistry of this indole accessed in vitro. Ann. N. Y. Acad. Sci., 738, 419-420.

[102] Poeggeler, B., Thuermann, S., Dose, A., Schoenke, M., Burkhardt, S. and Hardeland, R. (2002). Melatonin's unique radical scavenging properties - roles of its functional substituents as revealed by a comparison with its structural analogs. J. Pineal Res., 33, 20-30.

[103] Puig-Domingo, M., Webb, S.M., Serrano, J., Peinado, M.A., Corcoy, R., Ruscalleda, J., Reiter, R.J. and de Leiva, A. (1992). Brief report: melatonin-related hypogonadotropic hypogonadism. The New England journal of medicine, 327, 1356-1359.

[104] Reiter, R.J., Tan, D.X., Cabrera, J., D'Arpa, D., Sainz, R.M., Mayo, J.C. and Ramos, S. (1999). The oxidant/antioxidant network: Role of melatonin. Biological Signals and Receptors, 8, 56-

63.

[105] Reiter, R.J., Tan, D.X. and Fuentes-Broto, L.（2010a）. Melatonin: a multitasking molecule. Prog. Brain Res., 181, 127-151.

[106] Reiter, R.J., Tan, D.X., Gitto, E., Sainz, R.M., Mayo, J.C., Leon, J., Manchester, L.C., Vijayalaxmi, Kilic, E. and Kilic, U.（2004）. Pharmacological utility of melatonin in reducing oxidative cellular and molecular damage. Pol. J. Pharmacol., 56, 159-170.

[107] Reiter, R.J., Tan, D.X. and Maldonado, M.D.（2005）. Melatonin as an antioxidant: physiology versus pharmacology. J. Pineal Res., 39, 215-216.

[108] Reiter, R.J., Tan, D.X., Paredes, S.D. and Fuentes-Broto, L.（2010b）. Beneficial effects of melatonin in cardiovascular disease. Ann. Med., 42, 276-285.

[109] Reiter, R.J., Tan, D.X., Sainz, R.M., Mayo, J.C. and Lopez-Burillo, S.（2002）. Melatonin: reducing the toxicity and increasing the efficacy of drugs. J. Pharm. Pharmacol., 54, 1299-1321.

[110] Reiter, R.J.J.B.P., Endocrinology, R.C. and Metabolism（2003）. Melatonin: clinical relevance. 17, 273-285.

[111] Rodriguez, C., Mayo, J.C., Sainz, R.M., Antolín, I., Herrera, F., Martín, V. and Reiter, R.J.（2004）. Regulation of antioxidant enzymes: a significant role for melatonin. J. Pineal Res., 36, 1-9.

[112] Russo, K.A., La, J.L., Stephens, S.B., Poling, M.C., Padgaonkar, N.A., Jennings, K.J., Piekarski, D.J., Kauffman, A.S. and Kriegsfeld, L.J.（2015）. Circadian Control of the Female Reproductive Axis Through Gated Responsiveness of the RFRP-3 System to VIP Signaling. Endocrinology, 156, 2608-2618.

[113] Sainz, R.M., Mayo, J.C., Uría, H., Kotler, M., Antolfn, I., Rodriguez, C. and Menendez-Pelaez, A.（1995）. The pineal neurohormone melatonin prevents in vivo and in vitro apoptosis in thymocytes. 19, 178-188.

[114] Schaffazick, S.R., Pohlmann, A.R., de Cordova, C.A., Creczynski-Pasa, T.B. and Guterres, S.S.（2005）. Protective

properties of melatonin-loaded nanoparticles against lipid peroxidation. Int. J. Pharm., 289, 209-213.

[115] Scheer, F.A., Van Montfrans, G.A., van Someren, E.J., Mairuhu, G. and Buijs, R.M. (2004a). Daily nighttime melatonin reduces blood pressure in male patients with essential hypertension. Hypertension (Dallas, Tex. : 1979)., 43, 192-197.

[116] Scheer, F.A.J.L., Van Montfrans, G.A., Van Someren, E.J.W., Mairuhu, G. and Buijs, R.M.J.H. (2004b). Daily Nighttime Melatonin Reduces Blood Pressure in Male Patients With Essential Hypertension. 43, 192-197.

[117] She, M., Deng, X., Guo, Z., Laudon, M., Hu, Z., Liao, D., Hu, X., Luo, Y., Shen, Q., Su, Z. and Yin, W. (2009). NEU-P11, a novel melatonin agonist, inhibits weight gain and improves insulin sensitivity in high-fat/high-sucrose-fed rats. Pharmacol. Res., 59, 248-253.

[118] Shukla, M., Boontem, P., Reiter, R.J., Satayavivad, J., Govitrapong, P.J.D.R.A.I.J.f.R.P.o.R.o.G. and Genomes (2017). Mechanisms of Melatonin in Alleviating Alzheimer's Disease. 15.

[119] Simko, F. and Paulis, L. (2007). Melatonin as a potential antihypertensive treatment. J. Pineal Res., 42, 319-322.

[120] Simko, F. and Pechanova, O. (2009). Potential roles of melatonin and chronotherapy among the new trends in hypertension treatment. J. Pineal Res., 47, 127-133.

[121] Soliman, A., Lacasse, A.-A., Lanoix, D., Sagrillo-Fagundes, L., Boulard, V. and Vaillancourt, C. (2015a). Placental melatonin system is present throughout pregnancy and regulates villous trophoblast differentiation. 59, 38-46.

[122] Soliman, A., Lacasse, A.A., Lanoix, D., Sagrillo-Fagundes, L., Boulard, V. and Vaillancourt, C. (2015b). Placental melatonin system is present throughout pregnancy and regulates villous trophoblast differentiation. J. Pineal Res., 59, 38-46.

[123] Stanford, S.C. (2018). Recent developments in research of melatonin and its potential therapeutic applications. Br. J. Pharmacol.,

175, 3187-3189.

[124] Stein, R.M., Kang, H.J., McCorvy, J.D., Glatfelter, G.C., Jones, A.J., Che, T., Slocum, S., Huang, X.-P., Savych, O., Moroz, Y.S., Stauch, B., Johansson, L.C., Cherezov, V., Kenakin, T., Irwin, J.J., Shoichet, B.K., Roth, B.L. and Dubocovich, M.L. (2020). Virtual discovery of melatonin receptor ligands to modulate circadian rhythms. Nature, 579, 609-614.

[125] Stys, P.K. (1998). Anoxic and ischemic injury of myelinated axons in CNS white matter: from mechanistic concepts to therapeutics. Journal of cerebral blood flow and metabolism : official journal of the International Society of Cerebral Blood Flow and Metabolism, 18, 2-25.

[126] Su, S.C., Hsieh, M.J., Yang, W.E., Chung, W.H., Reiter, R.J. and Yang, S.F. (2017). Cancer metastasis: Mechanisms of inhibition by melatonin. J. Pineal Res., 62.

[127] Takayama, H., Nakamura, Y., Tamura, H., Yamagata, Y., Harada, A., Nakata, M., Sugino, N. and Kato, H. (2003). Pineal gland (melatonin). affects the parturition time, but not luteal function and fetal growth, in pregnant rats. Endocr. J., 50, 37-43.

[128] Talib, W.H., Alsayed, A.R., Abuawad, A., Daoud, S. and Mahmod, A.I. (2021a). Melatonin in Cancer Treatment: Current Knowledge and Future Opportunities. In Molecules.

[129] Talib, W.H., Alsayed, A.R., Abuawad, A., Daoud, S. and Mahmod, A.I. (2021b). Melatonin in Cancer Treatment: Current Knowledge and Future Opportunities. 26, 2506.

[130] Talib, W.H., Alsayed, A.R., Abuawad, A., Daoud, S. and Mahmod, A.I. (2021c). Melatonin in Cancer Treatment: Current Knowledge and Future Opportunities. Molecules, 26.

[131] Talpur, H.S., Chandio, I.B., Brohi, R.D., Worku, T., Rehman, Z., Bhattarai, D., Ullah, F., JiaJia, L. and Yang, L. (2018). Research progress on the role of melatonin and its receptors in animal reproduction: A comprehensive review. Reproduction in Domestic Animals, 53, 831-849.

[132] Tamura, H., Takasaki, A., Taketani, T., Tanabe, M., Lee, L., Tamura, I., Maekawa, R., Aasada, H., Yamagata, Y. and Sugino, N. (2014). Melatonin and female reproduction. The journal of obstetrics and gynaecology research, 40, 1-11.

[133] Tan, D.-X., Manchester, L.C., Esteban-Zubero, E., Zhou, Z. and Reiter, R.J. (2015). Melatonin as a Potent and Inducible Endogenous Antioxidant: Synthesis and Metabolism. 20, 18886-18906.

[134] Tan, D.-X., Manchester, L.C., Liu, X., Rosales-Corral, S.A., Acuna-Castroviejo, D. and Reiter, R.J. (2013). Mitochondria and chloroplasts as the original sites of melatonin synthesis: a hypothesis related to melatonin's primary function and evolution in eukaryotes. J. Pineal Res., 54, 127-138.

[135] Tan, D.-X., Manchester, L.C., Sainz, R.M., Mayo, J.C., León, J. and Reiter, R.J. (2005). Physiological ischemia/reperfusion phenomena and their relation to endogenous melatonin production. Endocrine, 27, 149-157.

[136] Tan, D.X., Manchester, L.C., Fuentes-Broto, L., Paredes, S.D. and Reiter, R.J. (2011). Significance and application of melatonin in the regulation of brown adipose tissue metabolism: relation to human obesity. Obesity reviews : an official journal of the International Association for the Study of Obesity, 12, 167-188.

[137] Tang, Y., Cai, B., Yuan, F., He, X., Lin, X., Wang, J., Wang, Y. and Yang, G.Y. (2014). Melatonin Pretreatment Improves the Survival and Function of Transplanted Mesenchymal Stem Cells after Focal Cerebral Ischemia. Cell transplantation, 23, 1279-1291.

[138] Toffol, E., Kalleinen, N., Haukka, J., Vakkuri, O., Partonen, T. and Polo-Kantola, P. (2014). Melatonin in perimenopausal and postmenopausal women: associations with mood, sleep, climacteric symptoms, and quality of life. Menopause (New York, N.Y.), 21, 493-500.

[139] Tong, J., Sheng, S., Sun, Y., Li, H., Li, W.P., Zhang, C. and Chen, Z.J. (2017). Melatonin levels in follicular fluid as markers

for IVF outcomes and predicting ovarian reserve. Reproduction, 153, 443-451.

[140] Tordjman, S., Chokron, S., Delorme, R., Charrier, A., Bellissant, E., Jaafari, N. and Fougerou, C.J.C.N. (2017). Melatonin: Pharmacology, Functions and Therapeutic Benefits.

[141] Tosini, G. and Fukuhara, C. (2003). Photic and circadian regulation of retinal melatonin in mammals. J. Neuroendocrinol., 15, 364-369.

[142] Trivedi, A.K. and Kumar, V. (2014). Melatonin: an internal signal for daily and seasonal timing. Indian J. Exp. Biol., 52, 425-437.

[143] Ucar, M., Korkmaz, A., Reiter, R.J., Yaren, H., Oter, S., Kurt, B. and Topal, T. (2007). Melatonin alleviates lung damage induced by the chemical warfare agent nitrogen mustard. Toxicol. Lett., 173, 124-131.

[144] Uz, T., Akhisaroglu, M., Ahmed, R. and Manev, H. (2003). The pineal gland is critical for circadian Period1 expression in the striatum and for circadian cocaine sensitization in mice. Neuropsychopharmacology : official publication of the American College of Neuropsychopharmacology, 28, 2117-2123.

[145] Uz, T., Arslan, A.D., Kurtuncu, M., Imbesi, M. and Manev, H.J.M.B.R. (2005). The regional and cellular expression profile of the melatonin receptor MT1 in the central dopaminergic system. 136, 45-53.

[146] Vecchierini, M.F., Kilic-Huck, U. and Quera-Salva, M.A. (2021). Melatonin (MEL) and its use in neurological diseases and insomnia: Recommendations of the French Medical and Research Sleep Society (SFRMS). Revue neurologique, 177, 245-259.

[147] Verma, A.K., Khan, M.I., Ashfaq, F. and Rizvi, S.I. (2023). Crosstalk Between Aging, Circadian Rhythm, and Melatonin. Rejuvenation Research, 26, 229-241.

[148] Waldhauser, F., Weiszenbacher, G., Frisch, H., Zeitlhuber, U., Waldhauser, M. and Wurtman, R.J. (1984). Fall in

nocturnal serum melatonin during prepuberty and pubescence. Lancet, 1, 362-365.

[149] Watson, N., Diamandis, T., Gonzales-Portillo, C., Reyes, S. and Borlongan, C.V. (2016). Melatonin as an Antioxidant for Stroke Neuroprotection. Cell transplantation, 25, 883-891.

[150] Winiarska, K., Fraczyk, T., Malinska, D., Drozak, J. and Bryla, J. (2006). Melatonin attenuates diabetes-induced oxidative stress in rabbits. J. Pineal Res., 40, 168-176.

[151] Wu, H.J., Wu, C., Niu, H.J., Wang, K., Mo, L.J., Shao, A.W., Dixon, B.J., Zhang, J.M., Yang, S.X. and Wang, Y.R. (2017). Neuroprotective Mechanisms of Melatonin in Hemorrhagic Stroke. Cell. Mol. Neurobiol., 37, 1173-1185.

[152] Xie, X., Ding, D., Bai, D., Zhu, Y., Sun, W., Sun, Y. and Zhang, D. (2022a). Melatonin biosynthesis pathways in nature and its production in engineered microorganisms. Synthetic and Systems Biotechnology, 7, 544-553.

[153] Xie, X.T., Ding, D.Q., Bai, D.Y., Zhu, Y.R., Sun, W., Sun, Y.M. and Zhang, D.W. (2022b). Melatonin biosynthesis pathways in nature and its production in engineered microorganisms. Synthetic and Systems Biotechnology, 7, 544-553.

[154] Yang, W., Tang, K., Wang, Y., Zhang, Y. and Zan, L. (2017). Melatonin promotes triacylglycerol accumulation via MT2 receptor during differentiation in bovine intramuscular preadipocytes. Sci Rep-UK, 7, 15080.

[155] Yano, S., Moseley, K., Fu, X. and Azen, C. (2016). Evaluation of Tetrahydrobiopterin Therapy with Large Neutral Amino Acid Supplementation in Phenylketonuria: Effects on Potential Peripheral Biomarkers, Melatonin and Dopamine, for Brain Monoamine Neurotransmitters. PLoS One, 11, e0160892.

[156] Yie, S.M., Niles, L.P. and Younglai, E.V. (1995). Melatonin receptors on human granulosa cell membranes. J. Clin. Endocrinol. Metab., 80, 1747-1749.

[157] Zang，L.Y.，Cosma，G.，Gardner，H. and Vallyathan，V.（1998）. Scavenging of reactive oxygen species by melatonin. Biochim. Biophys. Acta，1425，469-477.

第 2 章　植物中的褪黑激素

褪黑激素是一种重要的动物激素,因其能使青蛙的表皮褪色而被命名为褪黑激素,直到 1958 年,Lerner 和 Case 才成功将其结构鉴定出来。在随后几十年的研究中发现,褪黑激素作为一种广谱的生理调节剂,已经被报道存在于绝大多数有机体中,从单细胞藻类到高等动植物等。前文已经提到,褪黑激素在人和动物中已经被报道参与多种生理调节过程,例如动物的昼夜节律、免疫反应、生殖生理和消化系统的再生等,且已经有了临床上的应用实践。褪黑激素在动物中的研究已经较为深入,但由于其一直被认为是动物专有,褪黑激素在植物中的研究一直没有得到足够的重视。而随着检测技术的进步,尤其是高效液相色谱技术和质谱技术的发明和普及,使得在植物中检测褪黑激素含量更具有可信度和可操作性,研究难度大大降低。自 20 世纪 90 年代以来,人们陆续在许多高等植物中检测到了褪黑激素的存在,包括大多数食用植物、菊科和药用植物,特别是在许多药用植物中。此外,进一步的研究发现,褪黑激素在植物中也具有重要的功能,由此开启了植物中褪黑激素生理功能的研究热潮。

2.1　褪黑激素在植物中分布

尽管褪黑激素在植物界中普遍存在,但不同植物之间,甚至同一植物的不同品种中,褪黑激素的含量都有较大差别。自 1958 年起,人们陆续在许多可食用的植物以及中药材中检测到褪黑激素,已有研究表明，在部分食用植物和中药植物中，褪黑激素含量较高（Reiter *et al.*，2007）。一项涵盖 108 种中医常用草药的研究显示，褪黑激素的含量在 pg~ng 每克新鲜组织之间（Chen *et al.*，2003）。从已发表的文献来看，植物中的褪黑激素含量存在显著差异，其内源含量从无法检测到高至 7000 ng/g 鲜重（Mannino *et al.*，2021b）。此外，芳香和药用植物中的褪黑激素水平通常高于肉质水果和种子中，但咖啡种子是个例外，其褪黑激素含量非常高（高至 5000~7000 ng/g）。其他高褪黑激素含量的植物还包括药用植物如薄荷、鼠尾草等，以及一些水果如枸杞（530 ng/g）、蔓越莓（96 ng/g）等。在谷物中，水稻（55.55 ng/g）、燕麦（31.533 ng/g）和普通小麦（33.425 ng/g）的褪黑激素含量也相对较高。这些发现表明，褪黑激素在植物体内的积累可能因植物种类和器官的不同而有所差异。而在我们常见的食用植物如苹果、大麦、豆类、黄瓜、葡萄、玉米、马铃薯、大米和番茄等农作物和水果中发现，褪黑激素大量存在且相对其他植物含量较高。对不同植物分类的科属中褪黑激素含量进行测量后表明，以咖啡种子为代表的茜草科（Rubiaceae）的褪黑激素含量最高，平均达到了 5885 ng/g，含量在所有物种中名列前茅。其次是堇菜科（Violaceae）、五列木科（Pentaphylacaceae）和胡桃科（Juglandaceae），含量约为茜草科中褪黑激素含量的 1/2。此外，唇形科（Lamiaceae）、芸香料（Rutaceae）、金丝桃科（Hypericaceae）、小檗科（Berberidaceae）、胡椒科（Piperaceae）、毛茛科（Ranunculaceae）和菊科（Asteraceae）等的褪黑激素含量也相对较高。而值得注意的是，目前已报道的苋科（Amaranthaceae）植物的褪黑激素含量非常低。

　　植物中的褪黑激素含量不仅在不同种类的植物中具有巨大差异，在同一植物的不同组织器官中含量也有差别。已有的褪黑激素在植物的根、芽、叶、花、果实和种子中被检测和定量的研究显示，不同组织中褪黑激素的含量具有显著的差异。对大多数植物而言，褪黑激素含量最高的植物器官是花，平均含量为 694.08 ng/g，紧随其后的是叶子和种子。目前已报道的文献中，叶子和种子中的褪黑激素含量也相对较高，但不同植物中的差别较大。与其他组织相比，果实中的褪黑激素含量相对较低（89.05 ng/g）。植物中的这种在花、叶片和种子中积累较多的褪黑激素，主要归因于在植物进化过程中，褪黑激素形成的生理功能有关。叶片是植物重要的光合器官，是同化物形成的主要场所，对植物本身而言至关重要，因此其含有较高的褪黑激素含量是可以理解的。同时，叶绿体也是植物合成褪黑激素的重要场所之一,褪黑激素在其中对光合器官起到保护作用。因此,在叶片中具有较高的褪黑激素含量对于植物抵御由胁迫诱发的氧化损伤和其他伤害具有重要作用,同时也对维持植物在胁迫条件下的光合作用、保持同化物的积累具有重要意义。花和种子是植物的生殖器官,特别是开花阶段,植物对胁迫条件更加敏感,因此维持花朵中较高的褪黑激素含量对于抵御胁迫条件对植物生殖生长的影响具有极大意义。同理,种子是植物的繁殖器官,维持其较高的褪黑激素含量有利于种子度过各种胁迫条件,帮助种子正常萌发。此外,已有的研究表明,褪黑激素还可以作为种子引发剂,不仅在种子萌发中起作用,而且对于维持种子萌发后的幼苗生长也具有重要意义。这种在花和种子中的高含量褪黑激素可能与生殖器官对植物繁殖和物种生存的影响有关,这是植物对环境适应性的进化。因为褪黑激素具有重要抗氧化能力,可以有效保护种子免受各种环境胁迫的危害,进而影响植物的繁殖(Manchester *et al.*, 2000)。而水果中的褪黑激素含量较低,可能是因为水果中其他代谢物质的影响,在水果中各种芳香类物质、花青素等抗氧化物质足以抵消褪黑激素的积极作用。另一方面,水果中褪黑激素含量较低也可能是由于收获时间和收获后贮存条件的影响。

也有人指出,植物中的褪黑激素含量不仅在物种之间不同,而且在同一物种的不同品种之间也不相同(Tan *et al.*, 2012)。这种不同植物、不同部位甚至是不同品种之间褪黑激素含量的差异是广泛存在的,这既表明褪黑激素已经在植物的进化上由来已久,同时也表明褪黑激素很可能存在多种不一样的功能,从而让植物产生了适应性的进化。值得注意的是,在部分药用植物中,包括除虫菊(*Tanacetum parthenium* L.)和贯叶连翘(*Hypericum perforatum* L.),褪黑激素的含量有时比动物体内的褪黑激素含量还要高(Murch *et al.*, 1997)。

此外,和动物不一样的是,植物还能自己合成褪黑激素的前体——色氨酸,这是一种芳香族氨基酸。从理论上来说,在植物体内,植物可以自己合成色氨酸,而色氨酸可以不断地转化成褪黑激素,而动物却只能靠食物来获取色氨酸。因此,从这一点来看,植物中的褪黑激素含量很有可能达到较高的水平,甚至远比动物体内的褪黑激素水平更高。这也说明褪黑激素具有在植物体内大量积累的潜力。同时,除了自己合成外,植物还能从外部环境中吸收褪黑激素,并且能在体内积累到很高的浓度。因此,事实证明,植物是动物获取褪黑激素和其他吲哚胺的重要来源。

此外,有研究表明,在不利条件下生长的植物,包括高温或者低温胁迫、重金属、细菌感染等情形均有可能诱导褪黑激素的产生和积累。此外,由于光养植物需要更高的抗氧化环境来保护光系统的正常功能,叶绿体中往往具有较高浓度的褪黑激素含量,这为褪黑激素的功能研究提供了直接证据。

2.2　植物中褪黑激素的合成

长时间以来,人们普遍认为褪黑激素只在动物的松果体中产生,并在其中充当神经激素的角色。然而,随着研究的深入,我们现在知道,不仅动物体内会产生褪黑激素,真核生物和一些细菌也能产生这种物质。其广泛的存在表明,褪黑激素很可能是一种非常古老的分子,它在生物的进化历程中一直被保留下来。一些生物如红螺旋藻、石螺旋藻、多边舌甲藻和加州飞蛾等,早在 2.5 ~ 3.5 亿年前就已经具备了产生褪黑激素的能力,这种能力有助于它们减少由有氧代谢产生的活性氧带来的氧化胁迫。值得一提的是,植物也能在不同的部位产生褪黑激素,为了与动物和其他生物产生的褪黑激素进行区分,科学家在 2004 年提出了“植物褪黑激素”这一概念。

在脊椎动物中,褪黑激素的分泌受到光照的影响,在暗光或光抑制条件下,松果体会周期性地分泌褪黑激素,这种激素在调节睡眠周期和其他季节性节律中起着关键作用。尽管有报道称某些海藻和植物也存在昼夜节律的褪黑激素产生,但褪黑激素在控制这些生物的光周期性方面似乎并没有发挥主要作用。相反,它更可能参与到植物的生长和发育过程中。多项科学研究已经证实,褪黑激素能够影响植物根系的结构和形态发生、植株形态、开花、果实成熟等多个方面。同时,它还能影响叶绿素、脯氨酸、谷胱甘肽、脂肪、碳水化合物等的积累。近十年的研究还揭示了褪黑激素在生物和非生物胁迫期时作为信号分子的重要作用。褪黑激素能够影响植物对病原体攻击的防御反应,并增强植物对寒冷、高温、干旱、重金属、紫外线辐射或盐胁迫的耐受性。

褪黑激素，也被称为 N- 乙酰基 -5- 甲氧基三甲基胺，是一种吲哚胺类的化合物。从理化性质上，褪黑激素既具有水溶性，也具有酯溶性，这决定了褪黑激素功能的多样性。这种特性使得褪黑激素能够较为容易地穿过生物膜进入任何细胞和亚细胞区室，进而加强细胞区室氧化应激的保护作用。目前，褪黑激素在植物中的合成途径已经研究得较为清楚，且与动物中褪黑激素的合成途径类似。下面我们将对褪黑激素在植物中的合成部位和合成通路进行一个回顾和总结。

从不同组织器官褪黑激素的合成情况看，植物中的不同部位均能够合成褪黑激素，包括根、叶片、茎秆、花、果实和种子中，且不同部位产生褪黑激素的水平差异较大。部分植物在生殖器官中的褪黑激素含量显著高于营养器官，表明褪黑激素可能在植物繁殖过程中发挥重要作用。但也有研究表明，褪黑激素在根尖、茎尖等分生组织中含量更高，表明其可能参与了植物细胞的分裂活动。从亚细胞结构上来看，植物中褪黑激素水平在线粒体和叶绿体中最高，且限速酶 SNAT 也定位于这两个细胞器中，因此研究者们认为它们是褪黑激素生物合成的主要场所。

目前已经在几种植物中发现了褪黑激素合成途径的所有酶的基因，表明褪黑激素在植物的合成途径相对而言是比较清晰的。但值得注意的是，编码色氨酸羟化酶（TPH）的基因一直到 2019 年才被发现，表明植物中褪黑激素合成通路中编码各个酶的基因之间也有较大的差别。部分限速酶步骤比较关键，其编码蛋白在进化表现上更加保守，因此更容易被鉴定到。而部分其他酶可能参与其他的代谢通路，在进化上更加多变，氨基酸序列保守性更低，因此相对而言鉴定更为困难。

色氨酸是植物生长素合成的前体物质，同时也是褪黑激素合成的前体物质。褪黑激素的合成始于色氨酸，而色氨酸是一种植物能通过莽草酸途径重新合成的氨基酸。其整个过程涉及多种酶的催化作用，最终通过色氨酸合成酶将吲哚与丝氨酸结合生成色氨酸（Mannino *et al.*，2021a）。在植物中，已知至少有六种酶参与由色氨酸开始的褪黑激素的生物合成，而褪黑激素合成理论上仅需要 4 个酶即可完成，表明在此过程中可能存在多种生物合成途径。这与动物中的褪黑激素合成相似，动物中褪黑激素的合成过程涉及到 5 种合成酶，2 个不同的合成途径。这表明褪黑激素无论是在动物还是植物中，其合成均具有合成途径的冗余，以避免单一途径突变后对褪黑激素合成的影响，进而影响生物体正常的生理机能。目前已知参与褪黑激素合成的六种酶分别是：L- 色氨酸脱羧酶（TDC）、色胺 5- 羟化酶（T5H）、血清素 N- 乙酰转移酶（SNAT）、乙酰羟色胺 -O- 甲基转移酶（ASMT）、咖啡酸 3-O- 甲基转移酶（COMT）和色氨酸羟化酶（TPH）。

在植物中，褪黑激素合成的第一步与色氨酸转化为血清素有关，可能通过两种途径实现。第一种方式从色氨酸通过 TPH 脱羧成色胺开始，然后色胺通过 TDC 羟基化为血清素。另一种方式可能性首先通过 TPH 将色氨酸羟基化为 5- 羟基色氨酸，然后通过 TDC 将 5- 羟色氨酸脱羧成 5- 羟色胺（血清素）。这两种途径均同时存在，TDC 在体外对色胺和 5- 羟基色氨酸都显示出良好的亲和力。但值得注意的是，在植物中，脱羧比羟基化更频繁地作为褪黑激素合成的第一步反应（Back et al., 2016）。

从 5- 羟色胺到褪黑激素的合成是一个包含两步反应的过程，这个过程中涉及三种不同的酶：SNATs、ASMT 和 COMT，它们各自可能存在着不同的异构体。在这三种酶中，第一种酶（SNATs）负责催化 5- 羟色胺的乙酰化反应，而其余两种酶（ASMT 和 COMT）则扮演着甲基转移酶的角色。值得注意的是，由于这三种酶对 5- 羟色胺、N- 乙酰 -5- 羟色胺以及 5- 甲氧基色胺都具有一定的底物亲和力，因此在这个过程中，不同酶的作用顺序会有所不同。

此外，在不同细胞器中，不同酶具有不同的分布特点，导致褪黑激素在不同细胞器中的合成顺序可能会有变化，不同细胞器中褪黑激素的含量也有显著差别。这表现在植物细胞内，参与从色氨酸到褪黑激素合成的酶具有不同的分布特点。TDC 主要定位于细胞质中，T5H 则位于内质网，SNAT 在叶绿体中表达，而 ASMT 和 COMT 则分布在细胞质里。最具有代表性的是 SNATs、ASMT 和 COMT 这三种酶，由于 ASMTs/COMT 仅存在于细胞质，SNATs 位于叶绿体，褪黑激素合成和积累的最终亚细胞位置具有显著差异。例如，在细胞质中，5- 羟色胺会迅速通过血清素 N- 羟基肉桂酰转移酶（SHT）转化为苯基丙素酰胺，如阿魏酰 5- 羟色胺。同时，褪黑激素也会通过褪黑激素 3- 羟化酶（M3H）迅速转化为环 3- 羟基褪黑激素（3-OHM）。而在叶绿体中，褪黑激素则可能通过褪黑激素 2- 羟化酶（M2H）代谢成为 2- 羟基褪黑激素（2-OHM）（Byeon and Back, 2015, Lee et al., 2016）。以上不同酶的分布不同导致在已知的四种可能的褪黑激素生物合成途径中，不同途径主要合成褪黑激素的部位不一致（Back *et al.*，2016）。第 I 和第 II 途径主要在内质网中合成褪黑激素，而第 III 和第 IV 途径则是在细胞质环境中完成褪黑激素的合成（图 2-1）。

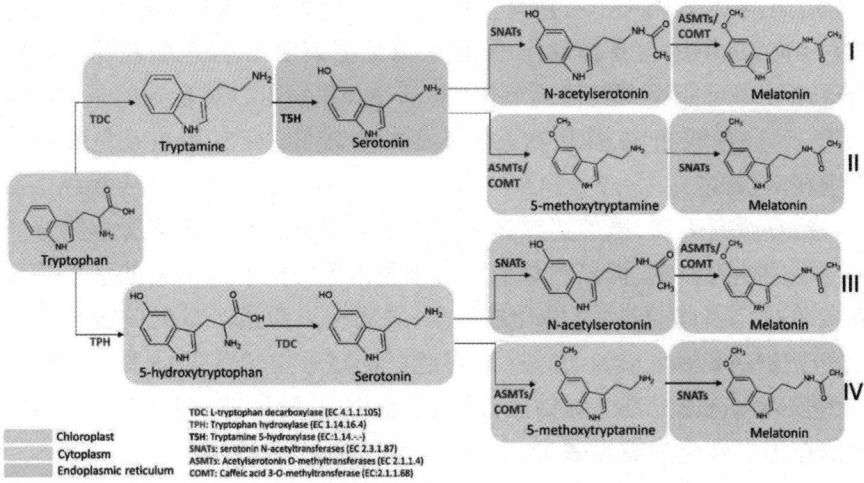

图 2-1 植物中褪黑激素合成的可能途径

值得注意的是，褪黑激素的生物合成途径受植物生长条件的影响。在正常或者胁迫条件下，褪黑激素的合成通常从色氨酸开始，经过多个中间产物，最终生成褪黑激素。在此过程中，由于 SNAT 对 5- 羟色胺的亲和力较高，因此会优先将其乙酰化为 N- 乙酰 -5- 羟色胺。随后，产生的 N- 乙酰 -5- 羟色胺会被 ASMT 或 COMT 迅速甲基化成为褪黑激素，且该步骤的催化效率比乙酰化高出许多，使得 N- 乙酰 -5- 羟色胺的水平保持较低。值得注意的是，虽然 COMT 在特定条件下表现出更高的催化效率，但在体内实验中，它更倾向于甲基化其他底物，与褪黑激素合成通路产生竞争性抑制，结果导致催化褪黑激素合成的活性功能降低。因此，ASMT 在将 N- 乙酰 -5- 羟色胺甲基化为褪黑激素的过程中发挥了主导作用。

当植物进入衰老阶段或面临非生物胁迫时，它们往往会积聚大量的褪黑激素中间产物，如色氨酸、色胺以及血清素等。因此，最理想的生物合成路径应当从色氨酸起始，经过色胺、5- 羟色胺以及 5- 甲氧基色胺等中间产物，最终生成褪黑激素。值得注意的是，5- 羟色胺的增加量与褪黑激素水平的提升并不成正比关系。色氨酸和血清素的含量会随着植物的衰老而略有上升，但褪黑激素的含量却并未出现相应的增长。举例来说，从衰老的水稻叶片中提取的数据表明，血清素与褪黑激素在合成过程中的代谢能力存在着超过三倍的差异（Byeon et al., 2012）。这一显著差异可以归因于衰老过程中 COMT 和 SNAT 两种酶的催化效率相较于正常生长条件下有所降低的原因。尽管目前尚未观察到 5- 羟色胺对 SNATs 酶的自身抑制作用，但已有证据表明 5- 羟色胺在褪黑激素合成途径中可能存在其他调节作用。不过，我们可以观察到的是，与 N-乙酰 -5- 羟色胺相比，褪黑激素的水平相对较低，而 5- 甲氧基色胺的水平则相对较高。

已有研究表明，虽然褪黑激素的生物合成途径在正常情况下能够产生更多的褪黑激素，但其产量似乎与细胞内色氨酸和血清素的水平并无直接关联。因此，我们可以合理推测，限制褪黑激素产量的关键环节可能在于 SNAT 酶生成 N- 乙酰 -5- 羟色胺的过程中。事实上，N- 乙酰 -5-羟色胺必须首先穿透叶绿体膜，进入细胞质中，随后在 ASMT 或 COMT 酶的作用下转化为褪黑激素。

基于对 T5H 缺陷型以及 T5H 受抑制的水稻植株的研究发现了一种新的可能途径，该途径似乎与 5- 羟色氨酸介导的血清素合成有关（Mannino et al., 2021a）。T5H 缺陷型植株的血清素的水平明显低于对照植株，但褪黑激素的水平却更高，这与已发现的褪黑激素生物合成途径并不完全一致。T5H 缺陷型植株中 5-HT 途径并不会导致血清素的增加，但其在提升褪黑激素水平方面却发挥着至关重要的作用。

最后需要指出的是，除了上述途径外，还可能存在着其他褪黑激素生物合成途径，包括那些不依赖于血清素形成的途径。然而，目前我们还未能确定这些途径中所涉及的酶类，而已知的酶类似乎并未参与这些过程。

2.3 植物和动物中褪黑激素合成的差别

2.3.1 褪黑激素合成的原料来源——色氨酸

植物和动物褪黑激素合成的第一个差别与褪黑激素合成的前体物

质色氨酸有关。色氨酸是褪黑激素合成的原料和唯一来源,动物中不能够正常合成色氨酸,需要动物从外界摄取植物或者其他动物中的色氨酸,且必须达到一定的量才能够满足褪黑激素合成的需要。而在植物中,色氨酸是植物生长素合成的前体物质,同时也是褪黑激素合成的前体物质。在植物中,植物能够通过莽草酸途径合成几乎所有的氨基酸,其中也包括色氨酸,而该途径包括七个步骤,允许植物中所有芳香族氨基酸的生物合成。其整个过程涉及多种酶的催化作用,最终通过色氨酸合成酶将吲哚与丝氨酸结合生成色氨酸(Mannino *et al*., 2021a)。植物通过莽草酸途径合成色氨酸是褪黑激素合成的重要前提,也是植物中褪黑激素合成与动物中褪黑激素合成的重要差异。

2.3.2 褪黑激素合成酶的差异

植物与动物在褪黑激素生物合成上除了在合成原料的来源上有差异外,在合成酶、底物亲和力和细胞定位等方面也具有显著差别。独特的是,植物拥有从 5- 羟色胺转化为褪黑激素的额外途径。近期研究显示,当叶绿体途径受阻时,植物能转换使用类似动物的线粒体途径来确保褪黑激素的稳定供应。尽管有此共同的合成途径,植物和动物在酶的来源和活性上仍存在显著差异。

(1)色氨酸脱羧酶(TDC)

TDC 是催化色氨酸转化为色胺的关键酶,它最初在玫瑰花中被发现,是一种可溶性的细胞质同二聚体蛋白。在动物中,TDC 对 5- 羟色氨酸的亲和力要高于色氨酸,因此色氨酸往往先发生羟基化反应,再发生脱羧反应。而在植物中,例如玫瑰花中的 TDC 对色氨酸的亲和力高于 5- 羟色氨酸,因此很可能先发生脱羧反应,再发生羟基化反应。此外,不同物种表达的 TDC 蛋白也有所差异,纯化的 TDC 蛋白对色氨酸的亲和力各不相同。这决定了在植物中由色氨酸到 5- 羟色胺的两条通路都能够同时存在,这可能是植物中褪黑激素合成进化上的一个重要变化。

(2)色胺 -5- 羟化酶(T5H)

在动物中,褪黑激素生物合成过程中的羟基化反应主要由色氨酸羟基化酶(TPH)完成的,其对色氨酸的亲和力显著强于色胺。而在植物中,褪黑激素生物合成过程中的羟基化反应主要由两种依赖细胞色素 P450 的单加氧酶共同介导,包括色胺 5- 羟化酶(T5H)和色氨酸羟化酶

（TPH），其中，T5H 起主导作用。T5H 负责在色胺的 5 位上加成羟基，形成 5- 羟色胺。T5H 对色胺具有高亲和力和高周转率，但不能催化色氨酸转化为 5- 羟基色氨酸。在某些植物中，T5H 的催化效率非常高，由 TDC 产生的色胺可以迅速转化为 5- 羟色胺。然而，在某些突变型植物中，由于缺乏 T5H 活性，褪黑激素的合成途径会发生变化，转向与动物相似的途径，即由 TPH 主导（Park *et al.*，2013）。尽管在植物基因组中未检测到动物的色氨酸羟化酶（TPH）同源物，但有证据表明植物中存在类似 TPH 的酶。不过，与褪黑激素生物合成的主要途径相比，这条途径的血清素生物合成通量率非常低。这也是植物和动物褪黑激素合成途径从色氨酸到 5- 血清素转化的重要差异。

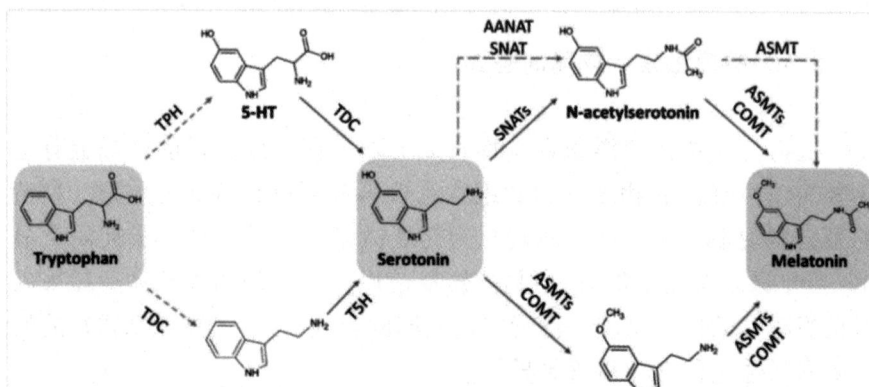

图 2-2　线粒体和叶绿体中褪黑激素合成的差异

（3）5- 羟色胺 -N- 乙酰转移酶（SNAT）

SNAT 是褪黑激素合成中的关键酶，它催化 5- 羟色胺转化为 N- 乙酰 -5- 羟色胺。SNAT 在动物中也被称为 AANAT，与动物中的 AANAT 相比，植物 SNAT 在酶动力学和底物偏好上存在差异。有研究表明，绵羊的 AANAT 活性比水稻 SNAT 的活性要高 10 倍。此外，SNATs 可以接受具有不同亲和力的各种底物，包括色胺、5- 羟色胺和 5- 甲氧基色胺。但值得注意的是，AANAT 的首选底物是 5- 羟色胺，而 SNAT 的底物通常是 5- 甲氧基色胺。动物 AANAT 对 5- 羟色胺有较高催化活性，而植物中的 SNAT 则通常偏好 5- 甲氧基色胺。此外，这两种酶的亚细胞定位也有一些差别，植物的 SNAT 酶主要存在于叶绿体中，而动物的 AANAT 酶则位于线粒体中。另外，AANAT 和 SNAT 酶的稳定性也具有差异，动物 AANAT 包含植物 SNAT 中未发现的调控侧翼区域，这些区域对 AANAT 酶的稳定具有重要意义,这些结构差异可能导致它们作用部位和方式的区别,进而引起了褪黑激素在动植物中的功能差异。

（4）N- 乙酰 -5- 羟色胺 -O- 甲基转移酶（ASMT）

ASMT 催化褪黑激素生物合成的最后一步,将 N- 乙酰 5- 羟色胺转化为褪黑激素,它也被称为羟基吲哚 -O- 甲基转移酶（HIOMT）。植物和动物的 ASMT 缺乏同源性,且植物的 ASMT 直到 2011 年才被鉴定和克隆。由于 TDC 和 SNAT 对高温具有轻微的耐受性,因此植物的高温对褪黑激素的合成有积极影响。ASMT 的底物包含 N- 乙酰 -5- 羟色胺和 5- 羟色胺,但 ASMT 仅当细胞中存在较高水平的 5- 羟色胺时才能够以其为底物进行催化反应。此外,值得注意的是,不同植物物中的 ASMT 基因序列同源性较低,且其酶活性和底物具有较大差别。但部分植物编码的 ASMT 蛋白质可能具有相似的 ASMT 活性。

（5）咖啡酸 -3-O- 甲基转移酶（COMT）

众所周知,COMT 在木质素的生物合成和多种底物的甲基化修饰过程中起着至关重要的作用,其中包括咖啡酸、5- 羟基松木醛和槲皮素等。同时,COMT 还在褪黑激素合成中扮演重要角色,能通过甲基化 N- 乙酰 -5- 羟色胺来合成褪黑激素。与 ASMT 类似,COMT 也可以对 N--乙酰 -5- 羟色胺和 5- 羟色胺进行氧甲基化。从动力学参数上看,拟南芥中的 COMT 对 n- 乙酰 -5- 羟色胺的亲和力高于 ASMT,使得 COMT 的催化效率比 ASMT 高出 636 倍。同时,拟南芥的 COMT 也能将 5-羟色胺转化为 5- 甲氧基色胺,但其亲和力远低于将 N- 乙酰 -5- 羟色胺转化为褪黑激素的能力,水稻中的 COMT 也表现出类似的特性（Byeon et al., 2015a, Byeon et al., 2015b）。最后,在拟南芥和水稻的 COMT 突变体或抑制品系中,观察到褪黑激素合成显著减少,这表明该酶在褪黑激素生物合成途径中发挥着重要作用（Byeon et al., 2014, Byeon et al., 2015a）。

参考文献

[1] Back, K., Tan, D.X. and Reiter, R.J.（2016）. Melatonin biosynthesis in plants: multiple pathways catalyze tryptophan to melatonin in the cytoplasm or chloroplasts. J. Pineal Res., 61, 426-437.

[2] Byeon, Y. and Back, K.（2015）. Molecular cloning of melatonin 2-hydroxylase responsible for 2-hydroxymelatonin production in rice（Oryza sativa）. J. Pineal Res., 58, 343-351.

[3] Byeon, Y., Choi, G.H., Lee, H.Y. and Back, K.（2015a）. Melatonin biosynthesis requires N-acetylserotonin methyltransferase activity of caffeic acid O-methyltransferase in rice. J. Exp. Bot., 66, 6917-6925.

[4] Byeon, Y., Lee, H.Y. and Back, K.（2015b）. Chloroplastic and cytoplasmic overexpression of sheep serotonin N-acetyltransferase in transgenic rice plants is associated with low melatonin production despite high enzyme activity. J. Pineal Res., 58, 461-469.

[5] Byeon, Y., Lee, H.Y., Lee, K. and Back, K.（2014）. Caffeic acid O-methyltransferase is involved in the synthesis of melatonin by methylating N-acetylserotonin in Arabidopsis. J. Pineal Res., 57, 219-227.

[6] Byeon, Y., Park, S., Kim, Y.S., Park, D.H., Lee, S. and Back, K.（2012）. Light-regulated melatonin biosynthesis in rice during the senescence process in detached leaves. J. Pineal Res., 53, 107-111.

[7] Chen, G., Huo, Y., Tan, D.X., Liang, Z., Zhang, W. and Zhang, Y.（2003）. Melatonin in Chinese medicinal herbs. Life Sci.,

73，19-26.

[8] Lee, K., Zawadzka, A., Czarnocki, Z., Reiter, R.J. and Back, K.（2016）. Molecular cloning of melatonin 3-hydroxylase and its production of cyclic 3-hydroxymelatonin in rice（Oryza sativa）. J. Pineal Res., 61, 470-478.

[9] Manchester, L.C., Tan, D.X., Reiter, R.J., Park, W., Monis, K. and Qi, W.（2000）. High levels of melatonin in the seeds of edible plants: possible function in germ tissue protection. Life Sci., 67, 3023-3029.

[10] Mannino, G., Pernici, C., Serio, G., Gentile, C. and Bertea, C.M.（2021a）. Melatonin and Phytomelatonin: Chemistry, Biosynthesis, Metabolism, Distribution and Bioactivity in Plants and Animals-An Overview. Int J Mol Sci, 22.

[11] Mannino, G., Pernici, C., Serio, G., Gentile, C. and Bertea, C.M.（2021b）. Melatonin and Phytomelatonin: Chemistry, Biosynthesis, Metabolism, Distribution and Bioactivity in Plants and Animals—An Overview. In Int. J. Mol. Sci.

[12] Murch, S.J., Simmons, C.B. and Saxena, P.K.（1997）. Melatonin in feverfew and other medicinal plants. Lancet, 350, 1598-1599.

[13] Park, S., Byeon, Y. and Back, K.（2013）. Transcriptional suppression of tryptamine 5-hydroxylase, a terminal serotonin biosynthetic gene, induces melatonin biosynthesis in rice（Oryza sativa L.）. J. Pineal Res., 55, 131-137.

[14] Reiter, R.J., Tan, D.X., Manchester, L.C., Simopoulos, A.P. and Terron, M.P.J.W.R.N.D.（2007）. Melatonin in Edible Plants（Phytomelatonin）: Identification, Concentrations, Bioavailability and Proposed Functions. 97, 211-230.

[15] Tan, D.X., Hardeland, R., Manchester, L.C., Korkmaz, A., Ma, S., Rosales-Corral, S. and Reiter, R.J.（2012）. Functional roles of melatonin in plants, and perspectives in nutritional and agricultural science. J. Exp. Bot., 63, 577-597.

第 3 章　褪黑激素与植物非生物胁迫

近年来,褪黑激素在植物中的作用已经成为植物科学研究领域的热点。已有研究表明,褪黑激素在植物的生长与发育过程中,担负着多样化的重要角色。目前,更多的研究报道显示,褪黑激素与水分胁迫、盐胁迫、重金属胁迫、辐射以及极端气温等环境因素之间的紧密关联。在本章中,我们特别关注在恶劣环境条件下,褪黑激素是如何精妙地调控植物生理和行为的。

已有研究表明,环境胁迫能够刺激植物体内与褪黑激素合成相关的信号通路的激活,影响褪黑激素合成基因的表达,进而影响合成通路中相关蛋白酶的积累和活性变化,最终诱导植物产生和积累更多的褪黑激素。这种在植物体内升高的褪黑激素含量已经被证明对植物抵抗不利的外界环境具有重要作用,外源性地应用褪黑激素已被证实能够有效提升植物对非生物胁迫的抗性。此外,更多的研究表明,当人工调控植物体内负责褪黑激素合成的基因的表达(例如通过基因工程手段,过表达褪黑激素合成的关键基因时),植株中的褪黑激素水平会显著上升。而进一步的分析表明,这些褪黑激素含量升高的转基因植株对各种不利环境因素的抵御能力显著增强(Zhang *et al.* , 2014b)。

正是基于褪黑激素在植物非生物胁迫中作用的报道,本章详尽地剖析了褪黑激素在植物非生物胁迫中所扮演的关键角色及其作用机理。

3.1　水分胁迫

随着全球气候变暖,厄尔尼诺和拉尼娜等极端天气现象频发,造成降雨量的季节和地区差异加剧,水资源胁迫(包括干旱和内涝)正逐渐成为农业领域面临的最严峻环境挑战之一。在全球范围内,水资源胁迫对不同地区和不同类型的农业生产的影响有所不同。在干旱和半干旱地区,水分胁迫是农业生产面临的主要挑战之一。这些地区的降水量有限,土壤水分不足,因此作物经常受到干旱的威胁,而极端天气的频发更是加剧了这一状况。而在湿润地区,虽然降水量充沛,但季节性降水不均和土壤排水不良也可能导致水分胁迫的发生,如内涝胁迫等。据预测,到 2050 年世界人口将达到 100 亿,这无疑给我们的粮食安全带来了极大威胁。

水分胁迫(干旱和内涝)会引发植物的一系列生物化学反应,其中最典型的就是活性氧(ROS)和丙二醛(MDA)的大量产生。这些物质的过量积累会超出细胞的承受范围,从而直接或间接地损害细胞膜、细胞器等胞内或者膜结构,以及核酸、蛋白质、脂质等生物大分子,进而对植物的正常生理过程包括气体交换和光合作用等产生不良影响,从而导致植物正常的生长发育受阻,严重影响植物产量的获得和植物品质的保持。事实上,根据对过去四十年玉米和小麦研究的全球数据分析,缺水导致的减产幅度高达 20% ~ 40%。同时,在超过 17 亿公顷的土地上,涝灾对农作物产量的破坏性影响估计在 40% ~ 80% 之间(Moustafa-Farag *et al.*, 2020b)。

实际上,植物已经演化出多种应对水分胁迫的策略。在干旱条件下,植物会促进表皮蜡质合成、诱导气孔闭合以及积累渗透保护性物质的生物合成来抵御干旱胁迫的影响。这些方式在减少植物水分散失的同时还可以提高植物对水分的吸收能力。此外,植物还会通过激活自身的抗氧化系统来减轻植物的氧化损伤,从而提升其对干旱的耐受性。而在水涝环境中,植物则会通过调整其代谢方式,转向厌氧代谢、糖酵解和发酵代谢,以适应缺氧环境。此时,植物也会启动抗氧化机制以抵御缺氧带来的胁迫损伤。根据之前的研究,在水分胁迫中提高对活性氧和活性氮的清除能力是提高对干旱和涝渍耐性的重要途径。而褪黑激素在动物的抗氧化损伤中扮演了非常重要的角色,它不仅是一种强效的抗氧化剂,还是动物抗氧化系统的重要调节物质。而在植物中,褪黑激素的分子结构与动物中的分子结构并无显著差异,因此其抗氧化能力是通用的,而在植物中的研究也已经证实了这点。除此之外,褪黑激素在植物的水分胁迫中还扮演着其他重要角色。

（1）褪黑激素诱导植物对干旱胁迫的耐受性

已有研究表明,褪黑激素在诱导植物对干旱胁迫的耐受性方面具有重要作用。包括在模式植物水稻、拟南芥、番茄,大田作物小麦、玉米,蔬菜作物黄瓜、胡萝卜,油料作物大豆、油菜等之中均有报道显示褪黑激素能够诱导植物对干旱胁迫的耐受性,外源施用均能够在一定程度上提高植物对干旱胁迫的抗性（Arnao and Hernández-Ruiz, 2015）。同时,值得注意的是,褪黑激素还可以以不同的形式施用以缓解干旱胁迫,包括种子引发、种子包衣、直接土壤施用、叶面施用、营养液和水培系统、辅助灌溉和根系预处理等（Moustafa-Farag et al., 2020b）。褪黑激素在干旱胁迫中起作用的另外一个证据是干旱胁迫能够诱导内源褪黑激素的合成。已有许多研究证实外界环境胁迫能够诱导内源褪黑激素含量的提高,干旱也是其中重要的诱导因子之一。目前干旱胁迫诱导褪黑激素合成的实验证据已经在拟南芥、小麦、大麦、苹果、葡萄和水稻的研究中被报道（Li et al., 2015, Jiao et al., 2016, Li et al., 2016, Cui et al., 2017）。在这些研究中,褪黑激素受干旱影响后合成量变化有所不同,最高可以影响褪黑激素合成的一个或者多个基因的表达,使得褪黑激素含量可能会上升至未胁迫前的 2 ~ 6 倍（Wei et al., 2016）。

在过去的十年中,已经有越来越多的研究表明,褪黑激素对于干旱胁迫条件下细胞膜结构和胞内细胞器如叶绿体、线粒体结构完整性的维持至关重要。Cui 等研究证明,干旱胁迫下褪黑激素对维持叶绿体片层膜结构和超微结构的完整性具有重要作用,这对于维持植物在干旱胁迫下的光合生理具有重要意义（Cui et al., 2017）。同时,进一步的研究表明,褪黑激素处理对于植物细胞膜渗透性和结构完整性的维持具有积极意义（Na et al., 2012）。线粒体是植物进行呼吸作用的器官,同时也是活性氧产生的主要位置,在干旱胁迫下,线粒体结构的破坏也是干旱对植物的重要负面影响之一。在研究中发现,褪黑激素对于维持干旱胁迫条件下的线粒体的结构和功能的完整性同样重要(Shi et al., 2015)。此外,褪黑激素在干旱胁迫下的施用还可以减少渗透胁迫对叶片厚度、海绵组织形态和气孔大小的影响,有利于叶片维持正常的生理功能(Meng et al., 2014)。同时,将褪黑激素作为种子引发剂的研究中,褪黑激素使得干旱胁迫下植物气孔的数量、气孔长度和宽度等性状得到显著改善,褪黑激素处理下的细胞形态和细胞膨压得以维持,细胞壁厚度得到显著加强(Cui et al., 2018, Khan et al., 2019)。

　　除了在细胞解剖结构方面的改变外,褪黑激素对干旱胁迫下植物的生理调控方面的影响也是显著的。首先,它能够显著增强抗氧化系统,减轻由 ROS 和 RNS 引起的氧化损伤,进而降低电解质泄漏、减少脂质过氧化(Antoniou et al., 2017)。抗氧化功能是褪黑激素最重要的关键功能之一,这与其在动物中的作用是完全类似的,对于维持细胞内正常的氧化还原平衡状态是极其重要的,而这对于细胞正常生理机理的发挥至关重要。特别是在各种环境胁迫下,褪黑激素能够保护植物细胞免受氧化还原稳态失衡的影响,这一功能备受关注。这些正面效果的获得取决于褪黑激素对抗氧化酶如过氧化物酶(POD)、抗坏血酸过氧化物酶(APX)、过氧化氢酶(CAT)和超氧化物歧化酶(SOD)的调节,同时还涉及对非酶抗氧化剂和渗透保护剂(如脯氨酸)以及次级代谢物(例如类黄酮、酚类和苯丙氨酸解氨酶)的调节(Liang et al., 2019)。褪黑激素通过影响一系列抗氧化酶(如 SOD、POD、CAT、APX 等)、抗氧化剂(如谷胱甘肽 GSH、抗坏血酸 AsA 等)、渗透调节相关的酶活性或者基因的表达以及次级代谢物(例如类黄酮、酚类和苯丙氨酸解氨酶)的合成,来影响植物对活性氧 / 活性氮(ROS/RNS)的清除能力,调控体内的 ROS/RNS 水平,增强植物应对活性氧 / 活性氮胁迫带来的影响,有效减轻其对细胞的损伤和破坏(Xia et al., 2020)。值得一提的是,褪黑激素的作用并不仅限于缓解氧化损伤。此外,褪黑激素在改善植物的光合作用系统和气体交换系统方面也具有重要作用。具体来说,褪黑激素能够调节一系列与二氧化碳固定相关的基因的表达和酶的活性以及积累,进而影响碳固定相关蛋白酶的表达、光合作用的光反应以及叶绿素的生物合成等。褪黑激素还能通过提高光系统 II 的效率来加强植物的光保护能力(Cui et al., 2017)。已有研究表明,褪黑激素能够通过上调某些特定基因的表达,例如光系统 I 中光合复合体中的基因以及和光系统 II 的放氧复合体相关基因的表达,这些基因的上调对维持胁迫条件下光合作用的活性具有重要作用（Niu *et al.*, 2019）。除了对光合作用的直接影响外,褪黑激素还能通过上调或下调特定基因来间接影响这一过程。例如,在干旱胁迫下,褪黑激素能抑制与叶绿素降解相关的基因表达和酶活性,从而保护叶绿素的稳定性。另一方面,褪黑激素还能诱导与蜡质生物合成相关的基因表达,这可能有助于植物在干旱条件下保持水分和防止水分流失。同时,褪黑激素在提高细胞的渗透调节能力方面也有相关报道,比如增加植物细胞中的可溶性糖和脯氨酸的积累来调节细胞的渗透压。进一步研究表明,在干旱条件下,褪黑激素还能通过提高气孔导度、增强细胞膨压和持水能力以及调节气孔开放等方法,帮助植物控制水分的吸收和散失,从而提升植物的抗旱能力（Moustafa-Farag *et al.*, 2020b）。

褪黑激素介导的气孔调节也是褪黑激素影响植物抗旱性的重要因素。掌控着过氧化氢的产生和钙离子的信号转导,而褪黑激素可以通过 PMTR1 信号通路和 NADPH 来促使气孔关闭和调节细胞中过氧化氢的产生。在极端干旱条件下,植物会通过自噬机制来清除功能失调或不需要的细胞成分,以保持功能丧失细胞的有序降解和循环利用（Wei *et al.*, 2018）。褪黑激素在小麦幼苗的自噬过程中发挥了重要的调节作用,这体现在它增强了与自噬相关的代谢过程,并上调了多种蛋白质和 mRNA 的表达水平（Cui *et al.*, 2018）。褪黑激素还与一些转运蛋白发生相互作用（包括质子转运蛋白 UCP1、钾转运蛋白 HKT1 和水通道蛋白 PIP2 ;1）,这些转运蛋白在植物应对干旱胁迫时发挥着关键作用。同时,褪黑激素的应用还能调节一些与应激信号转导相关的基因,如钙和蛋白激酶相关基因,这暗示着激酶信号在褪黑激素介导转导的植物耐旱性中可能扮演着重要角色。

此外,褪黑激素还深入参与到了其他代谢活动中。褪黑激素能调控与植物其他生理活性相关基因的表达,这些基因涉及碳水化合物、脂肪和氨基酸的代谢、氮代谢与氨基酸转运、植物次生代谢、能量代谢、类胡萝卜素代谢、光合作用、表皮蜡质的生物合成等多个生物学过程（Ding *et al.*, 2018）。例如,有研究报告指出,对大豆种子进行褪黑激素包衣处理,可以上调其碳水化合物和脂肪酸的代谢,从而增强大豆对干旱胁迫的耐受性。此外,褪黑激素在氮代谢和转运中也发挥着关键作用

（Liang *et al.*，2018）。在苹果树叶片中，褐黑激素能够上调多个与氮吸收和代谢相关的基因表达，进一步证明了褐黑激素在植物生理活动中的重要性（Wang *et al.*，2013）。这些研究表明，褐黑激素在维持胁迫条件下的能量产生中具有重要作用。更进一步的研究发现，在水分匮乏的环境下，它能通过调控糖酵解蛋白的表达和呼吸链中的电子传递来促进能量产生，维持胁迫条件下植物生长的需要（倪知游）。

总的来说，褐黑激素在植物中通过多种机制对细胞的生理活动发挥着复杂而多样的作用，包括调节气孔运动、增强水分保持能力、改善碳水化合物和能量代谢、调节光合作用过程以及影响特定基因的表达和蛋白酶的积累等。能够较为全面地提升植物在干旱胁迫下的生长状态，维持植物在胁迫条件下正常功能的行使，进而提高植物对干旱的耐受性，以便植物在干旱胁迫解除后能够迅速恢复生长。这些发现为我们更深入地理解褐黑激素在植物抗旱性中的作用提供了重要线索。

（2）褐黑激素与植物对涝渍胁迫的响应

最早的褐黑激素在胁迫植物抵抗涝渍胁迫的相关研究发表于 2015 年，由中国农业大学的孔瑾等人申请了相关专利（孔瑾 *et al.*，2015）。专利中的内容表明，在涝渍胁迫下，褐黑激素具有消除产生的 ROS、减轻氧化损伤的能力，从而在一定程度上恢复由涝渍导致的产量和质量损失。在涝渍的苹果幼苗中研究发现，通过叶喷雾或根部灌溉施用褐黑激素后，涝渍苹果幼苗的呼吸作用、光合作用和氧化损伤得到了显著改善，幼苗的萎黄和枯萎减少，涝渍伤害得到了一定程度的缓解（Zheng *et al.*，2017）。在小麦中也有相关报道，外源性褐黑激素通过上调抗氧化酶活性和维持叶片光合作用来保护小麦根组织免受涝渍诱导的氧化损伤，进而减少了渍害导致的小麦生长受阻和籽粒产量损失（Ma *et al.*，2022）。在桃的幼苗中也有相关报道，褐黑激素通过调节抗氧化代谢和无氧呼吸增强了桃树的耐水性（Gu *et al.*，2021）。此外，涝渍也会诱导植物内源褐黑激素的合成，涝渍诱导了苜蓿体内褐黑激素积累。另外，研究者也发现，褐黑激素除了可以增强苜蓿的抗氧化能力外，还可以通过影响乙烯和多胺的生物合成来改善紫花苜蓿的耐水性，使得苜蓿的膜结构更加稳定，光合作用受到涝渍的影响更小以及由乙烯引起的叶片衰老更少（Zhang *et al.*，2019）。总体而言，涝渍会诱导植物合成褐黑激素以及其他的胁迫响应物质包括乙烯和 ROS，而褐黑激素则会抑制乙烯的生物合成，减缓植物的衰老过程，调节植物在涝渍情况下内源多胺的积累,并清除多余的 ROS,进而维持光合作用和膜的稳定性,增强植物对涝渍的抵抗能力。

3.2　盐胁迫

盐胁迫已成为全球范围内日益凸显的重大问题,日趋严重的盐碱化问题对植物生产造成了显著影响。不当的灌溉方式、工业污染和气候变化等原因共同加剧了土壤的盐碱化。根据粮农组织 2021 年发布涵盖118 个国家的数据显示,超过 4.24 亿公顷的表层土(0 ~ 30 厘米)和 8.33亿公顷的深层土(30 ~ 100 厘米)已受盐分影响。土壤盐碱化正在以每年 100 万至 200 万公顷的速度在全球范围内蔓延,从而导致了大量农作物生产用地质量的下降(Devkota *et al.*, 2022)。同时,环境因素的变化,如降雨量减少、温度波动以及灌溉方式不当等,都导致土壤盐分水平及其分布模式发生迅速变化,进一步加剧了土壤盐分的问题(Wang *et al.*, 2022)。高盐碱土壤中,氯化钠(NaCl)占据主导地位,它是溶解性最强且分布最广的盐类。当土壤溶液的电导率达到 $4dSm^{-1}$ (相当于40mM 的 NaCl)或更高时,该土壤即被视为盐渍土壤。然而,不同作物植物及其基因型在耐盐性方面存在一定差异,在土壤盐分达到 $4dSm^{-1}$ 或更高时,作物的生长和产量会显著降低。提高作物对盐胁迫的耐受性对于农业生产力的提高和土壤环境的可持续性发展至关重要。

褪黑激素已经被报道在非生物胁迫中发挥着重要作用,在盐胁迫条件下,植物内源褪黑激素的合成受到显著影响。用外源 NaCl、$ZnSO_4$和 H_2O_2 处理大麦和黑豆植株,内源褪黑激素含量显著提高(Arnao and Hernández-Ruiz, 2009, Mukherjee *et al.*, 2014)。在向日葵中,盐胁迫能够增加褪黑激素合成的关键酶 HIOMT 的活性,进而诱导合成更多的内源性褪黑激素(Wang *et al.*, 2014)。同样,在小麦中,盐胁迫也能够诱导 O- 甲基转移酶 1 (*OMT1*)基因表达量的增加,从而增强褪黑激素的生物合成(Shamloo-Dashtpagerdi *et al.*, 2022)。在棉花幼苗中,盐胁迫诱导了褪黑激素的积累,而褪黑激素则通过调节抗氧化酶、胁迫相关转录因子、植物激素和 Ca^{2+} 来促进棉花的耐盐性信号转导（Zhang *et al.*, 2021b）。这些研究表明，褐黑激素生物合成酶的活性似乎在盐胁迫下受到强烈诱导。

与在其他胁迫当中的作用一致，褐黑激素在盐胁迫当中的首要作用是作为一种抗氧化剂，调控植物中的 ROS 和 RNS 平衡，这已经在棉花、玉米等植物中得到验证（Mukherjee, 2019）。与在干旱胁迫中的作用一致的是，褐黑激素对氧化剂的清除效果是级联的，即褐黑激素及其与氧化剂反应的中间产物也可以对其他类型的氧化剂加以清除，其清除效率是其他抗氧化剂的好几倍。褐黑激素的化学结构中含有一个吲哚基团和两个侧链基团（5- 甲氧基和 3- 酰胺基），这些结构赋予了其高共振稳定性、电化学活性以及低活化能垒，从而使得褐黑激素成为一种独特且强大的抗氧化剂。其侧链对于自由基清除性能有着重要贡献，例如，C3 酰胺侧链中存在于官能团（N–C=O）中的羰基，在清除多种活性氧（ROS）过程中发挥着重要作用。在与 ROS 相互作用后，褐黑激素中羰基所含的氮有助于形成一个新的五元环。褐黑激素清除自由基的机理包括通过亚硝其化、加成和取代反应成为电子供给体形成褐黑激素阳离子自由基或者氮原子受体（Khan *et al.*, 2022）。褐黑激素的这种级联的抗氧化能力在植物中发挥着重要作用，其中最重要的一点就是维持盐胁迫条件下细胞膜系统的完整性，包括细胞质膜、内质网膜、线粒体膜、叶绿体片层结构等。这种对膜结构完整性的保护，对于维持植物在盐胁迫条件下的光合作用、呼吸作用、蛋白质的生物合成、细胞膜透性等方面均具有重要作用，这些作用也已经在多种植物中被广泛证实（Moustafa-Farag *et al.*, 2020a）。

同时，褐黑激素还可以增强对包括盐胁迫在内的其他胁迫响应的渗透调节水平。在苜蓿和小麦等植物中，已有研究显示，褐黑激素可以通过增强脯氨酸生物合成的关键基因 P5CS 的 mRNA 水平和降低脯氨酸降解基因 ProDH 的表达来增加脯氨酸的含量（Siddiqui *et al.*, 2019）。在甜菜中，褐黑激素还可以通过增加甜菜碱、脯氨酸和可溶性糖等渗透调节物质的积累，减轻盐胁迫对植物的毒害作用（Zhang *et al.*, 2021a）。褐黑激素这种对渗透性物质合成与降解的调控同样在番茄幼苗中发现（Siddiqui *et al.*, 2019）。从以上研究内容可以看出，褐黑激素可以增加植物体内渗透调节物质的含量，提高叶片的渗透势，进而增加植物对水分的吸收能力，从根本上促进植物缓解体内的盐浓度，有利于植物维持光合作用、呼吸作用等其他正常的生理过程。

此外，褪黑激素还能与 NO 共同作用，协同调控植物对盐胁迫的响应。在向日葵幼苗中，褪黑激素通过与 NO 的串扰来调节 SOD 酶的活性和谷胱甘肽含量，进而维持细胞内的氧化还原稳态，从而增强幼苗的盐胁迫耐性（Zhao et al., 2018）。在番茄苗中也有类似的发现，作为下游信号的 NO 参与了褪黑激素诱导的番茄对盐碱胁迫的耐受性（Liu et al., 2015）。除了参与氧化还原稳态的调节外，还发现褪黑激素 -NO 信号串扰可以限制细胞中 Na^+ 的流入并上调钠转运蛋白基因（NHX1）和 SOS2 基因，从而降低盐度胁迫下的 Na^+/K^+ 离子比，促进了植物耐盐性的提高（Kaya et al., 2020）。

尽管我们已经知道，植物中褪黑激素可以受到盐胁迫的诱导，且褪黑激素在植物对盐胁迫的响应及耐受性等方面发挥重要作用，但褪黑激素的信号转导动力学和调控转导途径仍然是植物当中的一个不断发展和令人着迷的研究领域。目前已有的研究表明，在胁迫刺激下，褪黑激素可能参与多种信号传递系统，包括 $ROS/H_2O_2/NADPH$ 氧化还原信号系统、Ca^{2+}/CaM 信号、MAPK 级联信号系统、植物激素信号合成与信号传导系统、褪黑激素介导的遗传表达以及转录因子调控系统等。目前已经在拟南芥中鉴定到了一个褪黑激素受体 AtCAND2/PMRT1，不排除其在盐胁迫中的作用（Wei et al., 2018）。此外，其同源序列 MsPMTR1 也在苜蓿当中得到验证（Yu et al., 2021）。由于该受体可以与 G 蛋白 α 亚基（GPA1）相互作用，并通过 NADPH 氧化酶介导 ROS 信号通路，褪黑激素可以通过它与 ROS 信号系统相联系，进一步调控植物对胁迫的响应和其他生理功能。褪黑激素与 Ca^{2+}/CaM 信号系统的作用也有相关报道。在棉花幼苗中，褪黑激素处理促进了 Ca^{2+} 离子的释放通，并通过调节磷脂酰肌醇信号系统和 Ca^{2+}/CaM 信号系统提高了植物的耐盐性（Zhang et al., 2021b）。在番茄中的研究发现，褪黑激素能够激活 NADPH 氧化酶（RBOH），降低几种与信号传导相关基因（CDPK1、MAPK1）的表达（Gong et al., 2017）。褪黑激素还可以通过增强 InsP3 和 InsP6 的合成来增加 Ca^{2+} 的释放（Zhang et al., 2021b）。此外，褪黑激素与 MAPK 信息系统的作用也有相关研究，其影响 MAPK 信号转导的研究首次在拟南芥中报道，拟南芥中的 MPK3 和 MPK6 可以被褪黑激素激活（Lee and Back, 2016）。进一步研究表明，在盐胁迫下褪黑激素显著上调了黄瓜中 MAPK 基因（MAPK3、MAPK4、MAPK6）的表达

（Zhang et al.，2020）。褪黑激素的另一个重要机制是它与脂质信号传导的相互作用。研究表明，褪黑激素在盐胁迫下能够影响细胞膜中脂肪酸的组成，进而影响脂膜的完整性，并且还发现它可以调节内质网膜的完全性并介导磷脂酸（PA）和磷脂酰肌醇（PI）水平的变化（Yu et al.，2018）。由此可见，褪黑激素可以通过多种信号来响应和影响植物对盐胁迫的刺激，同时在某种程度上提高植物对盐胁迫的耐受性，这为进一步改良植物对盐碱胁迫的耐受性提供了一种新的思路。

3.3　重金属胁迫

近几十年来，随着我国工业化、城市化进程不断加快，集约化的农业生产经营方式以及对矿产资源的过度开采造成了严重的土壤重金属（HMs）污染，且已经成为最严重的环境问题之一，对耕地造成了重大破坏。据统计，当前我国被重金属污染的土壤面积达到 5000 万亩，约有 2000 万公顷的耕地受到不同程度的重金属污染，约占耕地总面积的 1/5。每年因重金属污染造成的粮食产量直接损失约为 100 亿公斤，这不仅影响农民收入，也对国家粮食安全构成威胁。

重金属广泛分布在土壤 - 水环境中，它们要么是非必需的，要么只是适度必需的。对于正常的植物生长和发育来说，包括铁（Fe）、锰（Mn）、锌（Zn）、铜（Cu）、钴（Co）、镍（Ni）、钒（V）、硼（B）、铝（Al）、镧（La）和钼（Mo）是植物生长和发育所必需的微量元素，可以适度被植物吸收，但当过量存在时对植物有害，会造成植物氧化损伤。而其他重金属元素包括铅（Pb）、镉（Cd）、砷（As）、汞（Hg）、铬（Cr）等元素均不是必需的，它们对植物具有较大的毒性。这些非必需重金属在植物中的过程积累，会诱发包括氧化和渗透胁迫、离子失衡、膜结构紊乱、细胞毒性和代谢稳态失调等一系列不利反应，会影响包括植物对水分和营养吸收、光合作用、呼吸作用等一系列正常的生理生化过程，阻碍植物的正常生长和发育，并最终通过食物链进入动物和人体内，损害动物和人类健康。因此，有效减轻和限制植物中的 HMs 污染，并继续提高作物的生产力和质量已成为现代农业生产系统中需要立即解决的重大问题。

已有研究表明,褪黑激素能够缓解 HMs 胁迫造成的一系列损伤,在 HMs 污染造成的损伤修复中发挥重要作用。目前褪黑激素对 HMs 胁迫的影响主要体现在以下几个方面:褪黑激素通过将 HMs 固定在细胞壁中并将它们隔离在根细胞液泡中,减少 HMs 从根到芽的易位,对植物中的重金属胁迫具有保护作用;通过提高渗透类物质的合成,增强细胞的渗透调节能力;提高抗氧化活性,增强植物对 ROS、RNS 的清除能力,减少因 ROS/RNS 造成的胁迫损伤;改善光合作用,维持光合同化过程;改良根系结构;通过次生代谢物的调控减轻 HMs 的不良影响。

重金属在植物中的过量积累会对种子萌发、生长、开花、繁殖以及衰老等过程均造成显著的形态学变化,而褪黑激素可以缓解这种变化(Altaf *et al.*, 2023)。抑制种子萌发是 HMs 对植物最重要的影响之一,而褪黑激素可以显著改善 HMs 胁迫下种子的萌发和幼苗的生长,这已经在黄瓜、小麦、油菜、甘蓝等作物中得到了验证(Zhang *et al.*, 2014a)。此外,叶面施用褪黑激素显著提高了烟叶对 Cd 的耐受性,表现为减少了叶片中 Cd 的积累,减轻了 Cd 对烟草生长的抑制作用,使其保持了正常的植株特别是叶片的形态(Wang *et al.*, 2019)。褪黑激素还在 HMs 胁迫下调节了如侧根形成、叶片衰老和果实成熟等功能。多项研究表明,在 HMs 胁迫下,褪黑激素参与了开花(Zhao *et al.*, 2022)、昼夜节律(Rehaman *et al.*, 2021)和叶片衰老(Rajora *et al.*, 2022)。

将 HMs 结合到细胞壁上进行固定的特性是褪黑激素抵御 HMs 胁迫的第一道防线,褪黑激素可以介导细胞壁纤维素、半纤维素合成相关基因 *CesA*、*CSL* 和 *PME* 的上调,这将有助于细胞壁中纤维素、半纤维素羧基化和果胶的去甲基酯化,将有利于增加 HM 的结合位点,使其更容易固定在细胞壁中,从而减少对细胞内器膜的伤害(Cao *et al.*, 2019)。其次,植物还能产生金属结合肽,如植物螯合素(PCs),来与 HMs 结合并形成复合物,在液泡中隔离以实现解毒。多项研究表明,在 HMs 胁迫下,PCs 会在植物体内累积,而褪黑激素参与了胁迫条件下 PCs 的产生,促进 HMs 的隔离(Cao *et al.*, 2019)。谷胱甘肽对 HMs 的解毒作用至关重要,而褪黑激素影响了一系列与谷胱甘肽生物合成相关基因的表达(Hasan *et al.*, 2019)。此外,褪黑激素还影响了金属离子转运蛋白的基因表达,促进了金属离子的转运和解毒作用(Xu *et al.*,

2020）。这些机制共同作用，减少了 HMs 从根到茎的转运，从而保护了植物的光合膜系统。

褐黑激素是两性亲和物质，既亲水又亲脂，因此其能够轻易穿过细胞膜。正是由于其两性亲和特性，又作为效率最高的抗氧化剂，它可以直接或间接地降低植物细胞中的活性氧水平，从而保护植物免受氧化损伤。在钒胁迫下，褐黑激素生物合成的相关基因及抗氧化酶基因的表达和活性会增加，从而愕然了叶绿素的氧化降解（Nawaz et al., 2018）。在镍胁迫下，褐黑激素能够通过促进叶绿素生物合成基因的表达来提高叶绿素的含量，进而提高光合作用的效率（Jahan et al., 2020）。总的来说，褐黑激素在植物中发挥着重要的抗氧化作用，并能影响叶绿素生物合成。

过量的 HMs 会降低植物的水分含量并影响植物的正常生理功能。然而，褐黑激素在 HMs 胁迫中对维持细胞的渗透压、保持对水分的吸收中发挥了重要作用。在镍胁迫下，褐黑激素预处理可以维持番茄根部活力，对 HMs 胁迫下根系的恢复和活力的维持具有重要作用（Jahan et al., 2020）。此外，褐黑激素还能促进气孔打开，帮助植物在铅胁迫下保持较高的相对含水量，以维持 HMs 胁迫条件下运输渠道的畅通（Malar et al., 2014）。为了应对 HMs 胁迫，植物会产生各种渗透物来保持细胞内的水分，其中脯氨酸等渗透物起着关键作用。褐黑激素能通过调节特定酶的活性，如增加 P5CS 活性和降低 PDH 酶的活性，来促进脯氨酸的积累，而脯氨酸具有直接螯合重金属的能力，因此可以减少 HMs 对植物的胁迫影响。同时，褐黑激素还能通过促进葡萄糖代谢，为有机溶质的合成提供能量和碳骨架，以维持 HMs 胁迫下的细胞溶质的渗透压（Al-Huqail et al., 2020）。

植物次生代谢物对植物抵抗重金属胁迫和活性氧的过度产生具有重要作用。重金属会影响植物次生代谢物的产生，较高浓度的重金属会抑制次生代谢物的合成，而较低浓度则会促进其合成。褐黑激素在这种机制中扮演了关键角色。它能够通过提高特定酶的活性，如苯丙氨酸解氨酶以及促进酚类物质、类黄酮和花青素等次生代谢物的含量，来帮助植物更好地应对重金属胁迫（Farouk and Al-Amri, 2019）。研究发现，褐黑激素处理可以增加与花青素生物合成相关的基因表达，进一步证明了褐黑激素在植物抗 HMs 胁迫中的重要作用（Jahan et al., 2020）。总的来说，褐黑激素通过调节植物次生代谢物的合成，帮助植物更好地抵御重金属胁迫。

在重金属胁迫下，植物的光合机制会受到破坏，包括叶绿素合成降低、光合酶活性受损等（Altaf et al., 2023）。然而，褪黑激素能够通过多种途径来应对这些负面影响。首先，褪黑激素能够刺激参与色素生产和光合途径的酶，从而提高光合速率。其次，褪黑激素可以降低叶绿素酶的活性，减少叶绿素的降解，并增强光合色素的产生。此外，褪黑激素还能调节关键酶的活性，恢复异常的叶绿素合成和其他酶活性，进一步促进光合作用的进行。在重金属胁迫下，褪黑激素还能提高铁氧还蛋白水平，降低活性氧水平，从而保护叶绿素免受降解。由此可知，褪黑激素在保护植物光合机制、促进光合色素产生和增强光合效率方面的重要作用，有助于植物更好地应对重金属胁迫。

在重金属胁迫下，植物对谷胱甘肽（GSH）的需求量会增加，这是因为 GSH 在抗氧化、螯合重金属以及作为植物螯合素（PCs）的前体等方面发挥着重要作用。然而，重金属胁迫可能会导致硫元素的缺乏，进而影响 GSH 的合成和相关代谢途径。此时，褪黑激素的重要性就体现出来了。褪黑激素能够促进硫的吸收和同化，满足植物在重金属胁迫下对硫醇化合物（如半胱氨酸、GSH、PCs）的增加需求，从而提升植物对重金属胁迫的耐受性（Hasan et al., 2019）。

营养元素对植物的生长具有重要意义，而 HMs 胁迫下，植物对营养元素的吸收产生了障碍，而褪黑激素可以改善这 HMs 胁迫下营养元素的吸收障碍。褪黑激素能增加参与氮代谢的酶活性，增强植物对氮素营养的吸收，促进植物的早期生长。不仅如此，褪黑激素还能通过改善根系结构和减少转运体竞争来增加植物对其他大量元素和微量营养素的吸收。同时，褪黑激素还能下调重金属转运蛋白的表达，从而减少植物对重金属的吸收（Altaf et al., 2023）。这一发现为深入了解褪黑激素在植物应对重金属胁迫中的调控和转运机制提供了新的研究方向。总的来说，褪黑激素在植物应对重金属胁迫中发挥着多方面的积极作用。

活性氮（RNS），包括 NO、NO_2、过氧亚硝基（ONOO-）、硝酰离子（NO-）和其他相关物质，在 HMs 应激条件下会在细胞内产生，可能导致亚硝基胁迫响应。其中，NO 自由基具有抗氧化功能，可以清除有害的自由基。褪黑激素与 NO 之间存在复杂的相互作用，它们既独立又相互关联，并且还通过其他信号通路相互影响。在应对 HMs，NO 可能在褪黑激素的下游起作用，因为褪黑激素能刺激精氨酸途径从而触发 NO

的积累。研究还发现,褐黑激素能上调参与 NO 生物合成的关键酶的表达。在应对重金属如镉的毒性时,褐黑激素通过增强内源性 NO 水平和抗氧化系统来提高植物的耐受性(Aghdam et al., 2019)。在玉米植株中,褐黑激素降低铅毒性能力在使用 NO 清除剂时会被减弱,表明 NO 在褐黑激素的下游起作用(Okant and Kaya, 2019)。但褐黑激素与 NO 之间的作用不完全是正向的,抑制褐黑激素的合成在某些条件下可能会提高 NO 的含量。总的来说,褐黑激素和 NO 在植物应对重金属胁迫和其他应激条件中起着关键的作用,并且它们之间存在复杂的相互作用。

在重金属胁迫下,植物会遭受多方面的负面影响,包括根系结构改变、矿质营养失衡、水分关系紊乱、氧化应激加剧以及光合机制受损等,这些因素共同导致作物产量大幅下降。褐黑激素在此种胁迫环境中展现出了显著的保护作用。通过外源施用褐黑激素,可以有效地将重金属固定在细胞壁或隔离在根细胞液泡内,从而减少重金属由根向茎的转运。此外,褐黑激素还能促进植物对大量元素和微量元素的吸收,有助于缓解重金属胁迫带来的营养失衡问题。褐黑激素还能通过增加渗透产物的生成来改善植物的水分关系,提高抗氧化酶的活性以降低脂质过氧化和活性氧(ROS)水平,减少叶绿素的降解并促进其合成,同时还能提升光合酶的活性以优化光合作用,从而全方位地改善细胞功能。然而,目前对于褐黑激素如何调控重金属的吸收、转运体的控制,以及它如何与必需营养素、其他植物激素和土壤微生物相互作用,我们的了解仍然有限。未来需要更深入的研究来阐明褐黑激素在以上内容中的作用机制,这些过程对植物应对 HMs 胁迫至关重要。

3.4　温度胁迫

近二十年来,气候变化对农业生产的影响日益显著。气候变化导致的极端天气现象(如非正常季节的低温、极端高温、干旱、洪涝、风暴等)日益增加,这些灾害对农业生产造成了严重影响。极端高温影响了作物的生长发育,例如,当气温高于 35℃时,江西、湖南等地的早稻会遭遇高温逼熟,不利灌浆,造成千粒重下降,从而影响稻谷的质量和产量。在长江流域地区,高温热害会使得水稻结实率降低、空秕粒增加,最终导致产量下降。高温还会使作物叶片受损或死亡,当气温高于40℃时,夏玉米的茎叶生长会受到抑制,叶片出现卷曲,影响光合作用和养分吸收,进而降低产量。此外,高温往往和干旱相伴,受高温干旱叠加影响,作物的生产会受到严重影响,进而影响农作物的产量。除了高温以外,低温也会对农业生产产生不利影响。低温会导致农作物受冻,影响植株生长发育。在形态上,低温会引起叶片萎黄病和枯萎,导致坏死和生长迟缓。低温还会延迟并减少小麦的发芽,影响林分的建立和最终生产力。此外,低温会限制根系的增殖、生长和表面积,从而导致养分和水分吸收的大幅减少。在生殖阶段,低温会导致花朵脱落,使花粉管变形,诱导花粉不育,并破坏谷物发育,最终导致生产力下降。严重的低温冻害会直接导致农作物死亡,从而造成减产甚至绝收。例如,霜冻可能导致作物冻伤,严重影响作物产量。近年来,发生于中国北方地区的倒春寒严重影响小麦的春季幼穗的发育,最终影响小麦产量。低温还会减缓农作物的生长速度。在低温条件下,农作物的生长周期会延长,导致作物不能按时成熟,进而影响农业生产的效率和产量。

与其他胁迫一致的是,温度胁迫也会增加细胞活性氧(ROS)和活性氮(RNS)的产生,而它们会对细胞的膜系统、大分子蛋白质、DNA等造成损害,进而影响植物的正常生理过程。而前文中已经提到,褪黑激素是植物当中最有效的抗氧化氧之一,能够激活细胞的级联抗氧化反应,增强对细胞中活性氧(ROS)和活性氮(RNS)的直接清除效果。此外,褪黑激素还能够激活抗氧化酶系统和某些抗氧化剂如谷胱甘肽的生物合成,进而影响植物非褪黑激素关联的抗氧化系统的活性,提高植物细胞抵御活性氧(ROS)和活性氮(RNS)伤害的能力。褪黑激素的这种能力,首先体现在其对细胞膜系统的保护。研究表明,在冻害胁迫下,褪黑激素可以降低由胁迫造成的细胞膜系统通透性的增加,相对于未处理的植物,膜损伤相关指标包括MDA含量、过氧化氢含量、电导率等参数均显著下调(Li *et al.*, 2021)。在高温胁迫下,用褪黑激素预处理的番茄幼苗在42℃处理24小时后,番茄幼苗的超氧化物和过氧化氢含量均显著降低,脂质的过氧化水平和膜损伤指标均出现不同程度的减轻(Zheng *et al.*, 2019)。此外,冷胁迫会降低膜的流动性,改变蒸腾作用和吸水量之间的平衡,并导致植物枝条中的水分丧失,而褪黑激素在维持细胞膜完整性方面具有重要作用,这对于胁迫植物的水分维持具有重要作用。这些结果表明,在高温或者冻害胁迫下,褪黑激素处理对膜系统的完整性的维持具有重要作用。此外,植物的光合作用和气体交换对温度胁迫也十分敏感,特别是突然的极端高温和极端低温,对光合酶系统和色素的破坏十分严重。有研究表明,突然的极端低温会对光合作用造成严重的破坏,光合速率和光合效率会降低 50% 以上。而褪黑激素在这种极端气温下可以缓解光合系统的损伤,包括减少色素的降解和减少光合片层膜的损伤,进而维持极端气温下的光合速率和光合效率,增强植物对极端气温的耐受性(Zheng *et al.*, 2019, Li *et al.*, 2021)。除此之外,褪黑激素还能通过改善极端气温条件下次级代谢产物的合成,从而增强植物的抗氧化能力。研究表明,外源褪黑激素能够提高酚类物质的含量,进而增强植物的抗氧化能力,提高了植物的耐寒能力(Szafrańska *et al.*, 2012)。多胺可以通过清除 ROS 和增强磷脂结合能力来维持质膜的完整性、酶的活性以及保护蛋白质的结构,而褪黑激素的施用可以通过增加多胺的浓度来改善植物对冻害胁迫的防御机制。褪黑激素预处理可以通过调节 S- 腺苷甲硫氨酸脱羧酶(SAMDC)和转谷氨酰胺酶(TGase)活性来增加精胺、亚精胺和腐胺的积累,从而增强植物对活性氧的清除能力,提高植物的耐寒性(Du *et al.*, 2021)。在高温下,褪黑激素增加了茶树儿茶素生物合成基因的转录水平,从而增加了儿茶素的含量,改善了茶多酚和氨基酸的比例(Li *et al.*, 2020)。由此可见,褪黑激素的抗氧化能力是多方面,许多抗氧化酶和抗氧化物质都与褪黑激素相关联,而正是褪黑激素这种复杂的与植物抗氧化系统的相互作用,极大地扩展了褪黑激素的能力边界和应用边界,使其成为植物当中具有重要作用的小分子物质,同时也是对抗温度胁迫的重要助力。

　　此外,极端气温胁迫下,褪黑激素还能够改善植物对水分和营养的吸收,增强植物细胞的渗透调节能力,缓解极端气温造成的损伤。这种对细胞渗透压的调节一方面得益于褪黑激素对细胞膜系统的保护作用,另外一方面则来源于褪黑激素对水分的维持能力和对渗透调节物质合成的促进能力。研究表明,冻害胁迫显著降低了植物叶片的相对含水量,但褪黑激素的应用显著减少了冻害胁迫的负面影响,增加了植物叶片表面与大气之间的蒸汽压差,使植物根系对水分的吸收能力增强,从而使叶片保持了较高的相对含水量(Pu *et al.*, 2021)。极端低温降低了植物对氮磷钾的吸收效率,而褪黑激素则改善了胁迫对 N、P、K

吸收的影响(Irshad *et al.*, 2021)。同时,褪黑激素在冻害胁迫下还能改善植物对钙(Ca)、钾(K)、磷(P)、硫(S)、硼(B)、铜(Cu)、铁(Fe)、镁(Mg)、锰(Mn)和锌(Zn)等营养元素的吸收作用,从而维持植物在胁迫条件下的正常生长,提高了植物在胁迫条件下的耐寒性(Turk and Erdal, 2015b)。在冻害胁迫下,褪黑激素还提高了植物硝酸还原酶(NR)和谷氨酰胺合成酶(GS)的活性,从而增强了植物对氮的吸收效率,保持了胁迫条件下较高的氮吸收量(Qiao *et al.*, 2019)。此外,外源褪黑激素还能通过提高植物的根系活力来增强植物对氧分吸的吸收,而这种对养分的正常吸收对维持温度胁迫下的渗透压、维持植物正常生长具有重要作用。

在极端气温胁迫下,褪黑激素还能改善包括光合作用在内的植物正常的生理活动。镁是叶绿素的重要成分,极端冷胁迫降低了植物对镁的吸收,进而影响了叶绿素的合成,而褪黑激素处理则改善了 Mg 的吸收,并维持了叶绿素的正常合成和胁迫下的光合作用(Turk and Erdal, 2015a)。此外,褪黑激素的抗氧化能力也增强了极端温度胁迫条件下叶绿体片层膜结构的完整性和光合作用相关酶的活性,这对于胁迫条件下光合作用效率的维持至关重要。研究表明,高温胁迫下,100 μM(μmol/L)的褪黑激素处理增强了西红柿对 CO_2 的同化能力、提高了光合色素的含量,且褪黑激素处理保护了光反应系统 I(PSI)和光反应系统 II(PSII)的活性,减少了光抑制的发生。除此之外,褪黑激素对于上文中提到的维持植物正常的水分代谢能力、对养分和水的吸收能力、膜系统的正常功能、呼吸电子传递、植物气孔的正常开闭等生理过程也具有重要的调节功能,而这种调节功能在极端温度的胁迫条件下得以激活,从而保证植物在胁迫条件下能够缓解不良环境对植物生长发育的影响,进行一定程度的生长发育。由此可见,褪黑激素的功能并不是植物最为重要的,他可能不是"雪中送炭",但是却能够让你在"雪"中维持更长时间,同时还在某种程度上可以生长。

3.5　光胁迫

光能是地球上生命所需能量的主要来源,通过光合作用,植物能够将太阳光能转化为化学能,生产出有机物和氧气。这些有机物成为食物链的基础,支持着地球上所有生物的生存。植物为了针对性地对光能进行利用,演化出了多种蛋白质复合物,包括光反应系统 I（PSI）和光反应系统 II（PSII）以及细胞色素 b6f 复合体等,以进行光合作用,利用光能和 CO_2 生和有机物,而这些有机物则是地球上几乎所有自养和异养植物的营养来源。

在光照不足的情况下,植物会巧妙地调整叶绿体的位置,以捕获更多的光能。然而,当植物吸收的光能超过其光合作用所能利用的能量总和时,光合作用的效率会显著下降,产生光抑制现象。这主要是由于强光导致光合系统的损伤,特别是光系统 II（PSII）的反应中心受到破坏,进而影响植物的光合作用效率。此外,强光照还会引发活性氧（ROS）和其他次级代谢产物的激增,这些 ROS 和次级代谢产物也会对植物体造成损伤。尽管强光对光合结构的损害机制仍存在学术争议,但目前的研究已经明确强光会对 PSII 的 D1 亚基造成损害。值得注意的是,D1 的光损害在任何光照强度下都可能发生,D1 亚基的损伤与修复之间处于动态平衡状态。只有当外界光照强度过高时,D1 亚基的损伤与修复平衡才会被打破,进而导致光抑制现象的产生（Allakhverdiev and Murata, 2004）。在前文中已经提到,褐黑激素在各种胁迫下对光系统的保护作用是显而易见的。褐黑激素有效增强了 PSII 系统的最大光量子产量（Fv / Fm）、有效光量子产量（Y（II））和光化学猝灭（qP）,并减轻了胁迫条件下的光抑制现象。在胁迫条件下,外源褐黑激素的应用还减轻了 PSII 复合体中蛋白 D1, D2, Lhcb1, Lhcb2 和 CP43 的降解,其中 D1 对强光照敏感,易发生损伤（Yang et al., 2022）。此外,在拟南芥中的研究还表明,外源褐黑激素在高光强下有效地减少了活性氧的积累,保护了光合膜结构和光合色素的完整性,减少了细胞死亡,保护了光合蛋白复合体结构的完整性,从而提高了高光强下叶片的光合速率(Yang *et al.*, 2021)。非光化学猝灭(NPQ)通过消散过多的光能来保护植物免受光氧化和光抑制,从而保护 PSII 免受失活和潜在损害。其中,能量依赖性猝灭(qE)是 NPQ 的主要构成部分,而叶绿素结合蛋白 PsbS 对其至关重要。研究发现,褪黑激素能显著降低胁迫引发的 NPQ 上升,并能有效调节 PsbS 蛋白的积累。此外,叶黄素循环也对能量依赖性猝灭(qE)具有重要影响,而褪黑激素通过促进叶黄素循环和增加叶黄素的总量来帮助消散多余的光能,还能够通过刺激相关酶活性来加速 qE 的反应速率,从而缓解光抑制(Yang *et al.*, 2021)。尽管已有许多报道表明褪黑激素在抵御高光强上起作用,特别是对光系统的保护,但其具体的作用机制仍然还有待研究。

除此之外,太阳光中的部分有害光线如过量的紫外线等也会对植物造成损伤。紫外线(UV-B)辐射是太阳光的一个组成部分,已有研究表明其可调节光形态发生,包括抑制下胚轴伸长、子叶扩张和类黄酮积累等(Shi and Liu, 2021)。然而,高强度、连续的全波长 UV-B 也会对植物造成伤害,导致植物生长发育异常,称为 UV-B 胁迫。UV-B 胁迫形成的机制已有较多研究,研究者初步形成的共识是,UV-B 胁迫通过形成嘧啶二聚体影响 DNA 合成和 DNA 复制,造成遗传物质的异常合成和错误修复,进而导致变异的产生(Britt, 1995)。除了造成直接的 DNA 损伤外,UV-B 还会形成活性氧,导致氧化应激反应、脂质和蛋白质的氧化,更进一步则会造成细胞死亡,并最终表现在植物表型上,包括植物萎蔫、发黄和异常生长(Hideg *et al.*, 2013)。此外,UV-B 胁迫还会损害光合作用,随着 UV-B 照射时间的延长,光系统 II(PSII)的反应中心会受到严重破坏,光合作用的速率和光合作用的效率以及光量子产量均受到严重影响,进而影响植物的光合作用和同化物质的产生(Sztatelman *et al.*, 2015)。

已有研究表明,褪黑激素在植物应对光照胁迫中发挥重要作用,外源 UV-B 射线会诱导内源褪黑激素的合成。在植物中,外源性褪黑激素可以缓解由 UV-B 引起的过氧化物含量的积累和脂质过氧化。得益于其强抗氧化能力,褪黑激素在 UV-B 胁迫和其他胁迫中,褪黑激素的抗氧化功能相同。在 UV-B 胁迫下,褪黑激素处理的植物或者经过基因修饰过表达褪黑激素合成基因的植物的抗氧化能力显著升高。但与之前其他胁迫中的报道不一致的是,研究表明在 UV-B 胁迫下,褪黑激素对抗氧化酶活性和抗氧化物质如谷胱甘肽等含量的影响并不显著,这可能与褪黑激素本身的级联抗氧化能力有关(Haskirli *et al.*, 2021)。褪黑激素的这种强抗氧化能力导致植物本身对 ROS 的清除能力,因此在面临 UV-B 胁迫的情况下,植物很可能仅凭褪黑激素的抗氧化能力即可维持细胞内的氧化还原平衡,其体内的其他抗氧化系统并没有被激活。而在其他胁迫中褪黑激素却可以激活细胞内的抗氧化系统,这表明,褪黑激素很可能还需要其他胁迫因子才能够激活植物的抗氧化系统。也有可能是因为褪黑激素能够依据细胞内的氧化还原状态选择性地激活细胞的抗氧化还原系统。

　　褪黑激素不仅能够从维持细胞氧化还原状态方面降低 UV-B 射线的损伤,还能够激活一些特殊的响应基因,包括对 UV-B 响应的基因。这表明在 UV-B 胁迫下,褪黑激素不仅起到抗氧化剂的作用,而且还可以调节基因转录。外源性和内源性褪黑激素均影响 UV-B 信号转导通路基因的表达。用 UV-B 响应信号突变体 *cop1-4* 和 *hy5-215* 作为实验材料进行褪黑激素的处理实验证明,褪黑激素不仅能够作为抗氧化剂促进 UV-B 应激抵抗,而且还能够调节 UV-B 信号通路的几个关键成分相关基因的表达,包括泛素降解酶(COP1)、转录因子(HY5,HYH)等(Yao *et al.*, 2021)。另外,植株体内褪黑激素生物合成基因的过量表达也会诱导 UV-B 响应基因的表达,表达转褪黑激素合成基因的植株比野生型更耐 UV-B 胁迫,而褪黑激素合成缺陷突变体则表现出相反的表型。这表明内源性褪黑激素正向调节 UV-B 信号传导和植物对 UV-B 应激的耐受性。此外,也有研究表明,在 UV-B 胁迫下,褪黑激素诱导了谷胱甘肽过氧化物酶(GPX)活性的升高,表明其也可能参与了谷胱甘肽 - 抗坏血酸循环(Haskirli *et al.*, 2021)。

参考文献

[1] Aghdam, M.S., Luo, Z., Jannatizadeh, A., Sheikh-Assadi,

M., Sharafi, Y., Farmani, B., Fard, J.R. and Razavi, F. (2019). Employing exogenous melatonin applying confers chilling tolerance in tomato fruits by upregulating ZAT2/6/12 giving rise to promoting endogenous polyamines, proline, and nitric oxide accumulation by triggering arginine pathway activity. Food Chem., 275, 549-556.

[2] Al-Huqail, A.A., Khan, M.N., Ali, H.M., Siddiqui, M.H., Al-Huqail, A.A., AlZuaibr, F.M., Al-Muwayhi, M.A., Marraiki, N. and Al-Humaid, L.A. (2020). Exogenous melatonin mitigates boron toxicity in wheat. Ecotoxicol. Environ. Saf., 201, 110822.

[3] Allakhverdiev, S.I. and Murata, N. (2004). Environmental stress inhibits the synthesis de novo of proteins involved in the photodamage-repair cycle of Photosystem II in Synechocystis sp. PCC 6803. Biochim. Biophys. Acta, 1657, 23-32.

[4] Altaf, M.A., Sharma, N., Srivastava, D., Mandal, S., Adavi, S., Jena, R., Bairwa, R.K., Gopalakrishnan, A.V., Kumar, A., Dey, A., Lal, M.K., Tiwari, R.K., Kumar, R. and Ahmed, P. (2023). Deciphering the melatonin-mediated response and signalling in the regulation of heavy metal stress in plants. Planta, 257, 115.

[5] Antoniou, C., Chatzimichail, G., Xenofontos, R., Pavlou, J.J., Panagiotou, E., Christou, A. and Fotopoulos, V. (2017). Melatonin systemically ameliorates drought stress-induced damage in Medicago sativa plants by modulating nitro-oxidative homeostasis and proline metabolism. J. Pineal Res., 62.

[6] Arnao, M.B. and Hernández-Ruiz, J. (2009). Chemical stress by different agents affects the melatonin content of barley roots. J. Pineal Res., 46, 295-299.

[7] Arnao, M.B. and Hernández-Ruiz, J. (2015). Functions of melatonin in plants: a review. 59, 133-150.

[8] Britt, A.B. (1995). Repair of DNA damage induced by ultraviolet radiation. Plant Physiol., 108, 891-896.

[9] Cao, Y.Y., Qi, C.D., Li, S., Wang, Z., Wang, X., Wang, J., Ren, S., Li, X., Zhang, N. and Guo, Y.D. (2019). Melatonin Alleviates Copper Toxicity via Improving Copper Sequestration and

ROS Scavenging in Cucumber. Plant Cell Physiol., 60, 562-574.

[10] Cui, G., Sun, F., Gao, X., Xie, K., Zhang, C., Liu, S. and Xi, Y. (2018). Proteomic analysis of melatonin-mediated osmotic tolerance by improving energy metabolism and autophagy in wheat (Triticum aestivum L.). Planta, 248, 69-87.

[11] Cui, G., Zhao, X., Liu, S., Sun, F., Zhang, C. and Xi, Y. (2017). Beneficial effects of melatonin in overcoming drought stress in wheat seedlings. Plant Physiol. Biochem., 118, 138-149.

[12] Devkota, K.P., Devkota, M., Rezaei, M. and Oosterbaan, R. (2022). Managing salinity for sustainable agricultural production in salt-affected soils of irrigated drylands. Agricultural Systems, 198, 103390.

[13] Ding, F., Wang, G., Wang, M. and Zhang, S. (2018). Exogenous Melatonin Improves Tolerance to Water Deficit by Promoting Cuticle Formation in Tomato Plants. Molecules, 23.

[14] Du, H., Liu, G., Hua, C., Liu, D., He, Y., Liu, H., Kurtenbach, R. and Ren, D. (2021). Exogenous melatonin alleviated chilling injury in harvested plum fruit via affecting the levels of polyamines conjugated to plasma membrane. Postharvest Biol. Technol., 179, 111585.

[15] Farouk, S. and Al-Amri, S.M. (2019). Exogenous melatonin-mediated modulation of arsenic tolerance with improved accretion of secondary metabolite production, activating antioxidant capacity and improved chloroplast ultrastructure in rosemary herb. Ecotoxicol. Environ. Saf., 180, 333-347.

[16] Gong, B., Yan, Y., Wen, D. and Shi, Q. (2017). Hydrogen peroxide produced by NADPH oxidase: a novel downstream signaling pathway in melatonin-induced stress tolerance in Solanum lycopersicum. Physiol Plantarum, 160, 396-409.

[17] Gu, X., Xue, L., Lu, L., Xiao, J., Song, G., Xie, M. and Zhang, H. (2021). Melatonin Enhances the Waterlogging Tolerance of Prunus persica by Modulating Antioxidant Metabolism and Anaerobic Respiration. J. Plant Growth Regul., 40, 2178-2190.

[18] Hasan, M.K., Ahammed, G.J., Sun, S., Li, M., Yin, H. and Zhou, J. (2019). Melatonin Inhibits Cadmium Translocation and Enhances Plant Tolerance by Regulating Sulfur Uptake and Assimilation in Solanum lycopersicum L. J. Agric. Food Chem., 67, 10563-10576.

[19] Haskirli, H., Yilmaz, O., Ozgur, R., Uzilday, B. and Turkan, I. (2021). Melatonin mitigates UV-B stress via regulating oxidative stress response, cellular redox and alternative electron sinks in Arabidopsis thaliana. Phytochemistry, 182, 112592.

[20] Hideg, E., Jansen, M.A. and Strid, A. (2013). UV-B exposure, ROS, and stress: inseparable companions or loosely linked associates? Trends Plant Sci., 18, 107-115.

[21] Irshad, A., Rehman, R.N.U., Kareem, H.A., Yang, P. and Hu, T. (2021). Addressing the challenge of cold stress resilience with the synergistic effect of Rhizobium inoculation and exogenous melatonin application in Medicago truncatula. Ecotoxicol. Environ. Saf., 226, 112816.

[22] Jahan, M.S., Guo, S., Baloch, A.R., Sun, J., Shu, S., Wang, Y., Ahammed, G.J., Kabir, K. and Roy, R. (2020). Melatonin alleviates nickel phytotoxicity by improving photosynthesis, secondary metabolism and oxidative stress tolerance in tomato seedlings. Ecotoxicol. Environ. Saf., 197, 110593.

[23] Jiao, J., Ma, Y., Chen, S., Liu, C., Song, Y., Qin, Y., Yuan, C. and Liu, Y. (2016). Melatonin-Producing Endophytic Bacteria from Grapevine Roots Promote the Abiotic Stress-Induced Production of Endogenous Melatonin in Their Hosts. Front Plant Sci, 7, 1387.

[24] Kaya, C., Higgs, D., Ashraf, M., Alyemeni, M.N. and Ahmad, P. (2020). Integrative roles of nitric oxide and hydrogen sulfide in melatonin-induced tolerance of pepper (Capsicum annuum L.) plants to iron deficiency and salt stress alone or in combination. Physiol. Plant., 168, 256-277.

[25] Khan, M.N., Zhang, J., Luo, T., Liu, J., Rizwan, M.,

Fahad, S., Xu, Z. and Hu, L. (2019). Seed priming with melatonin coping drought stress in rapeseed by regulating reactive oxygen species detoxification: Antioxidant defense system, osmotic adjustment, stomatal traits and chloroplast ultrastructure perseveration. Industrial Crops and Products, 140, 111597.

[26] Khan, T.A., Saleem, M. and Fariduddin, Q. (2022). Recent advances and mechanistic insights on Melatonin-mediated salt stress signaling in plants. Plant Physiol. Biochem., 188, 97-107.

[27] Lee, H.Y. and Back, K. (2016). Mitogen-activated protein kinase pathways are required for melatonin-mediated defense responses in plants. J. Pineal Res., 60, 327-335.

[28] Li, C., Tan, D.X., Liang, D., Chang, C., Jia, D. and Ma, F. (2015). Melatonin mediates the regulation of ABA metabolism, free-radical scavenging, and stomatal behaviour in two Malus species under drought stress. J. Exp. Bot., 66, 669-680.

[29] Li, H., Guo, Y., Lan, Z., Xu, K., Chang, J., Ahammed, G.J., Ma, J., Wei, C. and Zhang, X. (2021). Methyl jasmonate mediates melatonin-induced cold tolerance of grafted watermelon plants. Hortic Res, 8, 57.

[30] Li, X., Li, M.H., Deng, W.W., Ahammed, G.J., Wei, J.P., Yan, P., Zhang, L.P., Fu, J.Y. and Han, W.Y. (2020). Exogenous melatonin improves tea quality under moderate high temperatures by increasing epigallocatechin-3-gallate and theanine biosynthesis in Camellia sinensis L. J. Plant Physiol., 253, 153273.

[31] Li, X., Tan, D.-X., Jiang, D. and Liu, F. (2016). Melatonin enhances cold tolerance in drought-primed wild-type and abscisic acid-deficient mutant barley. Jounal of Pineal Research, 61, 328-339.

[32] Liang, B., Ma, C., Zhang, Z., Wei, Z., Gao, T., Zhao, Q., Ma, F. and Li, C. (2018). Long-term exogenous application of melatonin improves nutrient uptake fluxes in apple plants under moderate drought stress. Environ. Exp. Bot., 155, 650-661.

[33] Liang, D., Ni, Z., Xia, H., Xie, Y., Lv, X., Wang,

J., Lin, L., Deng, Q. and Luo, X. (2019). Exogenous melatonin promotes biomass accumulation and photosynthesis of kiwifruit seedlings under drought stress. Scientia Horticulturae, 246, 34-43.

[34] Liu, N., Gong, B., Jin, Z., Wang, X., Wei, M., Yang, F., Li, Y. and Shi, Q. (2015). Sodic alkaline stress mitigation by exogenous melatonin in tomato needs nitric oxide as a downstream signal. J. Plant Physiol., 186-187, 68-77.

[35] Ma, S., Gai, P., Geng, B., Wang, Y., Ullah, N., Zhang, W., Zhang, H., Fan, Y. and Huang, Z. (2022). Exogenous Melatonin Improves Waterlogging Tolerance in Wheat through Promoting Antioxidant Enzymatic Activity and Carbon Assimilation. In Agronomy.

[36] Malar, S., Manikandan, R., Favas, P.J., Vikram Sahi, S. and Venkatachalam, P. (2014). Effect of lead on phytotoxicity, growth, biochemical alterations and its role on genomic template stability in Sesbania grandiflora: a potential plant for phytoremediation. Ecotoxicol. Environ. Saf., 108, 249-257.

[37] Meng, J.F., Xu, T.F., Wang, Z.Z., Fang, Y.L., Xi, Z.M. and Zhang, Z.W. (2014). The ameliorative effects of exogenous melatonin on grape cuttings under water-deficient stress: antioxidant metabolites, leaf anatomy, and chloroplast morphology. J. Pineal Res., 57, 200-212.

[38] Moustafa-Farag, M., Elkelish, A., Dafea, M., Khan, M., Arnao, M.B., Abdelhamid, M.T., El-Ezz, A.A., Almoneafy, A., Mahmoud, A., Awad, M., Li, L., Wang, Y., Hasanuzzaman, M. and Ai, S. (2020a). Role of Melatonin in Plant Tolerance to Soil Stressors: Salinity, pH and Heavy Metals. molecules, 25, 5359.

[39] Moustafa-Farag, M., Mahmoud, A., Arnao, M.B., Sheteiwy, M.S., Dafea, M., Soltan, M., Elkelish, A., Hasanuzzaman, M. and Ai, S. (2020b). Melatonin-Induced Water Stress Tolerance in Plants: Recent Advances. Antioxidants-Basel, 9, 809.

[40] Mukherjee, S. (2019). Insights into nitric oxide–melatonin crosstalk and N-nitrosomelatonin functioning in plants. J. Exp. Bot., 70, 6035-6047.

[41] Mukherjee, S., David, A., Yadav, S., Baluška, F. and Bhatla, S.C. (2014). Salt stress-induced seedling growth inhibition coincides with differential distribution of serotonin and melatonin in sunflower seedling roots and cotyledons. Physiol. Plant., 152, 714-728.

[42] Na, Zhang, Bing, Zhao, Hai-Jun, Zhang, Sarah, Weeda, Chen and Research, Y.J.J.o.P. (2012). Melatonin promotes water-stress tolerance, lateral root formation, and seed germination in cucumber (Cucumis sativusL.).. J. Pineal Res., 54.

[43] Nawaz, M.A., Jiao, Y., Chen, C., Shireen, F., Zheng, Z., Imtiaz, M., Bie, Z. and Huang, Y. (2018). Melatonin pretreatment improves vanadium stress tolerance of watermelon seedlings by reducing vanadium concentration in the leaves and regulating melatonin biosynthesis and antioxidant-related gene expression. J. Plant Physiol., 220, 115-127.

[44] Niu, X., Deqing, C. and Liang, D. (2019). Effects of exogenous melatonin and abscisic acid on osmotic adjustment substances of 'Summer Black' grape under drought stress. IOP Conference Series: Earth and Environmental Science, 295, 012012.

[45] Okant, M. and Kaya, C. (2019). The role of endogenous nitric oxide in melatonin-improved tolerance to lead toxicity in maize plants. Environ Sci Pollut Res Int, 26, 11864-11874.

[46] Pu, Y.-J., Cisse, E.H.M., Zhang, L.-J., Miao, L.-F., Nawaz, M. and Yang, F. (2021). Coupling exogenous melatonin with Ca2+ alleviated chilling stress in Dalbergia odorifera T. Chen. Trees, 35, 1541-1554.

[47] Qiao, Y., Yin, L., Wang, B., Ke, Q., Deng, X. and Wang, S. (2019). Melatonin promotes plant growth by increasing nitrogen uptake and assimilation under nitrogen deficient condition in winter wheat. Plant Physiol. Biochem., 139, 342-349.

[48] Rajora, N., Vats, S., Raturi, G., Thakral, V., Kaur, S., Rachappanavar, V., Kumar, M., Kesarwani, A.K., Sonah, H., Sharma, T.R. and Deshmukh, R. (2022). Seed priming with melatonin: A promising approach to combat abiotic stress in plants.

Plant Stress, 4, 100071.

[49] Shamloo-Dashtpagerdi, R., Aliakbari, M., Lindlöf, A. and Tahmasebi, S. (2022). A systems biology study unveils the association between a melatonin biosynthesis gene, O-methyl transferase 1 (OMT1) and wheat (Triticum aestivum L.) combined drought and salinity stress tolerance. Planta, 255, 99.

[50] Shi, C. and Liu, H. (2021). How plants protect themselves from ultraviolet-B radiation stress. Plant Physiol., 187, 1096-1103.

[51] Shi, H., Jiang, C., Ye, T., Tan, D.X., Reiter, R.J., Zhang, H., Liu, R. and Chan, Z. (2015). Comparative physiological, metabolomic, and transcriptomic analyses reveal mechanisms of improved abiotic stress resistance in bermudagrass [Cynodon dactylon (L). Pers.] by exogenous melatonin. J. Exp. Bot., 66, 681-694.

[52] Siddiqui, M.H., Alamri, S., Al-Khaishany, M.Y., Khan, M.N., Al-Amri, A., Ali, H.M., Alaraidh, I.A. and Alsahli, A.A. (2019). Exogenous Melatonin Counteracts NaCl-Induced Damage by Regulating the Antioxidant System, Proline and Carbohydrates Metabolism in Tomato Seedlings. Int J Mol Sci, 20.

[53] Szafrańska, K., Glińska, S. and Janas, K.M. (2012). Changes in the nature of phenolic deposits after re-warming as a result of melatonin pre-sowing treatment of Vigna radiata seeds. J. Plant Physiol., 169, 34-40.

[54] Sztatelman, O., Grzyb, J., Gabryś, H. and Banaś, A.K. (2015). The effect of UV-B on Arabidopsis leaves depends on light conditions after treatment. BMC Plant Biol., 15, 281.

[55] Turk, H. and Erdal, S. (2015a). Melatonin alleviates cold-induced oxidative damage in maize seedlings by up-regulating mineral elements and enhancing antioxidant activity. J. Plant Nutr. Soil Sci., 178, 433-439.

[56] Turk, H. and Erdal, S. (2015b). Melatonin alleviates cold-induced oxidative damage in maize seedlings by up-regulating mineral elements and enhancing antioxidant activity. J. Plant Nutr. Soil Sci., 178, 433-439.

[57] Wang, C.F., Han, G.L., Yang, Z.R., Li, Y.X. and Wang, B.S. (2022). Plant Salinity Sensors: Current Understanding and Future Directions. Front Plant Sci, 13, 859224.

[58] Wang, L., Zhao, Y., Reiter, R.J., He, C., Liu, G., Lei, Q., Zuo, B., Zheng, X.D., Li, Q. and Kong, J. (2014). Changes in melatonin levels in transgenic 'Micro-Tom' tomato overexpressing ovine AANAT and ovine HIOMT genes. J. Pineal Res., 56, 134-142.

[59] Wang, M., Duan, S., Zhou, Z., Chen, S. and Wang, D. (2019). Foliar spraying of melatonin confers cadmium tolerance in Nicotiana tabacum L. Ecotoxicol. Environ. Saf., 170, 68-76.

[60] Wang, P., Sun, X., Li, C., Wei, Z., Liang, D. and Ma, F. (2013). Long-term exogenous application of melatonin delays drought-induced leaf senescence in apple. J. Pineal Res., 54, 292-302.

[61] Wei, J., Li, D.X., Zhang, J.R., Shan, C., Rengel, Z., Song, Z.B. and Chen, Q. (2018). Phytomelatonin receptor PMTR1-mediated signaling regulates stomatal closure in Arabidopsis thaliana. J. Pineal Res., 65, e12500.

[62] Wei, Y., Zeng, H., Hu, W., Chen, L., He, C. and Shi, H. (2016). Comparative Transcriptional Profiling of Melatonin Synthesis and Catabolic Genes Indicates the Possible Role of Melatonin in Developmental and Stress Responses in Rice. In Front. Plant Sci., pp. 676.

[63] Xia, H., Ni, Z., Hu, R., Lin, L., Deng, H., Wang, J., Tang, Y., Sun, G., Wang, X., Li, H., Liao, M., Lv, X. and Liang, D. (2020). Melatonin Alleviates Drought Stress by a Non-Enzymatic and Enzymatic Antioxidative System in Kiwifruit Seedlings. Int J Mol Sci, 21.

[64] Xu, L., Zhang, F., Tang, M., Wang, Y., Dong, J., Ying, J., Chen, Y., Hu, B., Li, C. and Liu, L. (2020). Melatonin confers cadmium tolerance by modulating critical heavy metal chelators and transporters in radish plants. J. Pineal Res., 69, e12659.

[65] Yang, S., Zhao, Y., Qin, X., Ding, C., Chen, Y., Tang, Z., Huang, Y., Reiter, R.J., Yuan, S. and Yuan, M. (2022). New insights into the role of melatonin in photosynthesis. J. Exp. Bot., 73,

5918-5927.

[66] Yang, S.J., Huang, B., Zhao, Y.Q., Hu, D., Chen, T., Ding, C.B., Chen, Y.E., Yuan, S. and Yuan, M. (2021). Melatonin Enhanced the Tolerance of Arabidopsis thaliana to High Light Through Improving Anti-oxidative System and Photosynthesis. Front Plant Sci, 12, 752584.

[67] Yao, J.-W., Ma, Z., Ma, Y.-Q., Zhu, Y., Lei, M.-Q., Hao, C.-Y., Chen, L.-Y., Xu, Z.-Q. and Huang, X. (2021). Role of melatonin in UV-B signaling pathway and UV-B stress resistance in Arabidopsis thaliana. Plant, Cell Environ., 44, 114-129.

[68] Yu, R., Zuo, T., Diao, P., Fu, J., Fan, Y., Wang, Y., Zhao, Q., Ma, X., Lu, W., Li, A., Wang, R., Yan, F., Pu, L., Niu, Y. and Wuriyanghan, H. (2021). Melatonin Enhances Seed Germination and Seedling Growth of Medicago sativa Under Salinity via a Putative Melatonin Receptor MsPMTR1. Front Plant Sci, 12, 702875.

[69] Yu, Y., Wang, A., Li, X., Kou, M., Wang, W., Chen, X., Xu, T., Zhu, M., Ma, D., Li, Z. and Sun, J. (2018). Melatonin-Stimulated Triacylglycerol Breakdown and Energy Turnover under Salinity Stress Contributes to the Maintenance of Plasma Membrane H (+)-ATPase Activity and K (+)/Na (+) Homeostasis in Sweet Potato. Front Plant Sci, 9, 256.

[70] Zhang, H.J., Zhang, N., Yang, R.C., Wang, L., Sun, Q.Q., Li, D.B., Cao, Y.Y., Weeda, S., Zhao, B., Ren, S. and Guo, Y.D. (2014a). Melatonin promotes seed germination under high salinity by regulating antioxidant systems, ABA and GA₄ interaction in cucumber (Cucumis sativus L.). J. Pineal Res., 57, 269-279.

[71] Zhang, N., Sun, Q., Zhang, H., Cao, Y., Weeda, S., Ren, S. and Guo, Y.-D. (2014b). Roles of melatonin in abiotic stress resistance in plants. J. Exp. Bot., 66, 647-656.

[72] Zhang, P., Liu, L., Wang, X., Wang, Z., Zhang, H., Chen, J., Liu, X., Wang, Y. and Li, C. (2021a). Beneficial Effects of Exogenous Melatonin on Overcoming Salt Stress in Sugar Beets

（Beta vulgaris L.）. Plants（Basel）, 10.

[73] Zhang, Q., Liu, X., Zhang, Z., Liu, N., Li, D. and Hu, L.（2019）. Melatonin Improved Waterlogging Tolerance in Alfalfa（Medicago sativa）by Reprogramming Polyamine and Ethylene Metabolism. Front Plant Sci, 10, 44.

[74] Zhang, T., Shi, Z., Zhang, X., Zheng, S., Wang, J. and Mo, J.（2020）. Alleviating effects of exogenous melatonin on salt stress in cucumber. Scientia Horticulturae, 262, 109070.

[75] Zhang, Y., Fan, Y., Rui, C., Zhang, H., Xu, N., Dai, M., Chen, X., Lu, X., Wang, D., Wang, J., Wang, J., Wang, Q., Wang, S., Chen, C., Guo, L., Zhao, L. and Ye, W.（2021b）. Melatonin Improves Cotton Salt Tolerance by Regulating ROS Scavenging System and Ca（2 +）Signal Transduction. Front Plant Sci, 12, 693690.

[76] Zhao, C., Nawaz, G., Cao, Q. and Xu, T.J.S.H.（2022）. Melatonin is a potential target for improving horticultural crop resistance to abiotic stress. Scientia Horticulturae.

[77] Zhao, G., Zhao, Y., Yu, X., Kiprotich, F., Han, H., Guan, R., Wang, R. and Shen, W.（2018）. Nitric Oxide Is Required for Melatonin-Enhanced Tolerance against Salinity Stress in Rapeseed（Brassica napus L.）Seedlings. Internal Journal of Molecular Sciences, 19, 1912.

[78] Zheng, J., Zhuang, Y., Mao, H.Z. and Jang, I.C.（2019）. Overexpression of SrDXS1 and SrKAH enhances steviol glycosides content in transgenic Stevia plants. BMC Plant Biol., 19, 1.

[79] Zheng, X., Zhou, J., Tan, D.X., Wang, N., Wang, L., Shan, D. and Kong, J.（2017）. Melatonin Improves Waterlogging Tolerance of Malus baccata（Linn.）Borkh. Seedlings by Maintaining Aerobic Respiration, Photosynthesis and ROS Migration. Front Plant Sci, 8, 483.

[80] 孔瑾, 王琳, 郑晓东, 左碧霄, 周景哲, 赵宇, 李擎天 and 雷琼 .（2015）. 一种提高植物抗胁迫能力的褪黑激素溶液 .

[81] 倪知游 .（2018）. 外源褪黑激素对猕猴桃幼苗干旱胁迫调控机理的研究 .（Doctoral dissertation, 四川农业大学）.

第4章　褪黑激素与植物生物胁迫

　　生物胁迫,可以理解为包括真菌、细菌、病毒、寄生线虫、昆虫、杂草等在内的各种生物对农作物造成的危害。这些胁迫的严重性和由此带来的损失,受到生物种类、环境条件以及作物与病原生物间的相互作用等多重因素的影响。病原体,如真菌、细菌、线虫和病毒等,是导致植物病害的主要因素。其中,真菌和细菌可以引起叶斑、枯萎、溃疡、腐烂等病症,影响植物的各种器官的正常生长发育,进而影响植物产品的产量和品质形成。线虫则以吸取植物细胞内容物为生,可以攻击植物的所有部位,造成植物损伤,并可能导致土传病害侵入根系,影响根系生长和营养吸收,从而引发与营养缺乏相关的症状,如生长迟缓和萎蔫。病毒不仅能造成局部损害,还能导致植物的全身性损害,引起植物各部分畸形、生长迟缓和黄化,造成产品的产量和品质下降。另外,昆虫和螨虫也是不可忽视的威胁,它们通过产卵或取食对植物造成伤害,而刺吸式昆虫还可能作为病毒的传播媒介,通过其吸食行为将病毒传递给植物。

　　这些生物胁迫均对植物的生长造成了严重影响,对全世界的农产品生产造成巨大损害,影响了农产品的产量和品质,严重地甚至造成绝产和绝收,增加了全球许多地区的粮食短期风险,并有可能导致饥荒的发生。例如发生在1845年至1850之间的"爱尔兰大饥荒"又称为"马铃薯大饥荒"就是由马铃薯晚病病菌造成的真菌病害,其先后造成了100多万人的死亡。而在非洲、亚洲和拉丁美洲等贫困地区,玉米等粮食作物是粮食安全的基础。然而,由于生物胁迫的影响,这些地区的玉米产量往往极低,平均每公顷产量约为1.5吨,仅为发达国家平均产量的20%,这种低产量加剧了这些地区粮食安全的风险,饥荒往往频繁发生。

　　生物胁迫对全球农业生产造成的危害是多方面的,包括产量损失、经济影响、粮食安全威胁、环境破坏以及社会不稳定等。由生物胁迫造成的产量损失是由生物对植物生存与发育造成不利影响开始的。这种胁迫与非生物胁迫共同导致全球作物产量损失惊人,平均产量下降幅度可达 65%~85%。这种大幅度的产量减少直接影响了全球农业生产和粮食安全。而在经济影响方面,由于生物胁迫导致的农产品产量和品质损失,农民和农业生产者的收入受到严重影响。这不仅威胁到他们的生计,还可能对整个农业经济造成连锁反应,影响农产品价格、市场供需关系和国际贸易。生物胁迫对环境的破坏作用主要体现在为了应对生物胁迫,农民可能会使用大量的农药和杀虫剂。这些化学物质的广泛使用可能对生态环境造成长期负面影响,包括土壤污染、水源污染以及生物多样性的减少。此外,农业是全球许多发展中国家的重要经济来源,生物胁迫导致的农业生产损失可能加剧贫困和不平等问题,对社会稳定和发展产生负面影响。因此,生物胁迫对全球农业生产造成的危害是多方面的,采取有效措施减少生物胁迫对农业生产的影响至关重要。

　　生物胁迫对植物生长和发育造成了严重影响,为了抵御这些威胁,植物自身已经进化出一套复杂的免疫系统来抵御这些生物胁迫,其中有被动的第一道防线,包括物理屏障,如角质层、蜡和毛状体,以避免病原体和昆虫与植物的直接接触。第二道防线则是植物本身产生的次级代谢产物,包括酚类、萜烯和含氮 / 硫化合物,这些物质可能对病原菌或者植食性昆虫产生毒害作用。而更为重要的是第三道防线,植物通过两个层次的病原体识别触发机制诱导对生物胁迫的防御。病原体识别的第一级包括模式识别受体(PRRs),用于识别病原体相关分子模式(PAMP),这种植物免疫被归类为 PAMP 触发免疫(PTI)。第二层次的病原体识别围绕植物抗性(R)蛋白,其识别来自病原体的特定受体(Avr 蛋白),又称为效应触发免疫(ETI)。ETI 刺激被感染细胞和周围细胞的超敏反应(HRs)并触发程序性细胞死亡(PCD),从而抑制病原菌在植物体内的进一步繁殖。尽管植物已经有一套应对生物胁迫的系统,但自然进化决定了他们本身就是"相爱相杀"的作用模式,不会有谁完全胜出。因此,在进行大规模的农业生产时,由于同品种的单一植株大量存在,极大地方便了病原菌或者生物害虫的繁殖和传播。因此,在生产中,我们必须想办法对病原菌或者生物害虫的繁殖和传播进行控制,以减少其对农业生产的影响。

　　尽管植物已经进化出多重防御机制以应对并适应各种逆境,生物胁迫依然对重要农作物造成了难以估量的经济损失。为了预防和减轻这些由农业病虫害引发的生物胁迫,人们尝试了多种控制方法,如化学防治、生物防治、遗传改良以及栽培管理等手段,甚至实施了综合性的虫害管理策略。这些策略通过调整病虫害的微环境来降低其生存的适宜性,进而控制其种群数量,降低病虫害对农业生产的影响。在众多方法中,农业生产者往往更偏爱化学防治方式,因其在对抗多种植物害虫时效果显著且立竿见影(往往速度更快)。然而,化学物质的使用会使得病原体对化学物质产生耐药性逐渐增强,加之这些化学物质对非目标生物产生的副作用,已经构成了严峻的环境问题。更为严重的是,这些化学品的昂贵费用、残留物对人类健康的潜在威胁和对环境的长期影响,都促使我们急需寻找一种新的控制方法。这种方法应当对非目标生物的毒性更低、可再生性更强、生物降解性更高,并且在经济上比合成化学农药更具优势。目前,减少有害化学药剂的使用,采用环境更加友好的防治方法已经成为病虫害防治研究人员的共识。

已有研究表明,褪黑激素在植物的生物和非生物胁迫中均发挥着重要作用。相较于其他化学防治药品,褪黑激素作为一种生态友好型化合物(在动植物中天然存在,且溶解降解,不会造成环境危害),不仅经济实惠,而且可以保护植物免受病原体侵害。在植物与细菌的互动中,褪黑激素显示出对植物细菌病原体具有显著的抗菌效果。其杀菌能力已在体外实验包括结核分枝杆菌、多种耐药革兰氏阴性和阳性细菌中得到了充分验证。在植物与真菌的互作中,褪黑激素对于增强植物对灰霉病(Botrytis cinerea)的抗性、提高病原菌对杀菌剂的敏感性以及降低疫霉菌(Phytophthora infestans)的耐药性等都起到了至关重要的作用。在植物与病毒的相互作用模型中,褪黑激素不仅能够在离体条件下有效地根除苹果茎槽病毒(ASGV),为脱毒植株的生产提供有力支持,而且还能显著降低烟草花叶病毒(TMV)的 RNA 浓度。

此外,褪黑激素还能够与植物抗病激素信号例如 NO 和 SA 相互协调和串扰,通过 NO 和 SA 信号通路调控植物对病害的防御响应,比如在拟南芥和烟草中,褪黑激素能够激发植物对 Pst DC3000 感染的防御反应,促进 SA 相关基因 PAD4、EDS1、PR5、PR1 和 PR2 的上调表达(Shi et al., 2015)。除了与 NO 和 SA 互相串扰影响植物对细菌的抗性外,褪黑激素还能够调节乙烯合成酶(1- 氨基环丙烷 -1- 羧酸合成酶 6)的活性,影响乙烯合成,进而诱导 PDF1.2 的表达(Lee et al., 2014)。此外,糖和甘油很可能在褪黑激素诱导的拟南芥对 Pst DC3000 的抗性中发挥重要作用,这可能是褐黑激素诱导的植物抗菌能力的重要因素(Qian et al., 2015)。

　　褐黑激素还在系统获得性抗性中发挥着重要作用,它是包括生长素(IAA)、脱落酸(ABA)、细胞分裂素(CKs)、赤霉素(GAs)、茉莉酸(JA)、水杨酸(SA)、乙烯(ET)和油菜素内酯(BRs)等植物激素合成与信号传导基因表达的重要调节因子。有充足的证据表明,褐黑激素与这些植物激素之间存在交互作用,共同调节植物对生物胁迫的响应。但是,目前关于褐黑激素与植物激素在病原体感染过程中交互作用的直接证据还相对有限,且主要集中在 JA 和 SA 信号传导上,这两种信号在诱导防御反应中起着至关重要的作用。尽管如此,褐黑激素与植物激素的交互作用仍通过多种间接方式帮助植物应对病原体攻击。一系列以拟南芥为对象的研究表明,外源性褐黑激素应用可诱导水杨酸介导的植物诱导防御。另一项涉及相同宿主病原体组合的研究则表明,褐黑激素可能作为第二信使,通过水杨酸依赖途径在植物免疫中发挥作用。此外,还有其他多项研究描述了褐黑激素和水杨酸在生物胁迫适应中的遗传相互作用。

　　褐黑激素不仅能通过激活水杨酸信号途径来增强植物对自养和半自养病原体的抵抗,还能通过激活茉莉酸信号途径来提高植物对坏死营养病原体的抗性。特别是在对抗坏死营养真菌如灰霉病时,褐黑激素处理能显著减少番茄等作物的采后腐烂。这一过程中,褐黑激素促进了茉莉酸的积累,并调控了与茉莉酸生物合成及信号传导相关基因的表达,从而有效地提升植物的防御能力(Liu et al., 2019)。此外,相关研究也表明褐黑激素对其他作物如香蕉中的茉莉酸积累有积极影响,进一步证实了褐黑激素在植物抗病防御中的重要角色(Wei et al., 2017b)。

　　褐黑激素在植物生长和防御中具有重要作用,类似于生长素的活性。褐黑激素与 IAA 在植物应对病害时存在相互作用,如在香蕉抵抗枯萎病过程中共同调节热休克蛋白基因的表达(Wei et al., 2017a)。在苹果植株中,褐黑激素可能和 IAA 共同参与了苹果植株对茎槽病毒的抵御(Chen et al., 2019a)。然而,不同植物激素在病原菌侵染中的具体相互作用机制仍需深入研究。

　　气孔作为大多数真菌和细菌进入植物体内的主要通道,是植物防御病原体的关键环节。在病原体感染时,植物会合成 ABA 来调节与防御相关基因的表达和控制气孔开闭来抵抗病原体的入侵。有趣的是,褐黑激素被发现能够负调控 ABA 的生物合成,表明褪黑激素有可能通过影响 ABA 代谢和气孔调节来限制病原体的入侵。

同时, ET 作为成熟和衰老调节的激素,在植物的胁迫反应,包括抗病反应中,也扮演着至关重要的角色。目前,褪黑激素与乙烯在干旱等非生物胁迫下的相互作用已得到深入研究,但在病害防治方面的研究较少。已有研究表明,在拟南芥中,褪黑激素处理后植株中与乙烯信号相关的基因呈上调表达趋势,乙烯在拟南芥的抗病反应中也起着关键作用。在抗病西瓜品种中,经褪黑激素处理且感染白粉病的植株也表现出乙烯信号基因的上调(Tiwari et al., 2022)。综上所述,褪黑激素与乙烯信号在传递植物抗病防御反应方面存在明显的协同作用。

事实上,褪黑激素在植物生长调节和提高植物对不同形式的生物和非生物胁迫的抗性方面具有独特的优势。尽管关于褪黑激素在植物对非生物胁迫的耐受性中的作用已经做了大量工作,但其在生物胁迫中的作用仍不十分清楚。在这一章节中,我们回顾了迄今为止报道的褪黑激素在生物胁迫当中的作用,重点强调褪黑激素在植物对细菌、病毒和真菌等病原体的耐受性方面的功能,并为褪黑激素在生物胁迫方向的研究提出了一些建议。

4.1 褪黑激素与抗病毒

在动物中,褪黑激素的抗病毒效用已经在众多研究中获得了确凿的证实。计算机模拟研究将褪黑激素确定为抗 SARS-CoV-2 的候选药物,可减少与细胞因子风暴相关的呼吸反应。细胞培养实验揭示了其对不同病毒的多方面作用,包括呼吸道合胞病毒、抗登革热病毒、传染性胃肠炎病毒和脑心肌炎病毒。动物研究实验表明,褪黑激素可降低委内瑞拉马脑脊髓炎和 COVID-19 等各种感染的死亡率和病毒复制。另一项研究指出,当褪黑激素与抗病毒药物利巴韦林联合使用时,相较于单独使用利巴韦林,可以大幅提升流感病毒感染小鼠的存活率,这些研究结果展示了褪黑激素作为一种具有免疫调节、抗氧化、抗炎和抗病毒特性的多功能抗病毒药物的潜力。这主要归功于褐黑激素的高效抗氧化能力和对内质网应激的抑制作用，从而能调控某些病毒感染时的细胞自噬过程（Alomari *et al.*, 2024）。

然而，在植物界中，关于褐黑激素的抗病毒作用的研究少有报道。已有研究显示，通过外源性褐黑激素的处理，可以有效降低烟草中烟草花叶病毒（TMV）的 RNA 浓度和病毒滴定度，同时显著增加了番茄中病程相关的 *PR1* 和 *PR5* 基因的表达，增强了烟草和番茄的抗病毒能力。值得一提的是，褐黑激素这种对烟草和番茄抗病毒能力的提升很可能是通过褐黑激素诱导的过量水杨酸和 NO 来实现的（Zhao *et al.*, 2019）。此外，在苹果的脱毒组织培养中，褐黑激素还能成功地从受病毒感染的苹果嫩枝中清除苹果茎槽病毒（ASGV），这可能为生产无病毒植株开辟了新的有效途径（Chen *et al.*, 2019a）。水稻条状病毒（RSV）是东亚地区最重要的水稻病毒病害之一，研究表明，外源性褐黑激素和 NO 的药理学实验表明，褐黑激素预处理植物中褐黑激素和 NO 的增加导致水稻对 RSV 抗性的增加，植株的 RSV 发病率显著降低，褐黑激素很可能通过 NO 依赖性途径使水稻对水稻条状病毒感染产生抗性（Lu *et al.*, 2019）。在茄子中也有相关报道，叶面喷施褐黑激素（MTL）和水杨酸（SA）显著增加了植株对紫花苜蓿花叶病毒（AMV）的抗性（Sofy *et al.*, 2021）。尽管目前已经有一些关于褐黑激素在植物中抗病毒的报道，但褐黑激素对植物抗病毒的影响机理仍然不够清楚，其对植物与病毒之间相互作用的深层机制，仍有待我们深入探索。

4.2　褐黑激素与细菌病害

在动物中，褐黑激素不仅对经典革兰氏阴性和阳性细菌具有抗菌活性，而且对其他细菌群的成员（如结核分枝杆菌）也具有抗菌活性。不同浓度的褐黑激素对细菌感染的保护作用可能不同，其直接作用的抗感染效果可能只发生在非常高的浓度下。此外，有研究表明褐黑激素与其他抗菌物质的联合使用极大提高了抗菌活性，比如与异烟肼联合应用对细菌生长的抑制作用是单独使用任何化合物的 3～4 倍（Wiid et al., 1999）。除了直接的抗感染效果外，褪黑激素的各种间接功能包括激活宿主的免疫防御机制、减弱细菌诱导的炎症等方面均得到了确切证实。在动物中，褪黑激素对细菌诱导损伤的抑制和保护可能与其能够激活各种信号通路有关，包括 NF-κB、STAT-1、Nrf2、NLRP3 炎症小体等关键调节因子（He et al., 2021）。除此之外，褪黑激素的抗菌机制还涉及细胞 cAMP 和 Ca^{2+} 的调节以及褪黑激素对细菌细胞壁稳定性的破坏等多重因素。此外，褪黑激素还可以减少动物细胞中活性氧和氮（ROS, RNS）的形成，促进解毒并保护线粒体损伤（Moustafa-Farag et al., 2020）。由此可知，褪黑激素在动物中的抗菌效果是确切且显著的，它不仅能够直接影响病原细菌的生理活性，还能够诱导宿主增强免疫系统的功能，从而提高动物对细菌性病害的抵御能力。

在植物与细菌的相互作用中，褪黑激素也同样表现出了显著的抗菌活性。例如，在水稻中，褪黑激素能有效降低由稻黄单胞菌（*Xanthomonas oryzae* pv. oryzicola）引起的细菌性叶斑病（BLS）的发病率，外源褪黑激素处理能使叶片上水稻细菌性叶条纹发病率减少 17% 以上（Chen et al., 2019b）。此外，黄单胞菌（Xanthomonas oryzae pv. oryzae）能够造成水稻枯萎病的发生，而体外实验表明，褪黑激素能够抑制其生长、运动和荚膜形成，有效降低其增殖能力（Chen et al., 2018）。在另一项研究中，外源褪黑激素的使用还能够逆转亚洲柑橘绿化病致病因子（CLas）对其昆虫媒介木虱的负面影响，并减少媒介木虱体内的 CLas 细菌数量，从而影响柑橘绿化病的传播途径（Nehela and Killiny, 2018）。在木薯中的研究表明，RAV 转录因子通过激活褪黑激素生物合成基因对木薯细菌性枯萎病的抗病性至关重要（Wei et al., 2018）。尽管已经有一些关于褪黑激素诱导植物对细菌病害的抗性，但目前关于褪黑激素对植物病害的影响的研究相对还比较初步，并无太多文献支持和报道，仍然还需要进一步的研究资料支持。

上述研究表明，褪黑激素在植物中的确能够诱导植物对部分病原细菌的抗性，但是值得注意的是，这种能力并不是无限的，其对细菌病害的抗性机理也不是清晰明了的。目前，关于褪黑激素能够诱导植物病原菌的抗菌机制有多种方面的认识，其主要是通过激活多种与病害相关的信号转导途径，进而上调植物防御相关基因，包括植物防御素 1.2（*PDF1.2*）、植物抗性蛋白相关基因 *PR1* 和 *PR5* 等防御基因。病原体进入植物后的第一道防线是 PAMP 触发免疫（PTI），当病原体突破 PTI 屏障后，效应器触发免疫（ETI）开始发挥作用，这种双层防御机制共同工作以降低病原体对植物体的感染。根据转录组学数据发现，外源性褪黑激素治疗可激活西瓜和拟南芥中的 ETI 和 PTI 相关基因，诱导植物对病害侵染的防御反应（Weeda et al., 2014, Mandal et al., 2018）。然而，褪黑激素与 PTI 和 ETI 免疫的直接作用尚未见相关报道。

褪黑激素调控植物抗菌机制的另一个重要途径是通过丝裂原活化蛋白激酶（MAPK）的级联反应进行，该激酶是植物响应病害胁迫的重要通路，植物可以通过 MAPK、MAPKK 和 MAPKKK 的级联反应，感知细菌表面的糖蛋白或者其他物质，将细菌的侵染信号传导到植物细胞内，激活胞内的一系列抑菌反应，例如过氧化酶和细胞自噬的产生，进而导致细胞程序性死亡，抑制细菌在植物体内的进一步蔓延。研究发现，褪黑激素可以激活独立于 G 蛋白和 Ca^{2+} 信号的 MPK3 和 MPK6 信号通路（MAPK 激酶的成员），进而影响病原体抗性相关基因（PR1，PR2，PR5 等）的表达（Chen et al., 2019b）。

另外的研究还发现了褪黑激素在诱导植物细胞感染后细胞壁加厚的现象，在感染 *Pst* DC3000 的拟南芥植物中，褪黑激素处理的拟南芥细胞壁转化酶（CWI）活性显著升高，从而导致细胞壁中纤维素、木糖和半乳糖等在细胞壁的沉积，影响了细胞壁的厚度（Zhao et al., 2015）。值得注意的是，这种细胞壁加厚的现象不独出现在细菌感染，同时也出现在一些非生物胁迫如干旱条件下，外源褪黑激素处理的植物细胞壁出现加厚现象（Cui et al., 2017）。

4.3　褪黑激素与真菌病害

在动物当中，已经有关于褪黑激素与真菌病害的相关研究和成果报道。念珠菌是一种广泛存在于自然界的真菌，可以寄生在正常人体皮肤、口腔、胃肠道、肛门和阴道黏膜上而不发生疾病，是一种典型的条件致病菌。此菌正常情况下与机体处于共生状态，不引起疾病，但当正常菌群因内、外环境改变或者人体免疫功能下降而转为致病相,就会造成感染引起发病。研究表明,在大鼠念珠菌败血症模型中,褪黑激素因其免疫调节作用可能在念珠菌败血症和经典抗真菌治疗中起到积极作用(Yavuz *et al.*, 2007)。在体外实验中,褪黑激素也被证明可强烈降低酵母白色念珠菌(白色念珠菌)的脂质水平,抑制其正常生长(Oztürk *et al.*, 2000)。

在植物中,褪黑激素与植物真菌之间的互作也有不少报道,特别是在防治一些水果和蔬菜的采后病害方面报道较多。灰霉病是一种包括番茄在内的多种蔬菜和水果作物中常见且比较难防治的一种真菌性病害。在番茄中,有研究表明,50 μM 的褪黑激素处理显著增强了番茄果实对灰霉病的抗病性,其作用机理主要是褪黑激素激活了茉莉酸和活性氧诱导的抗病基因的响应、增加了防御相关蛋白的积累和酶的活性(Liu *et al.*, 2019)。在棉花中的研究表明,褪黑激素能够影响苯丙素、MVA 和棉酚通路中的木质素和棉酚合成基因,从而增强了棉花对调节木质素和棉酚的生物合成,增加了棉花对黄萎病菌的抗性(由土壤传播的真菌)(Li *et al.*, 2019)。疫霉病菌是马铃薯晚疫病的病原体,是马铃薯生长面临的最严重威胁,并在全球范围内造成了重大经济损失。外源褪黑激素通过抑制疫霉病菌丝体生长、改变细胞超微结构、增加疫霉病菌对抑菌剂的敏感性等方法显著减弱了马铃薯的晚疫病(Zhang *et al.*, 2017)。卵菌也是一种重要的植物病原真菌,在烟草中的实验表明,褪黑激素与化学杀卵菌剂乙酰素的联合使用极大地提高了乙酰素对卵菌的抑菌效果,此外,进一步的研究表明褪黑激素与乙酰胺拥有共同的内源效果,即干扰氨基酸代谢、过表达细胞凋亡诱导因子和毒力相关基因失调(Zhang *et al.*, 2018b)。由霜霉病菌(*Pseudoperonospora cubensis*)引起的霜霉病是黄瓜(*Cucumis sativus*)生产的主要威胁,用褪黑激素对黄瓜幼苗进行预处理后显著增强了植株的抗氧化能力和胁迫后的正常生长能力,降低了霜霉病菌对黄瓜造成的病害损伤(Sun *et al.*, 2019)。褪黑激素还能刺激香蕉中的热休克蛋白 90(HSP90)的转录,以应对尖孢镰刀菌(*Fusarium oxysporum f. sp. cubense*)的侵袭,这对香蕉抵抗镰刀菌枯萎病至关重要(Wei *et al.*, 2017a)。此外,褪黑激素还在苹果汁储存时间内抑制了苹果汁中总微生物包括霉菌、酵母菌和细菌的浓度(Zhang *et al.*, 2018a)。

值得注意的是,褪黑激素对植物抵御真菌感染并非只有正向的报道,也有一些研究显示,褪黑激素能够降低植物对真菌感染的抵御能力。在柑橘青霉菌的研究中表明,褪黑激素能够通过清除受感染水果中与防御相关的 ROS 来降低柑橘青霉菌引起的柑橘果实对绿霉病的抵抗力(Lin *et al.*, 2019)。这一报道与之前的褪黑激素对真菌抵抗的正面积极效果有所差异。当然,这一点与褪黑激素在生物中的广泛分布有关,其分布的广泛性决定了其功能必然是多样的,不会限制在某一些或者单方面的生理功能上。

尽管在植物中已经有许多报道表明褪黑激素在防治真菌性病害中的作用,但值得注意的是,真菌本身也会合成褪黑激素。从单细胞真菌到高度进化的担子菌真菌,来自不同生态位的许多真菌均能够产生褪黑激素。在不同胁迫条件下,从腐生土壤真菌到丛枝菌根真菌或内生真菌中也分离出了褪黑激素。褪黑激素已经在各种真菌中发现,包括酿酒酵母(Saccharomyces cerevisiae)、松茹菇(*Lactarius deliciosus*)、牛肝菌(*Boletus badius*)、鸡油菌(*Cantharellus cibarius*)、哈茨木霉(Trichoderma harzianum)、绿色木霉(Trichoderma viride)、棘孢木霉(Trichoderma asperellum,)、长枝木霉(Trichoderma longibrachiatum)、拜氏接合酵母(Zygosaccharomyces bailii)、巴氏酵母(Saccharomyces pastorianus)和毕赤酵母(Pichia kluyveri)等中均有发现。

褪黑激素在真菌的生长发育中也发挥着重要作用,这可能是未来研究用褪黑激素抑制真菌病害的重要基础之一。研究发现,在广东虫草(*Tolypocladium guangdongense*)中,细胞内和外源性褪黑激素浓度可能与该菌菌丝的生长有关,低浓度的褪黑激素显著抑制了广东虫草的菌丝生长,而特定浓度的褪黑激素(如 10μM)则对广东虫草菌丝生长具有显著的促进作用。不同的胁迫条件对生长中的菌丝体产生了相当大的不利影响,在刚果红产生的非生物胁迫下,细胞内褪黑激素水平增加了 55 倍以上。然而,当存在外源性褪黑激素时,刚果红溶液对菌丝体的刺激作用显著减弱,因此判断,广东虫草菌丝体的生长可能与细胞内和外源性褪黑激素浓度有关,但外源性褪黑激素有助于广东虫草的菌丝体生长。此外,褪黑激素在广东虫草子实体中的浓度是菌丝中浓度的 25 倍,预示其在子实体发育中也可能起到重要作用。为了测试褪黑激素对子实体发育的影响,在生长培养基中引入了外源性褪黑激素。褪黑激素处理后子实体原基数量明显多于对照样本,且处理组的原基密度增加了约一倍,显示出褪黑激素在广东虫草原基形成过程中具有关键的调节作用

（Wang et al., 2021）。

此外，褪黑激素还与蘑菇的昼夜节律与光周期调节有关，褪黑激素在食用菌中呈现稳定的昼夜节律周期，暗示其可能作为内源性化学物质对信用菌的形态发生产生重要影响。不同真菌中，褪黑激素的节律性表现不同，如酿酒酵母（Saccharomyces cerevisiae）中在正常生长情况下不表现出昼夜节律性，但当底物条件发生改变，褪黑激素浓度会发生显著变化。而神经孢子菌（Neurospora crassa）则具有明显的昼夜节律性，褪黑激素在黑暗条件下的合成显著增加（Tan et al., 2010）。

褪黑激素还能够对真菌孢子的萌发产生影响。在稻瘟病菌（Magnaporthe oryzae）的致病菌株中，侵染成功需要分生孢子成功萌发和附着胞的发育。而在外源褪黑激素的处理下，褪黑激素会减慢分生孢子中脂质和糖原的运动和分解，破坏细胞壁中 -1,3- 葡聚糖的形成，使得分生孢子的发育变得迟缓。同时，褪黑激素还会造成附着胞的芽管变大，阻止了附着胞内用于宿主穿透的隔膜环的发育，从而有效阻止了稻瘟病菌的附着胞对大麦表皮细胞的侵入（Li et al., 2023）。另外，杨等人（Yang et al., 2020a）的研究表明，在体外条件下，外源性褪黑激素增加了丛枝菌根真菌（AMF）根内球囊霉（Rhizophagus intraradices）的孢子萌发，并增大了其菌丝的尺寸。此外，还有许多其他研究表明，褪黑激素降低了竹黄菌（Shiraia sp. S9）、黄曲霉（Aspergillus flavus）、禾谷镰刀菌（Fusarium graminearum）等的孢子萌发率，但并不能显著降低灰霉菌（Botrytis cinerea）、链格孢菌（Alternaria alternata）和胶孢炭疽菌（Colletotrichum gloeosporioides）的孢子萌发率（Chakraborty et al., 2024）。

除此之外，部分真菌与植物存在共生关系，褪黑激素也在其中起着重要作用，关于这一点我们将在章节 4.5 中进行讨论。

4.4　褪黑激素与虫害

害虫对全球作物生产系统造成了严重的威胁，它们不仅通过取食对植物造成直接损害,还可能传播病毒和细菌病原体,进一步加剧植物的间接损失。据报道,全世界每年因为虫害而造成的农业损失可以达到产量的 15% ~ 30%。

褪黑激素在常见的动物害虫中广泛存在,目前已报道的包括昆虫纲、线虫纲、刺胞动物门、软体动物门、甲壳纲动物等,参与动物的季节和昼夜节律、摄食行为、光周期性、蜕皮和繁殖等多个方面。在卷心菜尺蠖蛾中的研究表明,褪黑激素含量在神经系统和血液淋巴系统中存在昼夜节律变化。在蚜虫中,褪黑激素的合成具有显著的周期节律效应,特别是在蚜虫的季节性节律反应中发挥着重要作用(Barberà et $al.$,2020)。

尽管已经有许多褪黑激素在上述动物中的功能报道,但将褪黑激素作为害虫的防治剂还研究较少,植物中害虫对褪黑激素的响应研究还值得进一步进行。值得注意的是,褪黑激素对害虫上述生命活动的这些影响表明,褪黑激素在害虫的生理和行为中扮演着重要角色。

有研究显示,褪黑激素可能影响豌豆蚜虫的光周期反应,影响其繁殖行为和性别分化,以不同浓度的褪黑激素对豌豆蚜虫进行人工喂养,其后代的性别分化和对光周期的响应发生了显著的改变。同时,褪黑激素还能间接激活植物的防御系统,显示出对抗蚜虫和白蝇的潜力(Gao and Hardie, 1997)。在西瓜蚜虫中的研究表明,褪黑激素与 MeJA、H_2S 共同作用,以剂量依赖方式提高西瓜对蚜虫的抗性,在预处理过的植株上,蚜虫数量显著降低,同时增强了防御相关酶活性和木质素积累。研究还显示,褪黑激素的应用促进了 MeJA 和 H_2S 在蚜虫侵扰下的积累,这三者之间存在相互作用,共同参与了植物的防御反应。当抑制其中任一物质的积累时,都会影响到褪黑激素诱导的防御效果和蚜虫抗性。这一新机制揭示了 MeJA 依赖的 H_2S 信号在褪黑激素诱导的防御反应及蚜虫抗性中的关键作用,这一发现为蚜虫防治提供了新的可能途径(Su et $al.$, 2023)。在黄瓜蚜虫的研究中发现,褪黑激素能够减轻棉蛾格洛弗蚜虫对黄瓜的伤害。通过褪黑激素处理,黄瓜叶片对蚜虫更具吸引力,从而减少了蚜虫的繁殖能力,降低了蚜虫的破坏力。此外,褪黑激素还引起了植物多种酶活性的变化,并诱导植物获得性抗性的产生,增强植物对病虫害的免疫力。研究还发现,褪黑激素处理的植物在蚜虫感染下具有更强的茉莉酸信号、活性氧稳态和类黄酮的合成能力。褪黑激素可以通过影响蚜虫和增强植物抗性来减轻蚜虫对黄瓜的伤害,这为探索基于褪黑激素的黄瓜蚜虫控制可持续策略提供了帮助（Liu *et al.*，2023）。

除了正向的研究结果外，也有报道显示褪黑激素能够抑制化学杀虫剂的毒性，从而对虫害防治起负面效果。氧化应激是农药毒性机理的重要组成部分，阿维菌素会在昆虫中产生氧化应激反应从而达到杀虫效果，而褪黑激素对害虫的预处理，增加了肠道、脂肪体和血淋巴中的抗氧化酶的水平，可以减少这种氧化损害，某种程度上抑制了杀虫剂效果的发挥（Subala *et al.*，2017）。除此之外，在棉铃虫中的研究表明，褪黑激素预处理可以降低氟虫腈（杀虫剂）的毒性，提高棉铃虫的解毒和抗氧化酶水平。然而，当加入鲁西那多尔（褪黑激素的拮抗剂）时，这种效果被部分抑制。这表明褪黑激素可能通过增强棉铃虫的解毒和抗氧化系统来减轻农药的毒性影响（Muthusamy *et al.*，2023）。除虫菊酯是一种重要的杀虫剂，能够诱导草地贪夜蛾幼虫的氧化损伤，从而达成杀虫目的，而褪黑激素处理，则能诱导草地贪夜蛾幼虫抗氧化活性的提高，增强了对除虫菊酯的抵抗能力，抑制了杀虫效果（Karthi and Shivakumar, 2015）。

除了增强植物对害虫的抵御能力外，褪黑激素在减少病害传播方面也具有重要的潜力。木虱是毁灭性柑橘绿化病（黄龙病）的传播载体，研究显示，补充褪黑激素后，木虱体内的细菌滴度降低（Nehela 和 Killiny，2018 年）。这表明褪黑激素可能在减少甜橙中柑橘绿化的媒介传播方面发挥积极作用。另有研究指出，荷兰榆树病是榆树的一种毁灭性的真菌病害，甲虫是其主要的传播媒介，褪黑激素在植物抵抗树皮甲虫攻击时也发挥了信号分子的作用，并与血清素、莉莉酸具有协同防御的效果。研究表明，在甲虫取食树皮以后，褪黑激素和血清素的峰值比没有取食时增加了约 7000 倍，而茉莉酸的含量比没有取食时升高了约 10 倍，这一发现为探索褪黑激素在植物与害虫相互作用中的功能提供了新的视角（Saremba *et al.*，2017）。此外，在研究小褐飞虱中 miR-315-5p 的功能时发现，褪黑激素受体为 miR-315-5p 的靶基因，并发现其与小褐飞虱介导的水稻黑条矮缩病毒的感染和传播密切相关（Zhang *et al.*，2021）。

褪黑激素以病虫害管理中的作用目前的研究还不够全面和深入，而褪黑激素的化学性质决定了其是环境友好型物质，深入了解褪黑激素对害虫生理和行为的影响，以及其在植物与害虫相互作用中的角色，有望开发出新的、环保且有效的害虫管理策略。

综上所述,褪黑激素在缓解病毒、真菌和细菌植物病原体方面的具体机制和效果仍存在大量未解决的问题和未探索的领域。特别是,通过褪黑激素控制病毒载体的研究尚属空白。在未来的研究中,进一步探索褪黑激素在植物保护领域的应用潜力具有重要意义。

4.5 褪黑激素与植物共生

传统农业技术,如化学肥料、杀虫剂、杀菌剂和除草剂等,能够保护农作物免受病原体侵害并提高农业生产力。然而,化学农药的广泛集中使用会导致化学成分在土壤、植物等过量积累,超过了自然循环的净化能力,造成了土壤、大气和水污染。这些化合物是导致生物灭绝的重要因素之一,同时也危及土壤细菌和真菌群落的生物多样性,并对植物生产造成影响。化学制剂在土壤中的积累会对农业土壤产生严重的负面影响,土壤的物理性质(例如纹理、渗透性、孔隙度)受到破坏,营养元素(氮、磷、钾等)的循环失调,最终影响农田的生产效率。面对世界人口增长和对食物数量和品质需求的增加,以及日益严峻的气候变化和环境问题,使用传统化肥和农药的农业生产模式越来越受到研究者的质疑。同时,传统的育种手段和栽培管理措施也越来越难以在产量和品质上做出较大的突破,原有的技术手段已经无法满足农业生产的需要。近些年来,人们迫切寻找一种高效、低毒的提高农业生产力的办法。而植物共生微生物就是在这样的背景环境下进入了研究人员的视野中。植物为多种微生物(包括细菌、真菌、原生生物、线虫和病毒,统称为植物微生物群)的生长和繁殖提供了丰富的生态位。这些微生物能够与植物形成复杂的共生关系,并在自然环境中对提升植物的生产力和健康起着重要作用。已有的大量报道显示,植物的部分有益共生菌对植物的产量和品质以及对环境胁迫的抵抗能力均有显著影响,能在较大程度上提高农业生产效率、改善植物应对环境胁迫的能力,并最终提高植物的生产力。

最广为人知的植物共生菌是豆科植物的根际共生菌——根瘤菌,也是研究最早的植物共生菌之一。正是得益于人类对根瘤菌改善豆科植物生产的认识,让研究者意识到部分微生物与植物之间的共生对植物生产很可能具有积极意义。而关于植物与微生物之间的互相研究也因微生物对植物生产力的重要影响而取得了显著进步。已有部分生防菌已经运用在农业生产中,已显示出来的效果包括能够显著改善植物的生长状况、提高植物产量和品质、改善水果和蔬菜的采后储藏能力以及提高植物对病害和非生物胁迫的抵御能力等。

褪黑激素具有相当程度的保守性,在植物和微生物中广泛存在,已有的研究表明,褪黑激素很可能在植物与微生物的共生和互作中起着重要作用。褪黑激素通过促进土壤酶活性和重塑微生物群落结构来改善根际土壤环境,进而促进植物生长。在拟南芥中的研究表明,在植物根系微环境中的根际细菌菌株能产生褪黑激素并增加拟南芥的内源褪黑激素含量,进而通过防止氧化和膜损伤以及改善植物生长,对植物抵御干旱胁迫等不良环境具有重要意义(Jofre *et al.* , 2023)。苹果树再植病或重茬病,是指在同一块土地上重新栽植苹果树后,新栽的苹果树生长受到抑制或发生严重病害,导致果品质量下降、产量减少、树势早衰以及寿命缩短的现象,而外源褪黑激素的应用可以通过调节根际土壤微生物群落结构和氮代谢来缓解苹果再植病的发病率(He *et al.* , 2023)。

褪黑激素在真菌与植物的共生关系中可能扮演着举足轻重的角色,某些真菌在植物体内所展现的特殊功能,或许正是得益于褪黑激素的作用。以从孟加拉草根部中分离出的内生真菌 Exophiala pisciphila 为例,该真菌对重金属的耐受性极高,能够吸收大量重金属,包括相当于其干重 25% 的铅、16% 的锌以及 4.9% 的镉。值得一提的是,在金属胁迫环境下,这种真菌体内褪黑激素的含量会显著上升。褪黑激素浓度的这一激增可能有助于清除体内多余的活性氧和氮,从而帮助真菌恢复对金属胁迫的耐受能力。在锌、镉和铅的胁迫下,外部施加 $200\mu M$ 浓度的褪黑激素能够分别显著降低约 28%、33% 和 61% 的氧自由基。此外,外部褪黑激素的施加还可以增强这种丝状真菌中超氧化物歧化酶的活性,并进一步减少其体内重金属的积累。重金属还能通过上调 EpTDC1 和 EpSNAT1 基因的表达来诱导褪黑激素的生物合成,这一诱导能力出现在重金属胁迫 48 小时后。EpTDC1 和 EpASMT1 基因在抑制重金属过度积累方面的作用,也通过在拟南芥和大肠杆菌中过表达得到验证(Yu *et al.* , 2021)。

　　与此同时,研究还发现褪黑激素还能促进真菌在植物中的共生作用。在黄瓜中的研究表明,褪黑激素能够提升丛枝菌根真菌(AMF)对尖孢镰刀菌的调控能力,并加速其在黄瓜根部的定殖过程。褪黑激素与 AMF 的共同作用还能提升黄瓜的光合效能、抗氧化防御能力以及次生代谢产物的构成,这些变化可能有助于提高黄瓜对镰刀菌枯萎病的抗性。尤其值得一提的是,当褪黑激素与 AMF 联合应用时,相较于单独使用,其对病害的抑制效果更为显著。这一发现表明,褪黑激素与 AMF 在增强黄瓜对尖孢镰刀菌的抗性方面存在协同效应(Ahammed et al.,2020)。此外,褪黑激素还能有效提高内生真菌的 SOD、APX 和 CAT 等抗氧化酶的活性,增强植物总的抗氧化能力。

　　在羊草(*Leymus chinensis*)植物中,Yang 等人(Yang et al.,2020b)深入研究了褪黑激素、丛枝菌根真菌、盐碱胁迫三者交互作用下植物的响应。结果发现,褪黑激素与丛枝菌根真菌在减轻活性氧爆发、降低丙二醛含量以及通过激活植物抗氧化酶和相关基因来保护羊草光合作用方面具有交互作用。此外,褪黑激素还促进了菌根真菌的孢子萌发和菌丝长度,对盐碱胁迫下的羊草的生长具有积极作用。这为外源褪黑激素和丛枝菌根真菌在盐碱化退化草地恢复中的应用提供了潜在的可能性。同时,褪黑激素增强了丛枝菌根在多年生黑麦草(Lolium perenne L.)中的共生作用,并通过改善丛枝菌根真菌在植物中的定植提高了黑麦草的抗氧化活性和渗透调节能力,进而增强了黑麦草对冻害胁迫的抗性(Wei et al.,2023)。

　　由此可知,褪黑激素在微生物与植物的共生中可能发挥了重要作用,为了实现褪黑激素的有益效果,外部施用褪黑激素或许是一种可行的尝试。然而,我们也需要注意到,那些能够合成褪黑激素的内生生物一旦进入植物组织内部,可能会对植物体内褪黑激素的长期水平产生深远影响,进而影响植物的生命活动。

参考文献

[1] Ahammed, G.J., Mao, Q., Yan, Y., Wu, M., Wang, Y., Ren, J., Guo, P., Liu, A. and Chen, S. (2020). Role of Melatonin in Arbuscular Mycorrhizal Fungi-Induced Resistance to Fusarium Wilt in Cucumber. Phytopathology, 110, 999-1009.

[2] Alomari, T., Al-Abdallat, H., Hamamreh, R., Alomari, O., Hos, B.H. and Reiter, R.J. (2024). Assessing the antiviral potential of melatonin: A comprehensive systematic review. Rev. Med. Virol., 34, e2499.

[3] Barberà, M., Escrivá, L., Collantes-Alegre, J.M., Meca, G., Rosato, E. and Martínez-Torres, D. (2020). Melatonin in the seasonal response of the aphid Acyrthosiphon pisum. Insect Sci., 27, 224-238.

[4] Chakraborty, D., Mukherjee, A., Banerjee, A. and Das, N. (2024). Role of melatonin in fungi, with special emphasis to morphogenesis and stress tolerance. S. Afr. J. Bot., 166, 413-422.

[5] Chen, L., Wang, M.R., Li, J.W., Feng, C.H., Cui, Z.H., Zhao, L. and Wang, Q.C. (2019a). Exogenous application of melatonin improves eradication of apple stem grooving virus from the infected in vitro shoots by shoot tip culture. Plant Pathol., 68, 997-1006.

[6] Chen, X., Sun, C., Laborda, P., He, Y., Zhao, Y., Li, C. and Liu, F. (2019b). Melatonin treatments reduce the pathogenicity and inhibit the growth of Xanthomonas oryzae pv. oryzicola. Plant Pathol., 68, 288-296.

[7] Chen, X., Sun, C., Laborda, P., Zhao, Y., Palmer, I., Fu, Z.Q., Qiu, J. and Liu, F. (2018). Melatonin Treatment Inhibits the Growth of Xanthomonas oryzae pv. oryzae. Front Microbiol, 9, 2280.

[8] Cui，G.，Zhao，X.，Liu，S.，Sun，F.，Zhang，C. and Xi，Y.（2017）. Beneficial effects of melatonin in overcoming drought stress in wheat seedlings. Plant Physiol. Biochem.，118，138-149.

[9] Gao, N. and Hardie, J.（1997）. Melatonin and the pea aphid, Acyrthosiphon pisum. J. Insect Physiol.，43，615-620.

[10] He，F.，Wu，X.，Zhang，Q.，Li，Y.，Ye，Y.，Li，P.，Chen，S.，Peng，Y.，Hardeland，R. and Xia，Y.（2021）. Bacteriostatic Potential of Melatonin: Therapeutic Standing and Mechanistic Insights. Frontiers in Immunology，12.

[11] He，X.，Yin，B.，Zhang，J.，Zhou，S.，Li，Z.，Zhang，X.，Xu，J. and Liang，B.（2023）. Exogenous melatonin alleviates apple replant disease by regulating rhizosphere soil microbial community structure and nitrogen metabolism. Sci. Total Environ.，884，163830.

[12] Jofre，M.F.，Mammana，S.B.，Appiolaza，M.L.，Silva，M.F.，Gomez，F.J.V. and Cohen，A.C.（2023）. Melatonin production by rhizobacteria native strains: Towards sustainable plant growth promotion strategies. Physiol. Plant.，175，e13852.

[13] Karthi，S. and Shivakumar，M.S.（2015）. The protective effect of melatonin against cypermethrin-induced oxidative stress damage in Spodoptera litura（Lepidoptera: Noctuidae）. Biol. Rhythm Res.，46，1-12.

[14] Lee，H.Y.，Byeon，Y. and Back，K.（2014）. Melatonin as a signal molecule triggering defense responses against pathogen attack in Arabidopsis and tobacco. J. Pineal Res.，57，262-268.

[15] Li，C.，He，Q.，Zhang，F.，Yu，J.，Li，C.，Zhao，T.，Zhang，Y.，Xie，Q.，Su，B.，Mei，L.，Zhu，S. and Chen，J.（2019）. Melatonin enhances cotton immunity to *Verticillium* wilt via manipulating lignin and gossypol biosynthesis. Plant J.，100，784-800.

[16] Li，R.，Bi，R.，Cai，H.，Zhao，J.，Sun，P.，Xu，W.，Zhou，Y.，Yang，W.，Zheng，L.，Chen，X.L.，Wang，G.，Wang，D.，Liu，J.，Teng，H. and Li，G.（2023）. Melatonin functions as a broad-spectrum antifungal by targeting a conserved pathogen protein kinase. J. Pineal Res.，74，e12839.

[17] Lin, Y., Fan, L., Xia, X., Wang, Z., Yin, Y., Cheng, Y. and Li, Z. (2019). Melatonin decreases resistance to postharvest green mold on citrus fruit by scavenging defense-related reactive oxygen species. Postharvest Biol. Technol., 153, 21-30.

[18] Liu, C., Chen, L., Zhao, R., Li, R., Zhang, S., Yu, W., Sheng, J. and Shen, L. (2019). Melatonin Induces Disease Resistance to Botrytis cinerea in Tomato Fruit by Activating Jasmonic Acid Signaling Pathway. J. Agric. Food Chem., 67, 6116-6124.

[19] Liu, X., Du, C., Yue, C., Tan, Y. and Fan, H. (2023). Exogenously applied melatonin alleviates the damage in cucumber plants caused by Aphis goosypii through altering the insect behavior and inducing host plant resistance. Pest Manage. Sci., 79, 140-151.

[20] Lu, R., Liu, Z., Shao, Y., Sun, F., Zhang, Y., Cui, J., Zhou, Y., Shen, W. and Zhou, T. (2019). Melatonin is responsible for rice resistance to rice stripe virus infection through a nitric oxide-dependent pathway. Virol. J., 16, 141.

[21] Mandal, M.K., Suren, H., Ward, B., Boroujerdi, A. and Kousik, C. (2018). Differential roles of melatonin in plant-host resistance and pathogen suppression in cucurbits. J. Pineal Res., 65, e12505.

[22] Moustafa-Farag, M., Almoneafy, A., Mahmoud, A., Elkelish, A., Arnao, M.B., Li, L. and Ai, S. (2020). Melatonin and Its Protective Role against Biotic Stress Impacts on Plants. In Biomolecules.

[23] Muthusamy, R., Ramkumar, G., Kumarasamy, S., Kumar, T.C., Albeshr, M.F., Alrefaei, A.F., Nhung, T.C., B, B. and Karuppusamy, I. (2023). Effect of melatonin and luzindole antagonist on fipronil toxicity, detoxification and antioxidant enzyme system in different tissues of Helicoverpa armigera (Lepidoptera: Noctuidae). Environ. Res., 231, 116130.

[24] Nehela, Y. and Killiny, N. (2018). Infection with phytopathogenic bacterium inhibits melatonin biosynthesis, decreases longevity of its vector, and suppresses the free radical-defense. J.

Pineal Res., 65, e12511.

[25] Oztürk, A.I., Yilmaz, O., Kirbağ, S. and Arslan, M.（2000）. Antimicrobial and biological effects of ipemphos and amphos on bacterial and yeast strains. Cell Biochem. Funct., 18, 117-126.

[26] Qian, Y., Tan, D.X., Reiter, R.J. and Shi, H.（2015）. Comparative metabolomic analysis highlights the involvement of sugars and glycerol in melatonin-mediated innate immunity against bacterial pathogen in Arabidopsis. Sci Rep, 5, 15815.

[27] Saremba, B.M., Tymm, F.J.M., Baethke, K., Rheault, M.R., Sherif, S.M., Saxena, P.K. and Murch, S.J.（2017）. Plant signals during beetle（Scolytus multistriatus）feeding in American elm（Ulmus americana Planch）. Plant Signal Behav, 12, e1296997.

[28] Shi, H., Chen, Y., Tan, D.-X., Reiter, R.J., Chan, Z. and He, C.（2015）. Melatonin induces nitric oxide and the potential mechanisms relate to innate immunity against bacterial pathogen infection in Arabidopsis. J. Pineal Res., 59, 102-108.

[29] Sofy, A.R., Sofy, M.R., Hmed, A.A., Dawoud, R.A., Refaey, E.E., Mohamed, H.I. and El-Dougdoug, N.K.（2021）. Molecular Characterization of the Alfalfa mosaic virus Infecting Solanum melongena in Egypt and the Control of Its Deleterious Effects with Melatonin and Salicylic Acid. Plants（Basel）, 10.

[30] Su, Z., Lan, Z., Gao, Y., Liu, Y., Shen, J., Guo, Y., Ma, J., Zhang, Y., Luan, F., Zhang, X. and Li, H.（2023）. Methyl jasmonate-dependent hydrogen sulfide mediates melatonin-induced aphid resistance of watermelon. Food and Energy Security, 12.

[31] Subala, S.P., Zubero, E.E., Alatorre-Jimenez, M.A. and Shivakumar, M.S.（2017）. Pre-treatment with melatonin decreases abamectin induced toxicity in a nocturnal insect Spodoptera litura（Lepidoptera: Noctuidae）.. Environ. Toxicol. Pharmacol., 56, 76-85.

[32] Sun, Y., Liu, Z., Lan, G., Jiao, C. and Sun, Y.（2019）. Effect ofexogenous melatonin on resistance of cucumber to downy mildew. Scientia Horticulturae, 255, 231-241.

[33] Tan, D.X., Hardeland, R., Manchester, L.C., Paredes,

S.D., Korkmaz, A., Sainz, R.M., Mayo, J.C., Fuentes-Broto, L. and Reiter, R.J. (2010). The changing biological roles of melatonin during evolution: from an antioxidant to signals of darkness, sexual selection and fitness. Biol. Rev. Camb. Philos. Soc., 85, 607-623.

[34] Tiwari, R.K., Lal, M.K., Kumar, R., Mangal, V., Altaf, M.A., Sharma, S., Singh, B. and Kumar, M. (2022). Insight into melatonin-mediated response and signaling in the regulation of plant defense under biotic stress. Plant Mol. Biol., 109, 385-399.

[35] Wang, G., Chen, X., Zhang, C., Li, M., Sun, C., Zhan, N., Huang, X., Li, T. and Deng, W. (2021). Biosynthetic Pathway and the Potential Role of Melatonin at Different Abiotic Stressors and Developmental Stages in Tolypocladium guangdongense. Front Microbiol, 12, 746141.

[36] Weeda, S., Zhang, N., Zhao, X., Ndip, G., Guo, Y., Buck, G.A., Fu, C. and Ren, S. (2014). Arabidopsis transcriptome analysis reveals key roles of melatonin in plant defense systems. PLoS One, 9, e93462.

[37] Wei, H., Wang, J., Wang, Q., He, W., Liao, S., Huang, J., Hu, W., Tang, M. and Chen, H. (2023). Role of melatonin in enhancing arbuscular mycorrhizal symbiosis and mitigating cold stress in perennial ryegrass (*Lolium perenne* L.). Frontiers in Microbiology, 14.

[38] Wei, Y., Chang, Y., Zeng, H., Liu, G., He, C. and Shi, H. (2018). RAV transcription factors are essential for disease resistance against cassava bacterial blight via activation of melatonin biosynthesis genes. J. Pineal Res., 64.

[39] Wei, Y., Hu, W., Wang, Q., Zeng, H., Li, X., Yan, Y., Reiter, R.J., He, C. and Shi, H. (2017a). Identification, transcriptional and functional analysis of heat-shock protein 90s in banana (Musa acuminata L.) highlight their novel role in melatonin-mediated plant response to Fusarium wilt. J. Pineal Res., 62.

[40] Wei, Y., Hu, W., Wang, Q., Zeng, H., Li, X., Yan, Y., Reiter, R.J., He, C. and Shi, H. (2017b). Identification,

transcriptional and functional analysis of heat-shock protein 90s in banana (Musa acuminata L.) highlight their novel role in melatonin-mediated plant response to Fusarium wilt. J. Pineal Res. , 62, e12367.

[41] Wiid, I., Hoal-van Helden, E., Hon, D., Lombard, C. and van Helden, P. (1999). Potentiation of isoniazid activity against Mycobacterium tuberculosis by melatonin. Antimicrob. Agents Chemother. , 43, 975-977.

[42] Yang, Y., Cao, Y., Li, Z., Zhukova, A., Yang, S., Wang, J., Tang, Z., Cao, Y., Zhang, Y. and Wang, D. (2020a). Interactive effects of exogenous melatonin and Rhizophagus intraradices on saline-alkaline stress tolerance in Leymus chinensis. Mycorrhiza, 30, 357-371.

[43] Yang, Y., Cao, Y., Li, Z., Zhukova, A., Yang, S., Wang, J., Tang, Z., Cao, Y., Zhang, Y. and Wang, D. (2020b). Interactive effects of exogenous melatonin and Rhizophagus intraradices on saline-alkaline stress tolerance in Leymus chinensis. Mycorrhiza, 30, 357-371.

[44] Yavuz, T., Kaya, D., Behçet, M., Ozturk, E. and Yavuz, O. (2007). Effects of melatonin on Candida sepsis in an experimental rat model. Adv Ther, 24, 91-100.

[45] Yu, Y., Teng, Z., Mou, Z., Lv, Y., Li, T., Chen, S., Zhao, D. and Zhao, Z. (2021). Melatonin confers heavy metal-induced tolerance by alleviating oxidative stress and reducing the heavy metal accumulation in Exophiala pisciphila, a dark septate endophyte (DSE). BMC Microbiol. , 21, 40.

[46] Zhang, H., Liu, X., Chen, T., Ji, Y., Shi, K., Wang, L., Zheng, X. and Kong, J. (2018a). Melatonin in Apples and Juice: Inhibition of Browning and Microorganism Growth in Apple Juice. Molecules, 23.

[47] Zhang, J., Dong, Y., Wang, M., Wang, H., Yi, D., Zhou, Y. and Xu, Q. (2021). MicroRNA-315-5p promotes rice black-streaked dwarf virus infection by targeting a melatonin receptor in the small brown planthopper. Pest Manage. Sci. , 77, 3561-3570.

[48] Zhang, S., Liu, S., Zhang, J., Reiter, R.J., Wang, Y., Qiu, D., Luo, X., Khalid, A.R., Wang, H., Feng, L., Lin, Z. and Ren, M. (2018b). Synergistic anti-oomycete effect of melatonin with a biofungicide against oomycetic black shank disease. J. Pineal Res., 65, e12492.

[49] Zhang, S., Zheng, X., Reiter, R.J., Feng, S., Wang, Y., Liu, S., Jin, L., Li, Z., Datla, R. and Ren, M. (2017). Melatonin Attenuates Potato Late Blight by Disrupting Cell Growth, Stress Tolerance, Fungicide Susceptibility and Homeostasis of Gene Expression in Phytophthora infestans. Front Plant Sci, 8, 1993.

[50] Zhao, H., Xu, L., Su, T., Jiang, Y., Hu, L. and Ma, F. (2015). Melatonin regulates carbohydrate metabolism and defenses against Pseudomonas syringae pv. tomato DC3000 infection in Arabidopsis thaliana. J. Pineal Res., 59, 109-119.

[51] Zhao, L., Chen, L., Gu, P., Zhan, X., Zhang, Y., Hou, C., Wu, Z., Wu, Y.F. and Wang, Q.C. (2019). Exogenous application of melatonin improves plant resistance to virus infection. Plant Pathol., 68, 1287-1295.

第5章 褪黑激素与植物生长发育

5.1 褪黑激素与营养生长

5.1.1 褪黑激素的类生长素特性

褪黑激素对植物生长的调控作用是一个复杂且引人入胜的话题。这种激素类物质对植物或种子的茎、叶、根的生长及产量有着明显的促进或抑制作用,并且这种作用与褪黑激素的浓度密切相关。值得注意的是,褪黑激素的促生长作用与吲哚 -3- 乙酸(IAA)有着高度相似性。以羽扇豆(Lupinus albus)为例,研究表明,微摩尔浓度的褪黑激素处理能有效促进其下胚轴的生长,从而表现出类似 IAA 的效果,在高浓度下,也展现出与生长素类似的抑制作用(Hernández-Ruiz et al., 2005)。褪黑激素这种类似生长素的双重作用在不同的植物种类中均被检测到。在纳米摩尔浓度下,褪黑激素显著促进了燕麦、小麦、大麦和金丝雀草的生长(Hernández-Ruiz et al., 2005)。除此之外,与生长素类似,不同浓度的褪黑激素对根的生长也具有显著的促进作用或者抑制作用。在红甘蓝和芥菜的根部观察到,低浓度的褪黑激素能刺激根的生长,而高浓度则产生抑制作用(Mannino et al., 2021)。此外,高浓度的褪黑激素对金丝雀草和小麦的根部的抑制作用尤为明显。同时,褪黑激素的这种类似生长素的双重作用在不同植物中对浓度的要求有所不同,在燕麦胚芽中仅为 10%,而在大麦胚芽中则高达 55%(Hernández-Ruiz et al., 2005)。

褪黑激素在根的产生中也起着重要作用,首要的证据来自于2007年 Marino 及其团队的研究,首次揭示了褪黑激素在诱导根的发生中的重要作用。他们发现,经过褪黑激素处理的中柱鞘细胞能够产生根原基,褪黑激素改变了不定根和侧根的分布模式和产生时间,不定根的数量和长度以及侧根的数量(Arnao and Hernández-Ruiz, 2007)。随后的研究进一步证实了褪黑激素在多种植物中的生根效应,包括黄瓜、樱桃砧木、石榴、拟南芥和水稻等(Mannino et al., 2021)。特别值得一提的是,一项对转基因水稻幼苗的研究发现,其褪黑激素水平比野生型幼苗高出 10 倍,同时其根系生长也增强了 2 倍,这表明内源性褪黑激素水平与根系生长速率之间存在着直接的联系(Byeon et al., 2013)。尽管褪黑激素与 IAA 在某些方面存在相似之处,如显著的生长素模拟作用和共同的前体及结构特征,但我们必须明确的是,褪黑激素并非一种能够直接促进植物生长的生长素类似物。目前的研究表明,褪黑激素并不会刺激 IAA 的生物合成或模仿其作用,而是通过一种不依赖生长素的方式影响根的生长。这一观点得到了多项研究的支持,其中包括一项对拟南芥根系中生长素诱导标记表达的研究。然而,有趣的是,褪黑激素处理似乎确实能够影响许多植物的内源性生长素水平。例如,在某些情况下,外源褪黑激素预处理可以提高番茄和芥菜幼苗的 IAA 和吲哚 -3-丁酸(IBA)水平(Wen et al., 2016)。但在其他情况下,如使用高浓度的褪黑激素处理拟南芥时,则会降低其内源 IAA 水平并抑制相关基因的表达,从而显著抑制初生根的生长(Wang et al., 2016)。这些看似矛盾的结果可能表明褪黑激素对植物生长素系统的影响是复杂且多面的。此外,有研究发现,相对低剂量的褪黑激素预处理可以激活生长素外排基因和信号转导基因的表达,从而促进不定根的形成,这在拟南芥、番茄和水稻中均有体现(Mannino et al., 2021)。进一步对拟南芥的转录组数据进行分析显示,褪黑激素处理可以调节多个 IAA 通路相关基因。这些发现暗示了在低浓度下褪黑激素可能部分发挥生长素类似物的作用,但褪黑激素与生长素之间的确定关系依然还需要更多和更明确的证据。

5.1.2 褪黑激素影响种子萌发和植物生长

褪黑激素在植物叶片、花朵和种子中的含量要显著高于其他植物的其他组织器官中,这预示着植物可能在这些部位发挥着重要作用。灌种技术是一种农业种植前的种子处理技术,主要用于改善播种材料的质量和提高种子的活力。这种技术涉及使用特定的溶液来控制种子的水化过程,通常是通过活性渗透(osmopriming)或使用水浸泡(hydropriming)的方法,以调节种子的水分吸收和内部水势,优化其生理状态。灌种技术(种子引发)的核心目的是为了让种子在播种前处于一种更加适合生长的状态,这样可以提高种子的发芽率,加速发芽速度,增强幼苗的健壮性和抗逆性,最终提升作物的产量和质量。有研究表明,播种前对种子进行外源褪黑激素处理,可以有效促进种子的萌发、促进幼苗的生长,提高幼苗的活力。使用浓度为 25 ~ 50μM 的褪黑激素处理玉米种子(种子引发),能够使玉米种子的萌发速度更快、幼苗的生长更加健壮(Posmyk et al., 2009)。类似的结果在黄瓜和甘蓝种子的处理中也有被观察到。值得一提的是,在非正常条件或者胁迫条件下进行的发芽试验中,褪黑激素处理带来的益处更为明显。在这种情况下,经过褪黑激素处理的种子所生长的幼苗,相较于对照组,对非生物胁迫的耐受性更强,同时展现出更高的发芽率、幼苗重量和叶绿素含量(Marta et al., 2016)。在适当的低剂量下,褪黑激素对植物生长有显著的促进作用。田间试验表明,使用低剂量褪黑激素作为种子引发剂的黄瓜(Cucumis sativus L.)、玉米(Zea mays L.)和绿豆(Vigna radiata L.)种子,其植株发育更为健壮、叶片衰老延迟、对胁迫的抗性增强,且作物的生物量和产量均有所提高。特别是用较低浓度褪黑激素作种子引发剂后,黄瓜种子发育而成的植物,在收获时比未经褪黑激素处理的种子能够产生更多且更大的果实,而在 50 ~ 500μM 褪黑激素作为种子引发剂处理种子后,玉米和绿豆中也观察到类似的增产效果(Mannino et al., 2021)。但值得注意的是,褪黑激素在植物中并非只有积极作用,高浓度的褪黑激素也可以对植物造成伤害。已有一些文献报道显示,过高浓度的褪黑激素会诱导植物产生氧化胁迫,从而导致蛋白质、DNA 等生物大分子发生氧化损伤,进而影响植物正常的生命活动。例如,在黄瓜种子中,过高的褪黑激素水平可能会干扰种子的萌发和活力(Marta et al., 2016)。

褪黑激素的功能并不仅限于促进种子的萌发、植物生长发育和繁殖以及植物对胁迫的抗性,它还在果实成熟过程中发挥着重要作用。在植物体内,褪黑激素能够上调乙烯信号转导相关基因的转录,促进乙烯激素的产生、感知和信号传导,从而加速果实的成熟和软化过程,并改善果实的色泽和风味。此外,蛋白质组学分析进一步显示,褪黑激素处理还能够增加与成熟相关蛋白质、花青素合成相关蛋白的积累。这一作用在番茄(Solanum lycopersicum L.)植物中得到了明显的体现(Sun et al., 2015)。

5.1.3 褪黑激素与光合作用

褪黑激素对光合作用的影响表现在多个方面,包括但不限于对光合作用效率、气体交换参数、净光合速率、光系统II的最大光量子效率、电子传递速率等的影响。例如因干旱胁迫下,苹果树叶片中的光合能力受到显著抑制,但用外源褪黑激素处理后则能够显著提高光系统II在黑暗和光照条件下的工作效率,从而使叶片在胁迫条件下保持更高的 CO_2 同化能力(Wang et al., 2013)。对嫁接山核桃(Carya cathayensis)的研究表明,在严重干旱胁迫下,植株的光合速率、气孔导度和蒸腾速率明显低于未受干旱胁迫的植株,而经过 $100\mu M$ 褪黑激素预处理的植物表现出更强的干旱适应能力,气体交换参数平均提高 24% 以上。此外,干旱胁迫还会对光系统II(PSII)的最大光量子效率(Fv/Fm)和电子传递速率(ETR)产生负面影响,但褪黑激素预处理能够通过提高 Fv/Fm和电子传输速率(ETR)显著改善 PSII 的性能(Sharma et al., 2020)。

外源施用褪黑激素会引发一个显著的现象:叶面积的增加。这一变化对于光合过程极为有利,特别是在水资源匮乏的环境下。褪黑激素能够改善叶肉细胞的细胞膨压和水分平衡,进而确保叶片维持其正常的膨胀形态。在干旱胁迫下,它还能助力保护或恢复栅栏组织和海绵组织,从而使叶片能够在逆境中维持其正常形态,这对维持植物胁迫条件下正常的光合作用极具意义。除此之外,在解剖结构上,褪黑激素对气孔也有调节作用,外用褪黑激素会影响气孔导度和气孔的大小,进而影响叶片的气体交换能力和光合能力(Meng et al., 2014)。

值得注意的是,褪黑激素还能通过调节一系列光合作用的关键生物分子如 RuBisCO 酶、光合天线蛋白、叶绿素和与氮相关的化合物,来减少叶绿素的降解并提高非生物胁迫下的光合效率。在多项研究中,褪黑激素处理的植物展示了更高的可溶性蛋白、总氮和 RuBisCO 含量,以及显著减少的叶绿素降解和抑制衰老相关基因转录水平(Mannino et al.,

2021）。此外，褪黑激素还通过调节光合作用和碳同化相关基因的表达和蛋白的积累包括 RuBisCO（核酮糖二磷酸羧化酶）、FBA（果糖 - 二磷酸醛缩酶）、FBP（果糖 -1,6- 二磷酸酶）、RPI（核糖 - 5- 磷酸异构酶）和 SEBP（sedoheptulose-1,7- 二磷酸酶）来调节二氧化碳的固定和糖碳代谢过程，这种方式既能够提供更多的碳水化合物和其他次级代谢产物，进而维持细胞膨压，也能够维持植物的光合作用、碳固定和碳代谢所需的酶活性，使植物能够正常的生长发育。此外，在大麦、苹果中，外用不同浓度的褪黑激素可以延缓叶绿素的降解和损失，减缓黑暗诱导的叶片衰老。这得益于褪黑激素出色的抗氧化能力和对叶绿素降解酶基因的抑制作用。此外，褪黑激素还可能通过抑制与衰老相关的基因表达，从而发挥调节叶片衰老的作用（Wang *et al.*，2013）。在一项有关缺水黄瓜幼苗的研究中也获得了类似的数据，褪黑激素处理可以减少叶绿素降解，提高光合速率和活性氧清除相关酶的活性，减轻干旱胁迫的影响（Zhang *et al.*，2013）。在樱桃砧木的茎尖外植体中也观察到积极的影响，褪黑激素除了具有生根作用外，还略微提高了光合色素的含量（Sarropoulou *et al.*，2012）。

除了对光合作用相关基因表达、蛋白酶活性的影响外，褪黑激素还能够影响植物光合器官叶绿体的超微结构的完整性，特别是在极端条件下。在非生物胁迫下，植物光合器官的微观结构会发生显著变化，这是由于过量积累的活性氧和活性氮对细胞结构的损伤造成超微解剖结构的变化，而褪黑激素在非生物胁迫下，能够缓解这种损伤，进而降低过量产生的 ROS 和 RNS 对基粒结构的影响，维持植物在胁迫条件下的光合效率。例如，在长期的干旱胁迫下，褪黑激素能够缓解小麦叶片由胁迫诱发的叶绿体片层膜的解体，从而保护叶绿体结构的完整性（Cui *et al.*，2017）。除了叶绿体膜，褪黑激素也能够保护线粒体膜和细胞膜结构的完整性。有研究表明，适宜浓度的褪黑激素处理植物后，植物叶片的膜脂过氧化水平显著降低，叶片的相对电导率、丙二醛（MDA）含量显著降低。这利于增长褪黑激素的抗氧化能力，进而减少了 ROS 和 RNS 对细胞膜结构的破坏。

5.2　褪黑激素与生殖生长

褪黑激素与生长素的化学结构相似,且在促进植物生长上具有类似生长素的功能。已有人提出褪黑激素是一种生长素类似物,但因为与生长素的受体不一致受招到质疑。而生长素对植物的生殖生长具有重要作用,例如促进雌花的形成、诱导单性结实和防止落花落果等作用。褪黑激素是否具有生长素类似的作用还不得而知,但已有的研究表明,褪黑激素在植物的生殖器官如花朵、种子中含量较高,由此推测褪黑激素可能在植物的生殖生长中发挥一定的作用。目前,已有一些报道表明褪黑激素在植物生殖生长中的作用。

5.2.1 褪黑激素与开花

早期关于短日照植物 Chenopodium rubrum 的研究显示,高浓度褪黑激素能抑制40% ~ 50% 的开花诱导,而对开花阶段无显著影响,这表明褪黑激素可能控制了开花前的过渡期的某些过程(Kolář et al., 2003)。这些研究构成了对褪黑激素在植物中作为昼夜节律调节器证据的一部分,与其在动物中的作用类似。类似的研究也发现在长日照植物拟南芥中,褪黑激素处理会导致开花略有延迟。在水稻中测量了穗发育不同时期的褪黑激素含量发现,在幼穗发育阶段,褪黑激素在穗中大量积累,外源褪黑激素在幼穗中诱导了色氨酸脱羧酶、色胺 5- 羟化酶和N- 乙酰羟色胺甲基转移酶等相应基因的表达,导致幼穗中褪黑激素的积累量是在叶片中的 6 倍以上,表明褪黑激素很可能与水稻的穗发育相关(Park et al., 2013)。在水稻中的转基因研究表明,将褪黑激素合成基因转化至水稻中,水稻会表现出多方面的表型,例如高度、生物量、穗数、开花时间和籽粒产量的变化,表明褪黑激素在植物生长和繁殖中充当信号分子(Byeon and Back, 2014)。此外,在贯叶连翘和曼陀罗中的生殖器官中,褪黑激素的含量均显著提高,表明褪黑激素在特定组织和阶段的积累很可能是配子体发育的信号。

在牡丹的花发育过程中,TDC 基因表达量的变化导致了褪黑激素含量在不同阶段的差异,可能影响花发育进程。同一研究中也发现,光谱的不同部分对褪黑激素含量也有影响,阳光和蓝光会诱导褪黑激素的产生。这些变化可能表明褪黑激素在牡丹花发育中具有保护作用(Zhao et al., 2018)。在苹果中连续两年的研究发现,苹果树的开花总是与苹果树褪黑激素水平的下降有关。开花前褪黑激素以剂量依赖性方式推迟苹果树开花,但在较低浓度的范围内增加褪黑激素水平也能够导致更多的开花数目。与动物中的功能类似,褪黑激素也可以作为环境光的信号来调节植物的繁殖。主要是蓝光和远红光调节植物褪黑激素合成酶的基因表达和褪黑激素的产生。蓝光和远红光的季节性变化与褪黑激素水平的变化非常协调,并导致开花前褪黑激素水平下降。研究结果揭示了褪黑激素作为光信号的化学信息介导植物繁殖(Zhang et al., 2019)。

拟南芥中有六种不同的开花信号途径,其中自主通路基因开花位点 C (FLC)编码的转录因子通过与相关基因的启动子结合来负调控拟南芥从营养生长到生殖生长的过渡。研究发现,褪黑激素与拟南芥的开花过渡有直接关系,褪黑激素通过增加 DELLA 蛋白的稳定性和促进 FLC 的转录来调节开花时间,具有延缓开花的效果(Arnao and Hernández-Ruiz,2020)。但值得注意的是,内源性褪黑激素对开花的影响与外源性褪黑激素处理存在差异,仍然需要更多研究来阐明褪黑激素在开花中的具体作用。

独脚金内酯(SL)是类胡萝卜素衍生化合物,对植物生长发育有多方面影响,包括枝条分枝、侧根形成、萌发、叶片衰老、茎次生生长和开花等。在拟南芥开花的研究中发现,SL 与褪黑激素之间存在相互作用。当植物体内褪黑激素水平不足时,SL 会下调 SPL 基因,促使植物提前开花;而当外源性褪黑激素增加时,由于 FLC 基因上调,开花会被延迟。这表明 SL 能抑制褪黑激素的信号传导或合成,从而将两者联系起来。然而,SL 如何调节褪黑激素的生成机制尚不清楚(Arnao and Hernández-Ruiz,2020)。另外,褪黑激素在对植物生殖生长方面也有一些互相矛盾的报道,其在部分植物中对生殖生长的生物学作用还需要进一步研究。

同时,褪黑激素还能调节植物中的 GA 含量,影响植物的开花、萌发和生长过程。褪黑激素在盐碱条件下能够上调黄瓜幼苗的 GA 生物合成基因,如 GA_{20ox} 和 GA_{3ox},导致 Gas 含量升高(Zhang *et al.*, 2014)。在棉花幼苗中,外源褪黑激素导致 GA 含量增加,而 GA 也与植物的开花密切相关(Arnao and Hernández-Ruiz, 2020)。

5.2.2 褪黑激素与果实的发育与成熟

褪黑激素在植物果实发育中起着重要作用。在多种植物果实中,如曼陀罗、樱桃、番茄和葡萄等,都观察到褪黑激素在特定发育阶段的积累。其浓度通常在胚胎发育、内果皮木质化或果实成熟等关键时期达到峰值,暗示褪黑激素可能与果实发育的重要过程紧密相关。此外,在种子中检测到高浓度的褪黑激素,这表明它可能在保护种子免受环境压力方面发挥作用。然而,目前尚不清楚种子中的褪黑激素是作为果实发育的信号进而调控果实发育,还是作为种子发育过程中氧化还原平衡的调节剂起作用。此外,褪黑激素水平的高低也与离体花药的再生能力有关(Aghdam and Fard, 2017)。在对红富士苹果等果实的研究中,科学家们发现褪黑激素在果实发育过程中扮演着重要角色。果实中的褪黑激素水平与脂质过氧化产物丙二醛的含量呈反比,且其峰值与果实的快速生长期、呼吸和活性氧的增加相吻合。类似现象也在番茄和大麻等植物中观察到。然而,褪黑激素峰值的具体作用——是果实发育的信号还是维持果实氧化还原状态的反应——尚待明确。

关于褪黑激素与果实发育的研究,最具影响力的工作来自于西北农林科技大学的徐凌飞课题组的研究。他们发现,褪黑激素能通过增加赤霉素的生物合成,诱导梨等植物的孤雌繁殖,产生类似于自然授粉的无籽果实。在此过程中,褪黑激素主要通过赤霉素途径而非生长素途径,促进果实的细胞分裂和扩张。此外,它还上调了与光合作用、碳水化合物代谢、细胞周期和细胞扩增相关基因,对果实的形状和大小产生显著影响。这些发现为我们理解褪黑激素在果实发育中的作用,以及可能的农业应用提供了新的视角(Liu *et al.*, 2018)。

除了在果实发育过程中发挥作用以外,褪黑激素在果实的成熟和衰老过程中的作用更为显著。在苹果中,果实中的褪黑激素水平与呼吸作用的增强和 ROS 的积累相吻合。在一项对番茄果实的研究中发现,在所有果实组织（果皮、中果皮、胎盘、小柱、种子和果冻）的发育过程中，血清素（褐黑激素的前体）的含量均显著增加，且在完全成熟阶段达到最大值，预示褐黑激素对果实成熟有调节作用（Hano et al., 2017）。进一步的研究表明，褐黑激素作为生理调节剂对果实成熟有显著影响，特别是在与植物激素乙烯的关系上。在番茄中，外源褐黑激素处理能实质性改变果实成熟参数，包括番茄红素的含量、果实软化和果实风味等。而更重要的影响是通过影响乙烯的产生和信号传导来实现的。研究表明，褐黑激素能够诱导乙烯合成基因 1- 氨基环丙烷 -1- 羧酸（ACC）合酶基因的表达，进而增加乙烯的生物合成，还能够上调乙烯受体基因 NR 和 ETR4 以及转导元件 EIL1、EIL3 和 ERF2，进而影响乙烯的信号传导，并最终影响果实成熟（Sun et al., 2015）。另外的蛋白质组学研究显示，褐黑激素还能调节与成熟、细胞壁软化、碳水化合物代谢、类黄酮和脂肪酸生物合成相关的蛋白质，对果实成熟具有正向调节作用，对果实衰老有负向调节作用（Sun et al., 2016）。此外，通过种子引发的褐黑激素处理在提高番茄植株的产量的同时（高达 13%），也显著提高了果实可溶性固形物、蔗糖、葡萄糖、抗坏血酸、番茄红素、柠檬酸、钙和磷的含量。同时，褐黑激素处理的番茄还随着果实的进一步发育，果实中可溶性半乳糖的水平增加，从而刺激乙烯的产生，促进了果实的成熟。此外，褐黑激素处理还同时提高了果实的糖和有机酸含量，改善了水果的风味品质。这些研究表明，褐黑激素提高了番茄果实的产量和质量（Liu et al., 2016）。

褐黑激素处理对多种水果具有保鲜和延缓衰老的作用。在桃果实中，褐黑激素处理能有效延缓果实衰老，减少了果实重量的减轻，降低了腐烂的发生率和呼吸速率，保持了果实硬度和总可溶性固形物和抗坏血酸的含量，维持了采后的果实品质，这可能与褐黑激素的强抗氧化作用有关（Gao et al., 2016）。在草莓中，褐黑激素处理能够改善采后腐烂、提高 ATP 含量、增强抗氧化活性和多酚水平，同时影响相关基因表达，增加内源褐黑激素含量，并影响果实的香气谱（Aghdam and Fard, 2017）。在葡萄中，褐黑激素处理通过增加乙烯产生来促进多酚积累和抗氧化活性，并可能加速浆果成熟（Xu et al., 2017）2017。对于梨果实，褐黑激素可以延缓衰老，限制乙烯产生，并影响相关基因表达和酶活性，从而提高果实质量和经济价值（Zhai et al., 2018）。此外，褐黑激素处理也能延长李子的采后寿命，并保持其采后质量（Bal, 2019）。在荔枝中,褪黑激素处理能增强果实的抗氧化能力和调节氧化损伤蛋白的修复来维持氧化还原稳态,进而实现抑制果皮褐变、延缓果实衰老的目的(Zhang et al., 2018)。在香蕉中,褪黑激素能够通过抑制乙烯合成相关基因的表达来降低乙烯的释放,进而延缓果实的成熟速度,在提高香蕉的保存时间的同时也提高了香蕉的品质,减少了炭疽病等香蕉病害的发病率(Li et al., 2019)。

值得注意的是,褪黑激素与乙烯的关系较为复杂,褪黑激素对不同果实乙烯生物合成酶具有不同程度的影响。褪黑激素可诱导葡萄果实中的 ACO 和 ACS 基因的表达,诱导乙烯的合成,进而促进其成熟;相反,褪黑激素也能够下调梨、草莓、李子、荔枝和香蕉中相同基因的表达,从而减少乙烯的产生,并通过延缓由乙烯诱导的果实衰老,从而延长果实的品质和保质期。在这些研究中,果实的生理状态、褪黑激素的使用浓度以及处理时间,很可能是决定褪黑激素效果的决定性因素。由此可知褪黑激素与乙烯关系的复杂性,同时也意味着褪黑激素很可能存在极复杂的时间调控模式,以在果实成熟的不同时间起到不同的作用。在这一点上,需要注意的是,果实成熟是一个基因调控的过程,其明显标志是乙烯对果实成熟的促进作用,而果实衰老是一个氧化过程,包括细胞功能的退化和紊乱。由于这两个过程在特定的时间节点上并没有明显的分离,因此它们很可能以不同的方式受到褪黑激素的调节。这意味着褪黑激素很可能存在特殊的感知受体或者上游调控因子,能够感知植物果实的发育状态,进而选择性地表达出相应的功能。总的来说,褪黑激素处理被视为一种有效的用于延缓衰老和保持采后果实品质的重要调节物质,在水果保鲜和延缓衰老方面具有广泛应用前景。但值得关注的是,由于其功能的复杂性,目前关于褪黑激素对果实成熟和衰老的作用尚未形成统一的定论,其影响果实成熟和衰老的分子机制还有待进一步研究。

综上所述,褪黑激素在植物果实发育和成熟过程中扮演着重要角色,它可能通过调节植物激素或者信号分子如 GA、SL、乙烯和 NO 的生物合成来影响果实的发育和成熟。然而,褪黑激素在果实发育和成熟中的确切作用机制仍需要进一步的研究来阐明。这些研究不仅有助于我们更深入地了解植物生理学,还可能为农业生产提供新的思路和方法。

参考文献

[1] Aghdam, M.S. and Fard, J.R. (2017). Melatonin treatment attenuates postharvest decay and maintains nutritional quality of strawberry fruits (Fragaria × anannasa cv. Selva) by enhancing GABA shunt activity. Food Chem., 221, 1650-1657.

[2] Arnao, M.B. and Hernández-Ruiz, J. (2007). Melatonin promotes adventitious- and lateral root regeneration in etiolated hypocotyls of Lupinus albus L. J. Pineal Res., 42, 147-152.

[3] Arnao, M.B. and Hernández-Ruiz, J. (2020). Melatonin in flowering, fruit set and fruit ripening. Plant Reproduction, 33, 77-87.

[4] Bal, E. (2019). Physicochemical changes in 'Santa Rosa' plum fruit treated with melatonin during cold storage. Journal of Food Measurement and Characterization, 13, 1713-1720.

[5] Byeon, Y. and Back, K. (2014). An increase in melatonin in transgenic rice causes pleiotropic phenotypes, including enhanced seedling growth, delayed flowering, and low grain yield. J. Pineal Res., 56, 408-414.

[6] Byeon, Y., Park, S., Kim, Y.S. and Back, K. (2013). Microarray analysis of genes differentially expressed in melatonin-rich transgenic rice expressing a sheep serotonin N-acetyltransferase. J. Pineal Res., 55, 357-363.

[7] Cui, G., Zhao, X., Liu, S., Sun, F., Zhang, C. and Xi, Y. (2017). Beneficial effects of melatonin in overcoming drought stress in wheat seedlings. Plant Physiol. Biochem., 118, 138-149.

[8] Gao, H., Zhang, Z.K., Chai, H.K., Cheng, N., Yang, Y., Wang, D.N., Yang, T. and Cao, W. (2016). Melatonin treatment

delays postharvest senescence and regulates reactive oxygen species metabolism in peach fruit. Postharvest Biol. Technol., 118, 103-110.

[9] Hano, S., Shibuya, T., Imoto, N., Ito, A., Imanishi, S., Aso, H. and Kanayama, Y. (2017). Serotonin content in fresh and processed tomatoes and its accumulation during fruit development. Scientia Horticulturae, 214, 107-113.

[10] Hernández-Ruiz, J., Cano, A. and Arnao, M.B. (2005). Melatonin acts as a growth-stimulating compound in some monocot species. J. Pineal Res., 39, 137-142.

[11] Kolář, J., Johnson, C.H. and Macháčková, I. (2003). Exogenously applied melatonin (N-acetyl-5-methoxytryptamine) affects flowering of the short-day plant Chenopodium rubrum. Physiol. Plant., 118, 605-612.

[12] Li, T., Wu, Q., Zhu, H., Zhou, Y., Jiang, Y., Gao, H. and Yun, Z. (2019). Comparative transcriptomic and metabolic analysis reveals the effect of melatonin on delaying anthracnose incidence upon postharvest banana fruit peel. BMC Plant Biol., 19, 289.

[13] Liu, J., Zhai, R., Liu, F., Zhao, Y., Wang, H., Liu, L., Yang, C., Wang, Z., Ma, F. and Xu, L. (2018). Melatonin Induces Parthenocarpy by Regulating Genes in Gibberellin Pathways of 'Starkrimson' Pear (Pyrus communis L.). Front Plant Sci, 9, 946.

[14] Liu, J., Zhang, R., Sun, Y., Liu, Z., Jin, W. and Sun, Y. (2016). The beneficial effects of exogenous melatonin on tomato fruit properties. Scientia Horticulturae, 207, 14-20.

[15] Mannino, G., Pernici, C., Serio, G., Gentile, C. and Bertea, C.M. (2021). Melatonin and Phytomelatonin: Chemistry, Biosynthesis, Metabolism, Distribution and Bioactivity in Plants and Animals—An Overview. In Int. J. Mol. Sci.

[16] Marta, B., Szafrańska, K. and Posmyk, M.M. (2016). Exogenous Melatonin Improves Antioxidant Defense in Cucumber Seeds (Cucumis sativus L.) Germinated under Chilling Stress. Front Plant Sci, 7, 575.

[17] Meng, J.F., Xu, T.F., Wang, Z.Z., Fang, Y.L., Xi, Z.M.

and Zhang, Z.W. (2014). The ameliorative effects of exogenous melatonin on grape cuttings under water-deficient stress: antioxidant metabolites, leaf anatomy, and chloroplast morphology. J. Pineal Res., 57, 200-212.

[18] Park, S., Le, T.-N.N., Byeon, Y., Kim, Y.S. and Back, K. (2013). Transient induction of melatonin biosynthesis in rice (Oryza sativa L.) during the reproductive stage. J. Pineal Res., 55, 40-45.

[19] Posmyk, M.M., Bałabusta, M., Wieczorek, M., Sliwinska, E. and Janas, K.M. (2009). Melatonin applied to cucumber (Cucumis sativus L.) seeds improves germination during chilling stress. J. Pineal Res., 46, 214-223.

[20] Sarropoulou, V., Dimassi-Theriou, K., Therios, I. and Koukourikou-Petridou, M. (2012). Melatonin enhances root regeneration, photosynthetic pigments, biomass, total carbohydrates and proline content in the cherry rootstock PHL-C (Prunus avium × Prunus cerasus). Plant Physiol. Biochem., 61, 162-168.

[21] Sharma, A., Wang, J., Xu, D., Tao, S., Chong, S., Yan, D., Li, Z., Yuan, H. and Zheng, B. (2020). Melatonin regulates the functional components of photosynthesis, antioxidant system, gene expression, and metabolic pathways to induce drought resistance in grafted Carya cathayensis plants. Sci. Total Environ., 713, 136675.

[22] Sun, Q., Zhang, N., Wang, J., Cao, Y., Li, X., Zhang, H., Zhang, L., Tan, D.X. and Guo, Y.D. (2016). A label-free differential proteomics analysis reveals the effect of melatonin on promoting fruit ripening and anthocyanin accumulation upon postharvest in tomato. J. Pineal Res., 61, 138-153.

[23] Sun, Q., Zhang, N., Wang, J., Zhang, H., Li, D., Shi, J., Li, R., Weeda, S., Zhao, B., Ren, S. and Guo, Y.D. (2015). Melatonin promotes ripening and improves quality of tomato fruit during postharvest life. J. Exp. Bot., 66, 657-668.

[24] Wang, P., Sun, X., Li, C., Wei, Z., Liang, D. and Ma, F. (2013). Long-term exogenous application of melatonin delays drought-induced leaf senescence in apple. J. Pineal Res., 54, 292-302.

[25] Wang, Q., An, B., Wei, Y., Reiter, R.J., Shi, H., Luo, H. and He, C. (2016). Melatonin Regulates Root Meristem by Repressing Auxin Synthesis and Polar Auxin Transport in Arabidopsis. Front Plant Sci, 7, 1882.

[26] Wen, D., Gong, B., Sun, S., Liu, S., Wang, X., Wei, M., Yang, F.-j., Li, Y. and Shi, Q.-h. (2016). Promoting Roles of Melatonin in Adventitious Root Development of Solanum lycopersicum L. by Regulating Auxin and Nitric Oxide Signaling. Front. Plant Sci., 7.

[27] Xu, L., Yue, Q., Bian, F., Sun, H., Zhai, H. and Yao, Y. (2017). Melatonin Enhances Phenolics Accumulation Partially via Ethylene Signaling and Resulted in High Antioxidant Capacity in Grape Berries. Front Plant Sci, 8, 1426.

[28] Zhai, R., Liu, J., Liu, F., Zhao, Y., Liu, L., Fang, C., Wang, H., Li, X., Wang, Z., Ma, F. and Xu, L. (2018). Melatonin limited ethylene production, softening and reduced physiology disorder in pear (Pyrus communis L.) fruit during senescence. Postharvest Biol. Technol., 139, 38-46.

[29] Zhang, H., Wang, L., Shi, K., Shan, D., Zhu, Y., Wang, C., Bai, Y., Yan, T., Zheng, X. and Kong, J. (2019). Apple tree flowering is mediated by low level of melatonin under the regulation of seasonal light signal. J. Pineal Res., 66, e12551.

[30] Zhang, H.J., Zhang, N., Yang, R.C., Wang, L., Sun, Q.Q., Li, D.B., Cao, Y.Y., Weeda, S., Zhao, B., Ren, S. and Guo, Y.D. (2014). Melatonin promotes seed germination under high salinity by regulating antioxidant systems, ABA and GA$_4$ interaction in cucumber (Cucumis sativus L.). J. Pineal Res., 57, 269-279.

[31] Zhang, N., Zhao, B., Zhang, H.J., Weeda, S., Yang, C., Yang, Z.C., Ren, S. and Guo, Y.D. (2013). Melatonin promotes water-stress tolerance, lateral root formation, and seed germination in cucumber (Cucumis sativus L.). J. Pineal Res., 54, 15-23.

[32] Zhang, Y., Huber, D.J., Hu, M., Jiang, G., Gao, Z., Xu, X., Jiang, Y. and Zhang, Z. (2018). Delay of Postharvest Browning in Litchi Fruit by Melatonin via the Enhancing of Antioxidative

Processes and Oxidation Repair. J. Agric. Food Chem., 66, 7475-7484.

[33] Zhao, D., Wang, R., Liu, D., Wu, Y., Sun, J. and Tao, J.（2018）. Melatonin and Expression of Tryptophan Decarboxylase Gene（TDC）in Herbaceous Peony（Paeonia lactiflora Pall.）Flowers. Molecules, 23.

第6章　褪黑激素与活性自由基

　　活性自由基通常是指在化学反应中表现出高度反应活性的自由基团,它带有一个或多个不成对电子的原子、分子或离子。从化学性质来看,它们因为拥有未配对的电子而变得非常不稳定,并倾向于与其他物质发生反应以获得电子的稳定配对。活性自由基的特点是具有强烈的氧化或还原能力,能够轻易地与其他分子发生化学反应。在生物体内,活性自由基常常与氧化应激相关,因为它们能够氧化脂质、蛋白质和DNA,从而导致细胞损伤和由此产生的生理和代谢障碍,并最终引起动植物的疾病和不正常发能。但同时也要注意的是,自由基也在许多生理生化反应和代谢途径中发挥重要作用,如信号传导和免疫防御。

　　在化学和生物学领域,最常见的活性自由基是活性氧自由基(ROS),包括氧自由基、超氧化物阴离子自由基、羟自由基、单线态氧、过氧化氢等。其中过氧化氢虽然不是活性自由基,但通常将其作为活性氧自由基一起讨论。

　　除了ROS之外,其他由体内物质代谢产生的自由基还包括以氮为中心的自由基(活性氮,RNS)、以碳为中心的自由基(RCS)和以硫为中心的自由基(RSS)等。这些自由基是体内各类物质,包括药物、毒物等,在代谢过程中产生的。

　　这些活性自由基在生物体内起着复杂的作用。一方面,它们参与了许多重要的生物化学反应,是植物许多重要生理过程的调控分子,比如ROS对植物免疫具有重要作用;另一方面,这些活性自由基如果产生过多或清除不足,则可能导致氧化损伤,对细胞微观结构造成损害,进而引发一系列的动植物健康问题。为了对抗自由基的潜在危害,生物体内存在复杂的抗氧化系统,它们能够中和自由基,从而减少其对细胞的损害。这些抗氧化系统包括褪黑激素、维生素C、维生素E、谷胱甘肽、抗坏血酸、花青素和各种抗氧化酶等。

褪黑激素是一种多功能分子,参与各种生理过程,特别是在抵御生物和非生物胁迫方面,如病原菌侵染、干旱胁迫、高温和低温胁迫、盐碱胁迫、重金属胁迫等。这些胁迫通常会引起活性自由基的积累。过量的活性自由基会引起氧化应激反应,损害植物细胞膜系统和细胞器,破坏生物大分子的结构,进而影响植物生长发育,降低植物生产力。

目前关于褪黑激素对活性自由基的清除作用已经毋庸置疑,它是目前已经报道的植物体内最高效的抗氧化剂之一,不仅自身具有抗氧化能力,还能够启动植物体内复杂的抗氧化系统。褪黑激素自身的高抗氧化效应,主要得益于其抗氧化代谢物所引发的一系列级联反应。与众多小分子生物抗氧化剂,例如维生素 C(抗坏血酸)、α 生育酚(维生素 E)以及硫辛酸等有所不同,褪黑激素并不参与本身的氧化还原循环。例如,抗坏血酸可以通过谷胱甘肽 - 抗坏血酸循环实现自己在氧化态和还原态上的反复循环利用。相反,褪黑激素只能通过分子重排的方式,消除系统中的自由电子,这种特性使其被称为"自杀式抗氧化剂"。值得注意的是,这些重排后的产物自身也具备出色的抗氧化能力。同时,这些过程中的多数步骤会涉及一种以上的活性氧(ROS),这意味着一个褪黑激素分子在最终被体内代谢和排出之前,有能力清除多达 10 种自由基物质。再者,褪黑激素及其代谢物在抗氧化剂的"啄食顺序"(即电化学电位)中所处的相对位置,可能对其在生物系统中的作用效果产生显著影响,能够多层级地逐次与不同的活性氧发生反应,进一步提升了其在体内的抗氧化效用(Reina and Martínez, 2018)。此外,已有证据表明褪黑激素能上调超氧化物歧化酶、谷胱甘肽还原酶、过氧化物酶、过氧化氢酶等抗氧化酶活性的变化,但褪黑激素在这种多组分抗氧化系统中的作用机制仍不明确。

在以往的研究中,植物细胞中的 α- 生育酚(维生素 E)在多组分内源性抗氧化系统中常被誉为是"最后的防线"。在氧化应激状态下,细胞内的抗坏血酸会首先被耗尽,随后是谷胱甘肽,再接着是 α- 生育酚。以往的研究认为,一旦谷胱甘肽耗尽,α- 生育酚是维持细胞氧化还原状态、确保细胞存活的最后一道防线。考虑到褪黑激素在电化学序列中的位置高于 α- 生育酚,研究人员推测褪黑激素会在 α- 生育酚之后耗尽。特别是在细胞膜中,因为褪黑激素在 700mV 的电化学序列中位置高于 α- 生育酚的 500mV。因此,从目前的研究来看,褪黑激素有替代 α- 生育酚被视为抵御氧化损伤的最后防线的趋势（Buettner，1993，Johns and Platts，2014）。

此外，大量证据进一步表明，褪黑激素还经常与包括 ROS、一氧化氮（NO）和硫化氢（H_2S）在内的其他信号分子互作，这种褪黑激素与其他自由基之间的互相协作关系，在长期的进化历程中，形成了一张植物应对生物和非生物胁迫的信号网络，不仅能够维持植物体内的知自由基稳态，还能够进一步激活植物体内应对生物和非生物胁迫的其他信号通路，从而提高植物对生物和非生物胁迫的耐受性。

当然，由于植物进化的复杂性和自然变异的无规则性，在各种植物中，褪黑激素诱导的自由基清除效果对植物应对胁迫的积极作用并不完全相同，甚至有时候起到相反的作用。但总体而言，褪黑激素是目前已知的最具效果的活性自由基清除剂，其形成的级联清除系统，对于清除包括活性氧和活性氮在内的活性自由基，维持活性自由基的稳态具有重要意义。

6.1　褪黑激素与 ROS

在前文中已经提到，活性氧（ROS）包括超氧自由基（O_2^-）、羟基自由基（·OH）、过氧化氢（H_2O_2）、单线态氧（$^1O_2$）等。值得注意的是，它们是生物体内氧化代谢的副产物，在细胞信号传导、免疫应答、气孔运动、植物再生等方面发挥重要作用，但过量的活性氧也会对植物造成损伤，包括抑制植物生长、膜脂过氧化、生物大分子的破坏，并最终引起细胞结构和功能的损伤导致细胞死亡。而褪黑激素被报道为迄今为止最高效的活性氧清除剂，能够与氧化物质产生抗氧化级联反应，同等浓度下能够清除更多的活性氧，其作用机理较为复杂，在这一小节中，我们探讨了褪黑激素与活性氧的相互作用，以增进对褪黑激素功能的理解，也为褪黑激素的功能做一个总结。

6.1.1 植物中 ROS 的产生

ROS 的产生来源于多种途径,既可以来源于正常的细胞生命活动,也可以由外界环境压力诱导产生。外界环境压力如生物胁迫和非生物胁迫植物均会诱导植物产生 ROS。非生物胁迫诸如高光强、紫外线、干旱、低温、水涝、机械损伤等不利的生长和加工条件,均会导致细胞内活性氧(ROS)的过度积累。而生物胁迫如外源病原菌的侵染、内源共生菌共生状态的变化(过度繁殖或者死亡)、动物采食等活动均会诱导ROS 的产生,进而破坏细胞的氧化还原平衡,严重时甚至会导致细胞死亡,抑制植物生物量的积累。在不利环境条件下,活性氧(ROS)的产生会扰乱细胞的氧化还原平衡,进而激发植物体内的信号通路,促使植物对各种压力做出适应性的反应。这些反应包括对非生物压力的全身获得性驯化(SAA)和对生物压力的全身获得性抗性(SAR)。此外,ROS还能介导程序性细胞死亡(PCD),该过程与多种植物发育阶段有关,并且在植物抵抗生物胁迫时起着关键作用,有助于控制病原体的扩散。尽管这可能导致作物产量有所下降,但它也为植物提供了一种机制,即通过去除受损细胞并重新利用其营养物质来维护整体健康。

从具体的细胞来源来看,内源和外源的环境压力均能触发多个细胞区室中 ROS 的产生,包括质外体、质膜、叶绿体、线粒体等。过氧化物酶体是细胞内 ROS 的主要来源之一,在过氧化物酶体呼吸过程中,超氧化物在细胞色素 b 上形成,然后释放到细胞质中。例如黄嘌呤氧化酶(XO,EC 1.17.3.2)在黄嘌呤或次黄嘌呤氧化成尿酸的过程中形成超氧化物,形成 ROS(Janků et al., 2019)。

线粒体和叶绿体也是植物中 ROS 的主要来源。在线粒体中,植物进行呼吸作用,氢质子和电子在线粒体内膜的呼吸电子传递链中进行传递,传递过程并不能完全消耗氧气中多余的电子,再加上来源于底物的其他物质不完全氧化所产生的自由基,一起构成了活性氧的最重要的来源之一。而植物叶绿体中要进行光合作用,在此过程中,涉及光电转化过程,质子和电子的转移并不能完全彻底,因此也会产生大量的 ROS。此外,光合作用和呼吸作用依赖于植物的气体交换过程,而植物叶片的气体交换受到如高温、干旱等外界胁迫的影响,会导致叶片中二氧化碳和氧气并非总是处于最适条件,由此造成呼吸电子传递链和光合电子传递链的受阻也是导致 ROS 增加的原因。同时,外界胁迫条件对光合作用和呼吸作用的影响还不止如此,还同时会影响其中酶的活性、叶绿体基粒的方向和结构完整性等,这些均是产生 ROS 的重要诱因。

此外,质外体也能够产生 ROS,但其通常与受体样激酶信号传导有关,并且 ROS 可以通过位于质膜上的水通道蛋白在植物细胞内进一步扩散。同时,定位于植物细胞膜上的烟酰胺腺嘌呤二核苷酸磷酸(NADPH)氧化酶在胞外的结构域中,也能够在质外体产生 ROS。(Peng *et al.*, 2023b)。此外,叶绿体、过氧化物酶体和线粒体之间的氧化还原状态还可以通过光呼吸过程建立联系。各种环境条件,包括生物和非生物因素,如强光、干旱、盐度和高温,都会降低气孔导度,从而影响光呼吸速率,进而影响多个细胞器中氧化还原稳态的维持(Foyer and Hanke, 2022)。

6.1.2 褪黑激素抗氧化的结构基础

从结构化学的角度来看,褪黑激素的化学式是 $C_{13}H_{16}N_2O_2$,其吲哚支架与一个 3- 酰胺基团和一个 5- 甲氧基团相连接。前文已经提到,这种特殊的化学结构具有较高的稳定性,但同时也是赋予褪黑激素强抗氧化性的结构基础。事实上,褪黑激素之所以会产生强抗氧化反应正是由于其有这种特殊的结构。

褪黑激素产生氧化反应会进一步产生一系列具有显著抗氧化特性的新化合物。这些形成的新化合物包括环状 3- 羟基褪黑激素(C3-OHM)、N1- 乙酰基 -N2- 甲酰基 -5- 甲氧基犬尿胺(AFMK)、N1- 乙酰基 -5- 甲氧基犬尿胺(AMK)、6- 羟基褪黑激素(6-OHM)和 2- 羟基褪黑激素(2-OHM),他们均具有抗氧化能力,能够与不同类型和不同氧化能力的活性自由基发生反应。这种褪黑激素及其代谢物对活性自由基的顺序清除被称为褪黑激素的抗氧化级联反应。

以与活性氧的反应为例,褪黑激素与活性氧反应后,首先会失去一个电子和氢离子后变成褪黑激素中性自由基(melatoninyl neutral radical),接着与 HO·反应后失去 1 个氢离子后生成 3- 羟基褪黑激素(cylic-3-hydroxymelatonin, C3-OHM),而 3- 羟基褪黑激素还会继续与 ROS 反应失去 2 个氢离子后变成 N1- 乙酰基 -N2- 甲酰基 -5- 甲氧基犬尿胺(AFMK),随后其同样能够与 ROS 反应生成 N1- 乙酰基 -5-

甲氧基犬尿胺(AMK),并最终在 ROS 的作用下生成 6- 羟基褪黑激素
(6-OHM)。在此过程中还存在褪黑激素降解的旁路,比如失去一个电
子的褪黑激素阳离子自由基(melatoninyl radical cation),也可以直接
与超氧自由基反应,直接生成 AFMK;同时,褪黑激素还可以在细胞色
素氧化酶 CYP450 和 ROS 的作用下直接变成 6-OHM。由此可知,褪黑
激素抗氧化代谢级联反应的复杂性。

6.1.3 褪黑激素与 ROS 的相互作用

6.1.3.1 褪黑激素对 ROS 的清除作用

(1)褪黑激素对 ROS 清除的代谢级联反应

多项研究表明,当植物处于胁迫条件下时,其体内会积累过多的活
性氧(ROS)。然而,植物能够通过各种方式来维持 ROS 的稳态,以应
对这些胁迫对细胞生命活动的影响。近期研究显示,褪黑激素,一种有
效的抗氧化分子,能够显著调节细胞内的 ROS 水平。我们前些年在小
麦的研究中表明,褪黑激素诱导的抗逆性与 ROS 清除密切相关(Cui *et
al.*, 2017)。褪黑激素对 ROS 的清除作用既可以直接与 ROS 产生化学
反应,直接清除 ROS,还可以通过提升植物体内其他抗氧化剂的含量或
者抗氧化酶的活性,间接增加对 ROS 的清除作用。

早在 1954 年 Tan 等人就已经发现,褪黑激素是 ROS 的直接清除剂,
在体外实验中,它可以和羟基自由基直接反应。在随后几十年的研究
中逐渐发现,不仅是羟基自由基,褪黑激素可以直接和包括过氧化氢、
超氧阴离子、氧自由基(O_2^-)、单线态氧($^1O_2$)等在内的几乎所有活性氧
自由基发生反应。与其他的 ROS 清除剂(抗氧化剂)相比,其功能更加
强大,效果更加突出。这得益于褪黑激素特殊的化学结构即其吲哚支
架与一个 3- 酰胺基团和一个 5- 甲氧基团相连接。前文已经提到,这种
特殊的化学结构是赋予褪黑激素强抗氧化性的结构基础。褪黑激素与
ROS 发生反应后会形成新的代谢产物,包括环状 3- 羟基褪黑激素(C3-
OHM)、N1- 乙酰基 -N2- 甲酰基 -5- 甲氧基犬尿胺(AFMK)、N1- 乙酰
基 -5- 甲氧基犬尿胺(AMK)、6- 羟基褪黑激素(6-OHM)和 2- 羟基褪
黑激素(2-OHM),如图 6-1 所示。前文已经提到,他们均具有抗氧化能

力,能够与不同类型和不同氧化能力的活性自由基发生反应,从而达成ROS 的清除目的。通过这种方法,一个褪黑激素分子能够清除多达 10 个 ROS,而经典的抗氧化剂只能清除一个或更少的 ROS。

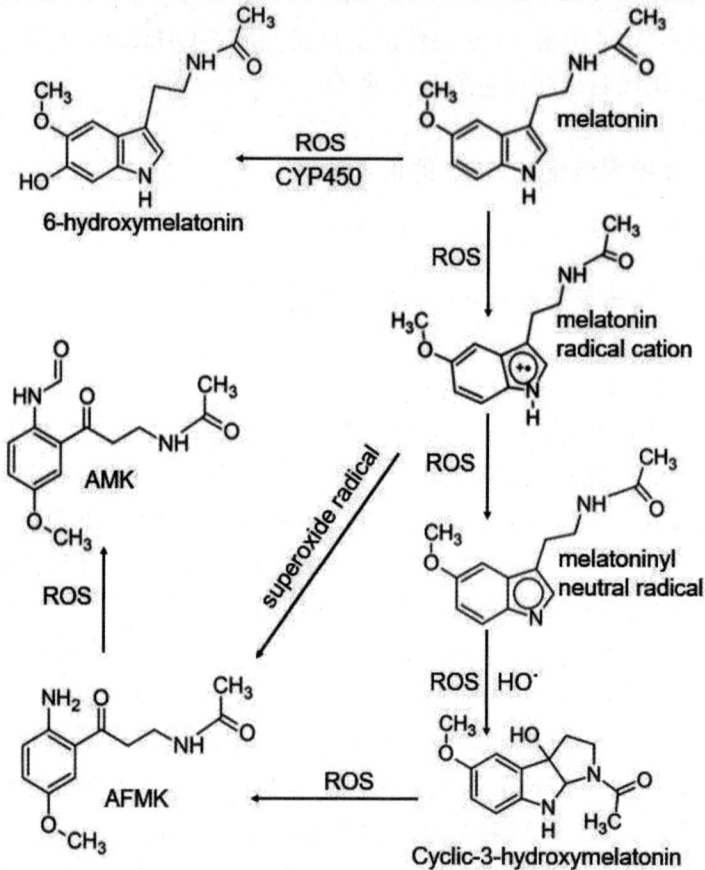

图 6-1 褪黑激素与活性氧反应的代谢中间产物

褪黑激素不同的代谢产物对自由基的清除能力不同。以清除 ROS 为例,在褪黑激素的所有抗氧化代谢产物中,一般 AMK 清除 ROS 和防止蛋白质氧化的效率要高于褪黑激素和 AFMK,而褪黑激素清除 ROS 的能力要比 AFMK 要高,而其他代谢产物的抗氧化能力次之。因此,在一般情况下,褪黑激素的代谢产物对氧化应激的保护活性遵循 C3-OHM > AMK > 褪黑激素 > AFMK > 6-OHM(Galano *et al.*, 2013)。

褪黑激素的代谢产物中 AFMK 及其去甲酰化形式 AMK 属于犬尿

胺化合物,均产生于色胺的降解过程中。AFMK 的氧化还原活性和抗氧化能力已在多个实验模型中得到验证。与维生素 C 和维生素 E 等常见抗氧化剂相比而言,AMFK 的独特之处在于其能够提供多个电子参与还原反应。特别值得一提的是,Rosen 等人的研究显示,AFMK 能提供四个电子,进而生成特定的吲哚酮衍生物,具有相对较强的抗氧化能力。尽管如此,其自由基清除能力相较于 AMK 和褐黑激素略显不足。不过,在生物学实验中,AFMK 展现出了显著的抗氧化效果,例如降低DNA 损伤指标 8-OH-dG 的水平,并在大鼠肝脏匀浆中抑制脂质过氧化、提高细胞活力(Tan *et al.*, 2001)。

除了 AFMK 外,AMK 也是褐黑激素氧化过程中产生的犬尿胺化合物,且是由 AFMK 通过酶促和非酶促方式去甲酰化形成的。与 AFMK相比,AMK 在清除活性氧和防止蛋白质氧化方面效率更高。其自由基清除作用会产生特定的 AMK 低聚物,且这一过程受环境条件影响较大。值得注意的是,在水溶液中,AMK 的自由基清除能力甚至超过了褐黑激素,特别是在清除 $OH^{\cdot}-$ 和 NO 方面表现尤为出色(Ressmeyer *et al.*, 2003)。

C3-OHM 可由褐黑激素经活性氧和活性氮作用而产生,多项研究表明,褐黑激素的代谢产物 C3-OHM 在清除羟基自由基和其他 ROS 方面比褐黑激素及其三级代谢物 AMK 更有效。实验结果表明,C3-OHM具有显著的抗氧化保护作用,能有效防止 DNA 氧化。在体外实验中,其存在通常与 AFMK 的形成相关联,且在高 ROS 水平下,C3-OHM 可被进一步氧化为 AFMK (Aysun and Burcu, 2018)。

6-OHM 是动物体内褐黑激素的主要分解产物,具有防止脂质过氧化和 DNA 损伤的保护作用。尽管 6-OHM 显示出一定的抗氧化活性,但也有报道指出其可能引发氧化性 DNA 损伤(Sakano *et al.*, 2004)。

除了前文中提及的自由基清除级联反应外,褐黑激素还参与并发的"螯合级联反应",可以与金属离子发生螯合反应,从而有助于减少重金属诱导的 ROS 氧化胁迫的发生(Galano *et al.*, 2015)。

（2）褐黑激素对抗氧化物质的调控作用

除了直接清除 ROS 外,褐黑激素还诱导其他抗氧化剂的生物合成,包括抗坏血酸、谷胱甘肽、花青素等。

褐黑激素对谷胱甘肽 - 抗坏血酸循环的影响已经有许多研究报道。我们的前期研究显示外源褐黑激素处理显著改变了谷胱甘肽 - 抗坏血酸循环,提高了总谷胱甘肽和抗坏血酸的含量,增强了抗坏血酸过氧化物酶(APX)、单脱氢抗坏血酸还原酶(MDHAR)、脱氢抗坏血酸还原酶(DHAR)、谷胱甘肽过氧化物酶(GPX)和谷胱甘肽硫转移酶等酶活性的提高,而且这种提升很可能是通过诱导抗坏血酸和谷胱甘肽循环相关基因来完成的。这些对谷胱甘肽 - 抗坏血酸循环的影响最终导致过氧化氢和超氧阴离子的含量显著低于未处理的小麦幼苗,并最终影响了小麦叶片中光合片层膜结构的完整性。在对猕猴桃采后保鲜的研究中发现,外源褪黑激素处理增强了抗坏血酸生物合成基因(AcGME2、AcGalDH 和 AcGalLDH)和再生相关基因(AcGR、AcDHAR 和 AcMDHAR1)的表达水平,同时减弱了抗坏血酸降解基因 AO 的表达水平,最终影响抗坏血酸的含量和果实中的 ROS 水样,从而提高了猕猴桃的采后保鲜时间(Luo et al.,2022)。除此之外,褪黑激素在其他植物如甜樱桃、李子、油桃等植物的采后储存中也发挥着相同的作用。由此可见,褪黑激素能够对植物的谷胱甘肽 - 抗坏血酸循环产生重要影响,进而影响植物对细胞内的 ROS 的清除效率。

除了诱导抗氧化剂的合成以外,褪黑激素还能够诱导抗氧化酶活性的提高以及抗氧化酶相关基因的表达。已有研究显示,褪黑激素能够影响植物中的关键抗氧化酶,如抗坏血酸过氧化物酶(APX)、超氧化物歧化酶(SOD)、过氧化氢酶(CAT)和过氧化物酶(POD)等酶的活性,从而清除超氧自由基等环境应激源诱导的 ROS 积累,从而减轻氧化损伤。Ahmad 等(Ahmad et al.,2019)在玉米中的研究证明,褪黑激素的施用改善了干旱胁迫下与丛枝菌根真菌共生的玉米幼苗的 CAT 和 SOD 等抗氧化酶的酶活性,减少了干旱胁迫的影响。在紫花苜蓿的研究中显示,叶面喷施一定浓度的褪黑激素可以显著提高植物的超氧化物歧化酶(SOD)、过氧化物酶(POD)和过氧化氢酶(CAT)的活性,降低植物体内的丙二醛(MDA)含量,改善盐胁迫对紫花苜蓿幼苗的不利影响(Guo et al.,2023a)。在水稻的盐碱胁迫研究中,褪黑激素能够增强与抗氧化酶相关基因的转录水平,从而提高植物的抗氧化酶活性,以达到清除活性氧(ROS)、降低脂氧合酶(LOX)活性和丙二醛(MDA)含量等方面的作用。褪黑激素对 ROS 的清除归因于氧化还原稳态的改善与抗氧化酶活性和抗氧化剂含量的增强(Lu et al.,2022)。在白菜型油菜的采后储存研究中,褪黑激素处理增强了与抗氧酶相关的基因(BcSOD、BcPOD、BcCAT、BcGPX 和 BcAPX)的转录水平,增强了抗氧化酶（超氧化物歧化酶 SOD、抗坏血酸过氧化物酶 APX、过氧化物酶 POD 和过氧化氢酶 CAT）的酶活性，以及抗氧化剂抗坏血酸 - 谷胱甘肽的生物合成，进而抑制了包括超氧阴离子和过氧化氢在内的活性氧（ROS）的过度积累，抑制了衰老过程中脂质膜氧化和相关基因（BcLOX）的表达，有助于保持白菜的绿色，延缓白菜黄变和衰老（Song et al., 2023）。

此外，褐黑激素与植物激素信号通路的相互作用会改变谷类作物的生长，影响生长素、脱落酸（ABA）和赤霉素（GA）等激素。先前的一项研究表明，拟南芥中的褐黑激素生物合成增加了对 ABA 和盐度胁迫的反应，表明褐黑激素参与了 ABA 调节的应激反应。还有人提出，褐黑激素可能与 GA 和细胞分裂素等植物激素相互作用，以调节恶劣环境条件下谷类作物的养分吸收和平衡。

花青素是植物当中重要的次级代谢产物之一，且具有抗氧化能力。褐黑激素能够与 ROS 信号联合作用影响植物花青素的生成，但具体机制尚不完全清晰。已有的研究显示，这一过程与 NADPH 氧化酶（RBOH）介导的活性氧信号密切相关，当施加褐黑激素时，梨果实中的花青素合成量增加，同时伴随内源性 H_2O_2 和 $O_2^{\cdot-}$ 的提升（Sun et al., 2021a）；重要的是，RBOH 的抑制剂能抵消褐黑激素对花青素生成的促进作用。进一步的研究揭示，褐黑激素能显著上调编码 RBOH 的基因（PuRBOHF）的表达，而 PuRBOHF 的过表达则能显著促进花青素的积累和相关生物合成基因的激活。此外，研究还发现 PuRBOHF、PuMYB10 以及 PuUFGT 之间存在一个正反馈机制，共同调控花青素的生物合成。这些发现为理解褐黑激素如何与 ROS 共同协调作用调控花青素的合成提供了重要线索（Ahammed et al., 2024）。

（3）褐黑激素与 ROS 信号串扰协同调控植物对胁迫的响应

活性氧（ROS）被看作是植物响应各种刺激的信号分子，褐黑激素可能通过维持细胞中的 ROS 的水平来增强植物对胁迫的耐受性，这种对 ROS 稳态和激发态的维持，可以降低 ROS 的水平。已有的研究表明，褐黑激素也可以增加体内的 ROS 水平，从而激活植物的应激响应，提高植物对逆境胁迫的耐受能力。此外，褐黑激素与细胞受体的相互作用可以触发 ROS 信号传导，进而激活植物的应激反应。同时，ROS 也能提升褐黑激素生物合成基因的表达，增加植物体内褐黑激素的含量，从而增强植物的抗氧化能力。这些发现揭示了褐黑激素与 ROS 协同作用共同调控植物对逆境胁迫的响应能力。

　　在所有的 ROS 中，H_2O_2 是最特殊的一类，它既具有 ROS 的特点，具有氧化或者还原能力，但同时，从理论上它又并不归类在 ROS 中。但在本文中，我们依然将其视为 ROS 进行讨论。在褪黑激素与 ROS 的互作研究中，褪黑激素与 H_2O_2 的相互作用更加值得注意。与 ROS 不同的是，H_2O_2 已经在多项研究中表现出与褪黑激素的协同作用，褪黑激素通过 H_2O_2 发挥的生理功能包括但不限于提高植物对逆境胁迫的响应、激活特殊的信号通路、调控植物种子萌发等。

　　在番茄中，褪黑激素的应用提高了 NADPH 氧化酶（RBOH）的活性和 H_2O_2 的水平，这与内源性褪黑激素的水平相一致。然而，使用 NADPH 氧化酶抑制剂或 ROS 清除剂会对植物的 Fv/Fm 参数产生不利影响，说明 ROS 在褪黑激素增强植物抗逆性中起重要作用（Peng et al.，2023a）。多项研究揭示了褪黑激素对 ROS 的清除作用，从而提高了植物的抗逆性。Li 等（Li et al.，2016）的研究显示，外源褪黑激素能刺激黄瓜对甲基紫精诱导的氧化应激做出防御反应，这是通过提高还原型与氧化型谷胱甘肽（GSH/GSSG）的比例来实现的，且这一过程依赖于 H_2O_2。在冷胁迫下，褪黑激素能通过上调 RBOHD 表达、促进细胞质内 Ca^{2+} 积累来增强 H_2O_2 的形成，并通过 H_2O_2 和 Ca^{2+} 之间的正反馈回路来激活 CBF 通路相关基因，从而提高植物的耐寒性（Chang et al.，2021）。在西瓜中也有类似的报道，褪黑激素与茉莉酸甲酯共同作用，诱导嫁接西瓜植株产生 H_2O_2，激发植株对冻害胁迫的响应，从而提高植株的耐寒性（Li et al.，2021a）。这些研究共同揭示了褪黑激素和 H_2O_2 如何相互作用，即通过诱导植物细胞产生更多的 H_2O_2 来激发植物的胁迫响应，以适应胁迫条件对植株的损伤。

　　除了 H_2O_2 以外，褪黑激素还能够与 NO 相互作用，从而调控 H_2O_2 的产生。RBOH 的活性常常受到一氧化氮（NO）和 S- 亚硝基硫醇（SNOs）的影响，造成 s- 亚硝基化，从而导致 RBOH 酶活性降低或者丧失。然而，在褪黑激素处理的植物中，观察到 RBOH 的 s- 亚硝基化与 NO 和 SNOs 水平的降低有关。这表明褪黑激素能阻碍或消除 NO 和 SNOs 的产生，导致 RBOH 的脱硝基化并增强其活性，从而诱导了 H_2O_2 的产生。这一过程也进一步激活了特异性转录因子和与胁迫耐受相关基因的表达。因此，从以上研究可以看出，H_2O_2 信号在褪黑激素增强植物抗逆性中可能起到了关键作用。

6.1.3.2 褪黑激素与 ROS 互作调控植物的生长发育

褪黑激素除了能够清除活性 ROS 以外,还能够与 ROS 相互作用,共同调节植物的生长发育。多项研究揭示了褪黑激素与 ROS 在植物生长发育中的紧密关系,特别是通过 H_2O_2 来实现褪黑激素的调控功能。

褪黑激素能够通过提升植物体内 H_2O_2 的水平来刺激侧根的生长,这一机制在苜蓿和拟南芥等植物中得到了验证。在转基因拟南芥和苜蓿植株中,去除 H_2O_2 后,可以清楚地观察到褪黑激素调节的侧根形成受到抑制,这表明 H_2O_2 在褪黑激素控制侧根发育的下游起作用(Chen et al., 2018)。褪黑激素还促进了由多胺氧化酶和 RBOH 产生的过氧化氢和超氧自由基的协调,从而促进侧根发育(Chen et al., 2019)。

褪黑激素还通过影响 H_2O_2 和其他活性氧物质的协调来促进种子的萌发和果实的成熟。在实验中发现,褪黑激素促进种子萌发与 H_2O_2 的积累有关(Li et al., 2021b)。在草莓中的研究发现,褪黑激素有可能通过提高过氧化氢、ABA 和乙烯的浓度,从而促进果实的成熟过程(Xu et al., 2018)。同时褪黑激素还能通过影响 H_2O_2 的水平在叶片衰老过程中发挥作用。在 ABA 存在下,通过 RBOHD 途径形成过氧化氢对于褪黑激素诱导的延迟叶片衰老至关重要(Guo et al., 2023b)。这些研究展示了褪黑激素和 H_2O_2 在植物生理过程中的重要性,为植物生长和发育的调控提供了新的视角。

此外,褪黑激素还能与 ROS 信号联合作用影响植物的次级代谢产物的生成,包括类黄酮、花青素等。研究表明,褪黑激素能够促进植物中花青素的产生,但具体机制尚不完全清晰。已在前文中提到,这一过程与 NADPH 氧化酶(RBOH)介导的活性氧信号密切相关。在藜麦草中的研究表明,褪黑激素能够调节苯丙烷、类黄酮和类异黄酮生物合成途径中关键酶相关的基因表达量,并提高酶的活性,影响类黄酮和丙烷的生物合成(Jiang et al., 2024)。在甘蓝型白菜中,褪黑激素过抑制 BrERF2/BrERF109 基因的表达来调控类黄酮的生物合成,进而延缓了叶片的衰老(Yue et al., 2023)。除此之外,褪黑激素延缓叶片衰老的功能在猕猴桃中也有报道,与在甘蓝型白菜中的作用类似,褪黑激素通过激活猕猴桃的抗氧化能力和增强类黄酮的生物合成来延缓猕猴桃叶片的衰老(Liang et al., 2018)。所有这些结果都可以提供明确的证据,证明褪黑激素在延缓叶片衰老中起着关键作用。褪黑激素与类黄酮之间的作用还不止如此,在水稻中,类黄酮也能通过抑制褪黑激素合成相关基因 SNAT 的表达,负调控褪黑激素的生物合成(Lee *et al.*, 2018)。这表明,褪黑激素和类黄酮之间可能存在反馈调节机制。褪黑激素与类黄酮的生物合成之间的关系比较复杂,目前也有褪黑激素抑制类黄酮积累的报道。

6.2　褪黑激素与 RNS

在前文中已经提到,褪黑激素是目前发现的动植物体内最有效的抗氧化剂之一,能够显著提升体内氧化还原代谢相关的保护酶活性,从而清除有害的活性氧,维持体内的活性氧稳态。

值得注意的是,褪黑激素的作用并不仅限于此。最近几年的研究显示,不仅是活性氧,褪黑激素也能够与 NO 发生反应,从而解除 NO 对细胞的毒害作用。除此之外,褪黑激素也能够与其他氮氧化物、亚硝基等在内的活性氮发生反应,降低活性氮对细胞的损伤。

尽管褪黑激素对活性氮(RNS)清除的重要性已经被研究者们所认识,但其在动植物病理生理学中的角色常被低估。特别是,一氧化氮及其衍生物在众多生理生化反应和动植物发育中都起到了关键作用,包括各种炎症、神经元过度兴奋、器官的损伤、植物胁迫响应、植物根生长等方面。同时,一氧化氮的水平也直接关系到线粒体的功能,其过高或过低的水平都可能导致细胞功能障碍甚至死亡。

褪黑激素保护机制的另一个引人入胜的方面是其代谢产物的参与。这些代谢产物中,有些是通过特定的酶促反应生成的,有些则是非酶促反应的结果。这些代谢产物的化学性质各异,从而在生物体内发挥着多样化的作用,包括对不同类型活性氮的清除作用。

已有的研究表明,褪黑激素与 NO 具有密切的关系。在番茄植株中外源施用褪黑激素能够通过促进硝酸还原酶(NR)的活性从而刺激 NO 合成。同时,褪黑激素还可以控制 NO/NOS 系统执行包括调节生长素相关基因表达、参与生长素的积累、运输和信号转导、诱导不定根形成等生理任务（Fan et al., 2018）。同样，外源性 NO 也被证明可以刺激番茄幼苗中的褪黑激素合成，进而诱导褪黑激素发挥类似生长素的作用，影响根系发育（Arnao and Hernández-Ruiz, 2018）。这些研究均表明 NO 和褪黑激素可能存在反馈调节，并通过生长素信号通路进而影响植物的根系发育。

此外，已经证明褪黑激素能够通过提高 NO 水平来减少环境胁迫的负面影响。NO 和褪黑激素能够直接清除自由基，从而起到抗氧化剂的作用，减少因胁迫条件造成的氧化损伤。此外，褪黑激素诱导 NR 和 NO 合成酶相关活性的升高、NO 的积累以及多胺通路的激活，也共同诱导了植物对胁迫耐性的提高。另外，NO 和褪黑激素之间的相互作用也被认为对于诱导病程相关的关键应激蛋白的 PTM 反应至关重要（Arnao and Hernández-Ruiz, 2019）。尽管目前关于褪黑激素和 NO 串扰共同影响植物胁迫响应和其他生长发育的研究较少，但不排除褪黑激素和 NO 可以相互影响进而调控植物的胁迫耐性和生长发育。

在本小节中，我们旨在简要介绍生物特别是植物体内活性氮的种类，及其产生、清除和转化的方式，并深入探讨褪黑激素及其代谢产物如何对其产生影响，以及对植物生长发育、生物／非生物胁迫的影响。同时，我们也要明确，虽然一氧化氮及其衍生物在某些情况下可能产生负面影响，如过量产生导致的细胞结构和功能损伤，但它在正常生理条件下是一种重要的调节分子，对植物应对胁迫响应和植物的生长发育都至关重要。而褪黑激素的作用，就是在这些情况下，维持一氧化氮的稳态，同时与 NO 协同作用共同调控植物的胁迫响应和生长发育进程。

6.2.1 活性氮的产生及其在植物中的作用

活性氮（Reactive Nitrogen Species，RNS），是指一系列与一氧化氮（NO）相关的具有高度活性的自由基和硝基类化合物统称。这些化合物是由 NO 与包括活性氧在内的其他化合物相互作用而衍生出来的，几乎可以在每个细胞区室中产生。

由 NO 形成的活性氮的生物化学性质与其形成的氧化还原形式有关，比如亚硝基阳离子（NO^+）、一氧化氮自由基（·NO）和硝基阴离子（NO-）。在水溶液中，属于活性氧的 $O_2^{\cdot-}$ 与 NO 迅速反应，生成过氧亚硝酸盐（ONOO-）及其质子化形式——过氧亚硝酸（ONOOH）。以上这些物质均被称为 RNS。RNS，特别是直接或间接起作用的 NO，在各种代谢过程中具有调节/信号传导功能。在接下来理解活性氮的产生和功能、褪黑激素与活性氮之间关系的探究中，我们将以 NO 为主要的研究对象。

一氧化氮（NO）在生物体系中的研究可以追溯到 20 世纪 80 年代。当时，科学家们发现乙酰胆碱诱导的平滑肌松弛现象依赖于内皮细胞。进一步研究揭示，内皮细胞会释放一种高度不稳定的化学信号，被称为内皮衍生的松弛因子（EDRF）。经过一系列精密的实验验证，科学家们确定这种 EDRF 实际上就是气态自由基 NO。

自这一重大发现以来，一氧化氮的合成、功能及信号传导机制成为了科研热点，尤其在心血管和其他人类健康领域的研究中占据重要地位。科学家们已经证实 NO 在多种生物体内扮演着重要的信号分子和效应分子的角色。这种气体分子能够轻易地穿透细胞膜和细胞器膜，直接激活特定的酶类，从而影响众多的生理和病理过程。

1992 年，《科学》杂志更是将一氧化氮评选为"年度分子"。几年后，即 1998 年，三位美国药理学家被授予诺贝尔生理学或医学奖，以表彰他们的重要发现，即一氧化氮作为 EDRF 的发现以及它在脉管系统信号交互中的作用（一氧化氮是调节血压的关键信号分子），由此掀起了科学家研究 NO 的热潮。

值得一提的是，在此之前，一氧化氮在植物领域的研究也已悄然展开。最初，科学家们主要是将一氧化氮视为一种空气污染物，研究其与植物地上部分的接触及其对植物生理过程的影响。然而，随着研究的深入，一氧化氮在植物生理中的重要作用逐渐被揭示。开创性的研究工作表明了 NO 与活性氧（ROS）之间的关系，NO 不仅能够与 ROS 发生反应从而缓解氧化应激状态，同时也能够形成一系列的活性氮化合物，进而介导植物对不同胁迫的响应和植物的生长发育过程。

植物 NO 研究中最古老且仍然热门的话题之一是这种气态分子的合成和去除。植物体内 NO 的来源可以分为酶促和非酶促两大类。从历史上看，有两种酶与植物一氧化氮合成有关：一氧化氮合酶（NOS）和硝酸还原酶（NR）。其中，硝酸还原酶（NR）是酶促生成 NO 的主要途径之一，它能通过一系列反应将硝酸盐或亚硝酸盐转化为 NO 及其衍生物过氧亚硝酸盐。

关于 NOS 酶,在植物中存在太多疑问。在哺乳动物中,已经发现了三种不同的 NO 合成酶(NOS),它们能够通过氧化精氨酸来生成 NO。然而,在植物中,由于 NO 的定量分析和亚细胞定位都相当困难,因此其产生机制仍存在争议。尽管有报道称在高等植物中分离出了 NOS,包括在拟南芥中分离出来的 AtNOS1 蛋白均被证实没有 NOS 活性(Zemojtel et al., 2006)。目前确凿的 NOS 同源物仅在藻类中被发现,高等植物中是否存在类似的蛋白仍有待确认。

除了 NR 和 NOS 以外,还有黄嘌呤氧化还原酶和细胞色素 P450 等也可能参与 NO 的生成。

NO 和其他源自 NO 的反应分子的主要非酶来源是亚硝酸盐。在酸性条件下,亚硝酸盐被质子化为亚硝酸(HNO_2),亚硝酸分解成不同的氮氧化物(NOx),这取决于反应局部环境的氧化还原状态(Rocha et al., 2011)。此外,NO 还可以通过其他非酶促途径产生,如类胡萝卜素、酚类化合物和抗坏血酸等都可以在一定条件下生成 NO。

尽管高等植物细胞中酶促产生一氧化氮(NO)的确切来源仍有待确认,但研究显示,一些细胞器可以通过氧化 L- 精氨酸或通过还原硝酸盐 / 亚硝酸盐来内源性生成 NO。已有研究显示,在细胞环境中,NO 几乎能够在所有细胞区室中产生,但值得注意的是,线粒体、过氧化物酶体和叶绿体似乎在 NO 的产生中具有突出的贡献。

线粒体是产生一氧化氮(NO)的重要场所。近期研究发现,无论是在哺乳动物还是植物细胞中,线粒体都能通过特定的机制将亚硝酸盐转化为 NO。这一过程在复合体 III(即 bc1 复合体)处进行。在植物中,已有报告指出某些藻类和小球藻在厌氧条件下,能够通过线粒体将提供的亚硝酸盐转化为 NO。此外,交替氧化酶(AOX)在这一过程中也扮演着重要角色(Planchet et al., 2005)。进一步的研究显示,亚硝酸盐还原为 NO 不仅有助于 NO 的产生,还对保护线粒体结构和功能有积极作用,如降低活性氧(ROS)水平和减少脂质过氧化,同时增加 ATP 的产生。值得注意的是,在正常条件下,线粒体则转变为 NO 的清除者,其中复合体 III 和细胞色素氧化酶(COX;也称复合体 IV)均参与 NO 的调控(Cvetkovska et al., 2014)。尽管在动物系统中,有关线粒体产生 NO 的机制已有较深入的了解,但在植物中,这一过程的详细机制仍有待进一步研究和阐明。

过氧化物酶体,作为一种具有多种代谢功能的细胞器,与其他细胞器如叶绿体和线粒体有着紧密的代谢联系。植物过氧化物酶体在活性氧代谢中尤为活跃,并有能力产生 NADPH,这是动物中一氧化氮合酶(NOS)生成 NO 时的重要电子供体。研究发现,从豌豆植物中分离的叶片过氧化物酶体显示出类似动物 NOS 的活性,这种活性依赖于 NADPH 作为电子供体。后续进一步的研究通过使用新技术直接检测到过氧化物酶体中 NO 的生成,进一步证实了植物过氧化物酶体中确实存在依赖于 L- 精氨酸的 NOS 活性(Barroso *et al.*, 1999, Corpas *et al.*, 2004)。研究还表明,负责植物过氧化物酶体 NO 生成的蛋白质具有特定的过氧化物酶体靶向信号(Corpas and Barroso, 2014)。到目前为止,没有证据表明过氧化物酶体中存在其他酶促或非酶促的 NO 来源。总的来说,现有数据支持植物过氧化物酶体在生理和胁迫条件下具有活跃的氮氧化代谢,并受到相应调节。为了进一步确定过氧化物酶体确实能够产生 NO,还需要更进一步的研究证据支持。

叶绿体是绿色植物特有的细胞器,由于其能够进行光合作用,因此具有活跃的活性氧代谢,也是 ROS 最重要的产生部位之一,同时也能够产生 RNS。叶绿体中的 NO 可以通过多种途径产生,包括光依赖性的非酶促反应,即类胡萝卜素参与的非酶促、光依赖性二氧化氮(NO_2)向 NO 的转化。另一个 NO 来源途径则依赖于 L- 精氨酸或亚硝酸盐的酶促反应,即在具有 NOS 酶活性或者 NR 酶活性的同工酶作用下生成。这些过程受到多种因素的影响,包括典型的 NOS 抑制剂、NADPH、钙离子等(Kolbert *et al.*, 2019)。此外,外源性 NO 的应用也会对叶绿体的功能产生显著影响。这些发现揭示了叶绿体中 NO 生成的复杂性及其在植物生理中的重要作用。

经过几十年的研究发现,NO 是植物细胞中的多功能调节剂,它能够影响植物的生长发育,调控植物对环境条件的各种反应。

(1)NO 的抗氧化作用

一氧化氮(NO)在植物中具有多重作用,特别是在抗氧化和胁迫保护方面具有重要意义。自 1998 年一氧化氮被确认为调节血压的关键分子后,其在植物学中的研究也逐渐增多。NO 被发现在植物中具有抗氧化作用,可以通过清除活性氧(ROS)来保护叶绿素和其他细胞成分不受损伤。此外,NO 还参与植物的防御机制,与 ROS 协同作用,增强植物的抗病能力。研究还显示,NO 在植物对伤口的反应、细胞外三磷酸腺苷(eATP)的产生、脱落酸(ABA)的应激反应以及盐胁迫下 ROS

爆发的保护等多个生理过程中都发挥了关键作用。这些发现都证明了 NO 在植物中具有广泛的抗氧化和保护功能，既可以直接与 ROS 相互作用，也可以调节 ROS 稳态。

（2）NO 和激素串扰共同调控植物生长发育

科学家们首次发现了一氧化氮（NO）在调节植物生长中的作用是在三十多年前。在随后对豌豆叶片衰老进行的研究中显示，NO 与乙烯（ET）在叶片衰老过程中同时释放，预示着 NO 可能与乙烯存在串扰。进一步的研究表明，NO 的作用具有浓度依赖性，低浓度的 NO 可以通过降低 ET 水平来抑制叶片生长或者缓解植物受到的胁迫损伤，这被视为 NO 与植物激素相互作用的初步证据（Leshem and Haramaty，1996）。这些发现为在果蔬的采后管理中使用 NO 提供了可能性，并由此激发了对 NO 更加深入的研究。

进一步研究证实了 NO 对植物生长的多种影响，如诱导玉米根系伸长、促进生菜去黄化和抑制下胚轴伸长等（Gabaldón *et al.*，2005，Hu *et al.*，2005）。此外，NO 还参与水杨酸（SA）相关的信号传导过程，因为 NO 诱导烟草中 SA 依赖的基因表达（Durner *et al.*，1998）。NO 还能模拟细胞分裂素（CK）在苋菜中对甜菜素积累的作用，而 NOS 抑制剂可以阻止上述 CK 的作用（Scherer and Holk，2000）。尽管 NO 的信号功能不依赖于特定受体，且其有效浓度范围高于现有的植物激素，但其与传统植物激素的联合作用表明，NO 可能作为一种非传统的生长调节剂在植物生长发育中发挥作用。

有研究表明 NO 在植物根系发育中起着重要作用，包括在不定根、侧根和根毛发育中的重要作用，以及其对向地弯曲和木质化中的影响。这些研究主要在大豆、豌豆、番茄、玉米、生菜或黄瓜等作物上进行，采用生理生化方法考察改变内源 NO 水平后对植物生长的影响。同时，对拟南芥和水稻 NO 合成和代谢途径相关关键酶的突变体进行表型分析，进一步证实了 NO 在植物生长中的重要作用（Del Castello *et al.*，2019）。

NO 在蛋白质翻译后修饰中发挥着重要作用，尤其是 s- 亚硝基化这一修饰方式。这种修饰通过在特定半胱氨酸残基的巯基上添加亚硝基来改变蛋白质的构象和活性。此外，NO 还可以通过酪氨酸硝化来影响蛋白质的功能，例如改变超氧化物歧化酶的活性，从而影响 ROS 信号和过氧亚硝酸盐的产生（Gupta *et al.*，2020）。当前的研究重点在于探索

NO 在生长发育过程中的分子机制，特别是 NO 依赖性的蛋白质 s- 亚硝化如何参与激素信号传导过程。虽然 NO 在细胞中的具体功能尚不完全清楚，但大量研究表明它在信号传导级联中扮演着重要角色。NO 信号转导可以通过 cGMP 依赖型和非依赖型两种途径进行。作为信号通路中的第二信使，NO 对根的生长发育具有至关重要的作用。同时，NO 还能激活 MAPK 级联反应，进一步调节 NO 和 NADPH 氧化酶依赖性的活性氧爆发。

在拟南芥中，硝酸还原酶（NR）由 NIA1 和 NIA2 两个基因编码。其中，NIA2 亚型能够与丝裂原活化蛋白激酶 6（MPK6）直接相互作用并被其磷酸化。这种磷酸化显著提高了 NIA2 的活性和 NO 的产生量，并导致拟南芥根系形态的变化（Wang *et al.*, 2010）。此外，MPK1/2 也参与了 NR 依赖性 NO 生成的诱导过程，而亚硝基谷胱甘肽在 NO 衍生 RNS 中的积累可能导致 NR 的 s- 亚硝基化修饰（Qi *et al.*, 2019）。

（3）NO 和植物繁殖

一氧化氮（NO）在植物繁殖的多个方面发挥着重要作用，包括种子的萌发。早期研究表明，NO 供体可以打破种子休眠、诱导种子萌发，这已经在拟南芥、黄瓜、莴苣等种子中得到验证。进一步的研究表明，这种 NO 对种子萌发的作用与 NO 和其他激素的信号串扰产关。NO 能够作用于 ABA 和乙烯合成与代谢、信号传导通路中的基因表达，进而诱导 ABA 和乙烯生物合成和信号传导的变化，诱导种子萌发。比如在苹果中，NO 能够抑制 ABA 合成基因（NCED3 和 NCED9）的表达，促进 ABA 降解基因（CYP707A2）的表达，从而降低 ABA 的浓度，诱导苹果胚轴的伸长，促进种子萌发（Andryka-Dudek *et al.*, 2019）。NO 与乙烯的相互作用在促进多种植物种子萌发中起到关键作用。外源性 NO 供体如 SNP 或 SNAP 能提升苹果胚胎的萌发率，而这种促进作用可被乙烯合成抑制剂所阻断。同时，NO 对乙烯产生的影响与活性氧（ROS）的积累紧密相关。在种子萌发初期，NO 能直接影响乙烯合成中的关键酶活性，从而调节乙烯的生成。研究发现 NO 通过诱导乙烯生物合成、ROS 积累、增强抗氧化防御系统、降低 ABA（脱落酸）含量，从而促进下胚轴和胚根的生长（Zhang *et al.*, 2023）。外源乙烯处理也能增加胚轴中 ROS 的产生，有助于打破种子休眠。此外，有报道表明，在种子萌发过程中，外源 NO 可以诱导 β- 淀粉酶活性的增加，从而提高淀粉的水解，为种子萌发提供更多的能量和碳骨架。这些结果表明，NO 与乙烯以及 ROS 之间的相互作用在调节种子萌发过程中发挥重要作用。

NO 也能够调控花发育过程。近年来，随着该领域的研究继续深入，采用了如 s- 亚硝基、硝基蛋白质组学、实时荧光成像等新方法，揭示了 NO 诱发的一些分子效应。总的来说，NO 在植物生殖中发挥着复杂而多样的作用，包括介导花的发育、花粉的产生、花粉管的生长和参与花的衰老等过程。

研究表明，在开花的过程中，NO 的增加会延迟植物开花，并通过调节相关基因的表达来影响植物的光周期（He *et al.*, 2004）。此外，NO 被发现是花粉管生长的关键调控因子，可以介导花粉管的定向生长，并可能与 cGMP 信号有关。进一步的研究证实了 NO 在植物生殖中的多重角色。例如，NO 可以调控开花的基因表达，特别是开花抑制因子 FLC（Zhang *et al.*, 2019）。研究表明，在植物授粉和花粉萌发过程中，ROS/H_2O_2 在柱头的花粉附着部位和花粉管萌发部位的细胞中含量显著高于其他部位。在橄榄油生殖器官中一氧化氮和活性氧的分布情况显示，在柱头、花药组织和花粉中这些物质的积累最为显著，而花柱和子房中则未检测到一氧化氮或活性氧的存在（Zafra *et al.*, 2010）。这些结果表明 NO 和 ROS 在花粉与柱头识别和花粉的萌发过程中可能发挥着至关重要的作用，NO 与 ROS/H_2O_2 的相互作用，影响了花粉的萌发（McInnis *et al.*, 2006）。此外，有报道表明，NO 还与蕨类植物孢子的萌发有关，它能够与钙离子相互作用，共同调控蕨类植物孢子的萌发。

NR 酶是 NO 合成过程中的关键酶。得益于在拟南芥中对 NR 突变体的研究工作，现在已经证实 NR 酶在植物花朵发育过程中发挥着重要作用。对花粉管的定向机制的进一步深入探讨，确切发现了一氧化氮（NO）在其中起着关键作用，它掌控着花粉管向胚珠珠孔的生长方向。同时，借助先进的成像技术，研究人员得以观察到钙离子是如何调节花粉管生长的（Prado *et al.*, 2008）。值得注意的是，细胞外 ATP 已被证实能够抑制花粉的萌发与伸长，而一种不易水解 ATP 类似物 ATP-γ-S 能诱导一氧化氮的生成。在 NR 缺失的植物中，ATP-γ-S 的效果减弱，这表明一氧化氮在细胞外核苷酸的作用中起到了部分中介的角色（Reichler *et al.*, 2009）。同时，另一项关于花粉管细胞壁的研究揭示，一氧化氮通过调控细胞外钙离子的流入，进而改变 F- 肌动蛋白的组织结构，影响了花粉管的萌发（Wang *et al.*, 2009）。同样值得关注的是，

2009年的一项研究利用荧光探针和共聚焦显微镜技术,证实了花粉能够产生一氧化氮和亚硝酸盐(Bright *et al.*,2009)。这些结果均表明,NO等RNS类物质在花粉管的萌发中发挥着关键的调节作用。

此外,NO还与其他信号成分如钙离子、活性氧(ROS)、有丝分裂原活化蛋白(MAP)激酶和抗氧化剂等存在串扰,共同调控花粉管的生长和花的衰老过程(Zhou and Zhang,2014)。

(4)NO和植物共生

NO与植物共生关系的研究开始于研究者对豆科植物中一氧化氮产生的实验研究。随后的研究逐渐揭示,一氧化氮在豆科植物与其他生物的共生关系中扮演着关键角色。利用电子顺磁共振技术,研究者在大豆和豇豆的根瘤粗提取物、经硝酸盐处理的豇豆和豌豆的结节中均检测到与豆血红蛋白结合的一氧化氮。进一步研究指出,一氧化氮对于豆科植物与微生物共生关系的建立至关重要。进一步的研究显示,在共生的不同阶段,植物和细菌作为共生伙伴,需要精确调控一氧化氮的产生,而血红蛋白在一氧化氮的清除中发挥着重要作用。

在共生相互作用的初期,植物体内的NOS样酶和NR酶被确定为一氧化氮的主要来源。同时,植物和细菌体内的硝酸还原酶和呼吸链也可能成为固氮结节中一氧化氮的额外生成途径。但值得注意的是,部分植物中NO的来源并不完全受NOS酶的影响。比如,蒺藜苜蓿中的NOS1虽然对其与中华根瘤菌的共生关系有显著影响,但并未直接影响结节内一氧化氮的产生(Pauly *et al.*,2011)。

此外,共生根瘤菌能够通过上调基因表达来响应一氧化氮,包括编码血红蛋白的基因。此外,一氧化氮还参与植物-根瘤菌的识别过程、影响根瘤菌的固氮效率。研究还发现,一氧化氮在结节的发展过程中起着重要作用。在蒺藜苜蓿与根瘤菌的相互作用中,一氧化氮的减少会导致结节出现的显著延迟。进一步的微阵列分析表明,一氧化氮可能调节共生关系的建立和结节的发展(del Giudice *et al.*,2011)2011。此外,一氧化氮还参与植物免疫的抑制以及细胞周期和蛋白质合成基因的诱导,从而促进有益的植物-微生物相互作用(Boscari *et al.*,2013)。然而,一氧化氮在结节中既具有促进根瘤形成的积极作用,也有对植物代谢和生长发育的毒性作用。高水平的一氧化氮会降低成熟结节的固氮效率,是发育和应激诱导衰老的重要信号。

除了豆科植物与根瘤菌的共生关系外,一氧化氮在其他共生相互作用中也发挥着重要作用,如桤木属的放线菌根共生、橄榄苗的菌根共生以及地衣复水过程中的共生相互作用等(Kolbert et al., 2019)。

（5）NO 和植物非生物胁迫

非生物胁迫对全球农业生产构成重大挑战,植物具有内置的响应机制以适应非生物胁迫。然而,非生物胁迫会破坏细胞的氧化还原平衡,导致氧化应激或活性氧(ROS)的产生。ROS 可能导致细胞损伤和死亡,但同时,也在细胞内氧化还原信号传导和抗氧化机制的激活中起关键作用。而 NO 对非生物胁迫的作用很大一部分是通过与 ROS 互相作用来实现的。

一氧化氮(NO)由于其分子中的活性电子,具有氧化还原活性,可以与 ROS 产生反应。但值得注意的是,NO 与 ROS 的结合可能产生毒性或保护作用,具体取决于植物细胞所面临的情境。NO 具有极强的生化反应能力,能够与许多氧化还原物质发生反应,因此能同时作为多种生理和防御机制的介质。其可以作为 ROS 的清除者,在 ROS 引起的毒性系统中限制损害。

NO 被认为参与线粒体的两条呼吸电子传递途径,并在其中调节 ROS 稳态,增强植物的抗氧化防御系统。外源 NO 可以保护植物免受氧化损伤,消除超氧阴离子和脂质自由基,并激活抗氧化酶活性,尤其是超氧化物歧化酶(SOD)。越来越多的证据表明,NO 是一种有效的抗氧化剂,可以防止脂质过氧化并激活抗氧化酶的基因表达。

此外,NO 作为一种内源性调节剂,在植物激素如赤霉素、细胞分裂素、脱落酸和生长素等诱导的多种生理过程中起着调节作用。例如,它参与调节细胞保护蛋白和过氧化氢酶等抗氧化酶的合成。同时,NO 和乙烯在植物组织成熟和衰老过程中具有拮抗作用。此外,NO 还可以与 H_2S 发生反应,减轻由其造成的细胞毒性损伤。

总的来说,由于 NO 的自由基特性、小体积、不带电、短寿命和高度扩散性,它成为一种响应胁迫环境条件的优良信号信使。这使得 NO 在植物应对非生物胁迫时发挥着至关重要的作用。

在盐胁迫中,一些研究表明,外源 NO 供体如硝普钠(SNP)可以显著缓解盐胁迫对多种植物(水稻、羽扇豆、黄瓜等)的影响,促进胁迫条件下幼苗生长,增加植物干重等(Siddiqui et al., 2011)。NO 预处理还可以通过增加盐胁迫下植物可溶性总蛋白、增强内肽酶和羧肽酶活性等方式有效促进植物碳氮代谢的平衡。此外,外源 NO 还可以诱导盐胁迫下植物质膜 H+-ATPase 的表达,通过增加 K^+/Na^+ 比值来增强盐胁迫下植物组织的耐盐性。NO 在植物耐盐胁迫中的作用机制包括控制细胞膜和细胞质中 Na^+ 的浓度,这是细胞适应盐胁迫的关键因素。此外,NO 还通过诱导活性氧清除酶的活性和应激相关基因的转录本表达,降低盐胁迫下膜通透性、ROS 生成速率、丙二醛、H_2O_2 和细胞间 CO_2 浓度,从而增强植物的抗氧化防御系统。同时,NO 还通过调节盐胁迫下的 ROS 稳态,增强了植物的光合作用、ATP 合成和线粒体中的呼吸电子传递。总的来说,NO 在植物耐盐胁迫中发挥着重要作用,通过多种机制保护植物免受盐胁迫引起的损伤(Siddiqui *et al.*, 2011)。

干旱也是一种重要的非生物胁迫,是限制粮食生产的主要因素。研究表明,当植物根系遭受轻度水分胁迫时,根尖细胞和伸长区的 NO 合成会增强,干旱也会促进包括豌豆、小麦和烟草在内的多种植物中 NO 的产生。外源施用 NO 供体 SNP 可以增强植物对干旱胁迫的抗性,能够诱导气孔关闭,降低蒸腾速率,减少水分丧失,从而帮助植物保持较高的相对含水量,降低膜损伤。此外,SNP 还能减轻干旱胁迫下小麦幼苗的氧化损伤,提高光合速率和抗氧化酶活性(Tan *et al.*, 2008)。此外,有证据表明 NO 能诱导脱落酸(ABA)的合成,而 ABA 在植物响应干旱胁迫中起重要作用。NO 可以通过刺激 ABA 合成来参与叶片水分的维持。进一步的研究表明,NOS 参与了玉米幼苗对干旱诱导反应的信号传导,脱水胁迫下,NOS 活性和 NO 释放速率均显著升高(Hao *et al.*, 2008)。外源施用 SNP 能降低膜通透性,保持较高的水分含量,从而提高玉米离体叶片对脱水胁迫的抗性,表明 NO 是诱导保护性反应的重要信号成分,并与玉米幼苗的耐旱性密切相关(Zhao *et al.*, 2008)。总的来说,这些研究揭示了 NO 在植物响应干旱或者渗透胁迫中的重要角色。

UV-B 辐射能够对植物产生负面效应包括膜透性增加、叶绿素降解、光合效率降低、DNA 分子破坏和蛋白氧化等过程。此外,UV-B 辐射也能诱导拟南芥一氧化氮(NO)和活性氧(ROS)的生成。当玉米幼苗受到 UV-B 辐射时,其细胞会受到损害,同时叶绿体和叶肉细胞中的 ROS 含量也会上升。然而,通过 SNP 预处理,可以有效地预防这种细胞损伤(Tossi *et al.*, 2009a)。UV-B 信号能够诱导脱落酸(ABA)的合成,进而激活 NADPH 氧化酶和 H_2O_2 含量的上升。同时,一种依赖于 NOS 的机制会增加 NO 的产生,这有助于维持细胞的稳态,并减轻由 UV-B

辐射所造成的细胞损害（Tossi *et al.*，2009b）。此外，UV-B 还会诱导气孔关闭，这一过程由 NO 和 H_2O_2 共同介导。关于 UV-B 诱导 NO 的生成机制，尽管有研究认为它是由 NOS 活性增长所产生的，但也有观点提出它是由 NR 活性所产生（Bright *et al.*，2006）。另一项研究发现，通过添加 SNP 可以部分抵消 UV-B 对植物造成的不利影响，例如叶绿素含量的降低、光合效率的下降，以及类囊体膜的氧化损伤。更重要的是，NO 能够通过提高过氧化氢酶、超氧化物歧化酶以及抗坏血酸过氧化物酶的活性，来降低在 UV-B 辐射下过氧化氢的含量。这进一步凸显了 NO 在保护植物免受 UV-B 伤害中的关键作用。

（6）NO 和植物病害防御

自 1998 年以来，关于一氧化氮（NO）在植物生物相互作用中的研究取得了显著进展。初期的研究主要集中在 NO 如何增强植物对病原体的抗性。例如，Lamb 等人的研究揭示，在大豆细胞对紫丁香假单胞菌的过敏反应中，NO 能增强活性氧（ROS）诱导的细胞死亡（Delledonne *et al.*，1998）。同时，Klessig 实验室在烟草中的研究也发现了 NO 在植物防御基因诱导中的重要作用（Durner *et al.*，1998）。

随着技术的发展，研究人员开始利用新型的探针工具来观察和记录植物体内 NO 的动态变化，这些技术帮助我们更深入地理解了 NO 在植物防御机制中的作用。在烟草细胞中，应用新的技术，研究者们能够直接观察到由隐疫病菌（Phytophthora cryptoa）的蛋白质激发子诱导的 NO 爆发（Foissner *et al.*，2000）。

已有研究表明，NO 能够与 ROS 相互作用，进而在植物 - 病原体相互作用过程中诱导超敏反应（HR）。进一步的研究表明，大豆中的细胞死亡并非由 NO 和超氧化物的相互作用激活，而是由过氧化氢激活（Delledonne *et al.*，2001）。然而，在拟南芥中，NO 可以通过激活丝裂原活化蛋白激酶这种不涉及 ROS 信号途径的方式诱导细胞程序性死亡（MAPK）（Clarke *et al.*，2000）。这种由 NO 诱导的蛋白激酶活性的变化可能与水杨酸信号相关。此外，NO 还能与其他活性氮相互作用，共同诱导植物的防御反应。研究揭示，NO 和过氧亚硝酸盐（ONOO−）能抑制两种主要的过氧化氢清除酶，从而影响 ROS 的平衡和植物的防御反应（Clark *et al.*，2000）。

近些年的研究表明，s- 亚硝化作为一种新的 NO 生物活性机制开始在植物防御中崭露头角。研究表明，GSNOR（S-亚硝基谷胱甘肽还原酶）

的突变会影响植物的基础抗性和非宿主抗性。此外，NO 和谷胱甘肽之间的 s- 亚硝化作用也被发现可以影响 SA 信号传导和 ROS 产生酶的调控（Sun *et al.*，2012，Kovacs *et al.*，2015）。

除了植物自身产生的 NO，微生物病原体产生的 NO 也被认为是影响其发育和与宿主细胞相互作用的关键因素。例如，在某些植物病原体中，NO 的产生对其致病性至关重要。同时，一些病原体也发展出了清除 NO 的机制，如通过产生黄血红蛋白来保护自己免受 NO 的损害。

总的来说，过去几十年的研究揭示了 NO 在植物与生物相互作用中的多重角色。它不仅参与植物对病原体的识别和防御反应，还影响基因表达和防御代谢物的产生。然而，这些作用具有高度的特异性，依赖于不同的植物物种、基因型和病原体。未来，将这些基础研究成果转化为农业实践，以增强作物对病原体的抗性，将是我们面临的重要挑战。同时，随着新技术的不断发展和应用，我们对 NO 在植物生物学中的作用将会有更深入的理解。

6.2.2 褪黑激素与 RNS 的反应

关于褪黑激素与 RNS 的反应已经有许多报道，褪黑激素不仅能够与 NO 反应，还能够与其他的氮氧化物发生作用。值得注意的是，这种作用，不仅发生在褪黑激素之中，也发生在褪黑激素的代谢产物或者褪黑激素的衍生物当中。

（1）褪黑激素吡咯环 1 号位原子的硝化反应

褪黑激素的亚硝酰化主要发生在吡咯环的 1 号环原子（氮）上（图 6-2），从而产生丰富的生物学作用。此外，C- 亚硝酰化也可能发生在吡咯环原子的 2、4、6 和 7 号位上，但这些产物的生物学意义尚未得到充分研究（Tan *et al.*，2002）。各种亚硝酰化合物已被证明能够与褪黑激素反应产生 N- 亚硝基褪黑激素（Hardeland，2021）。

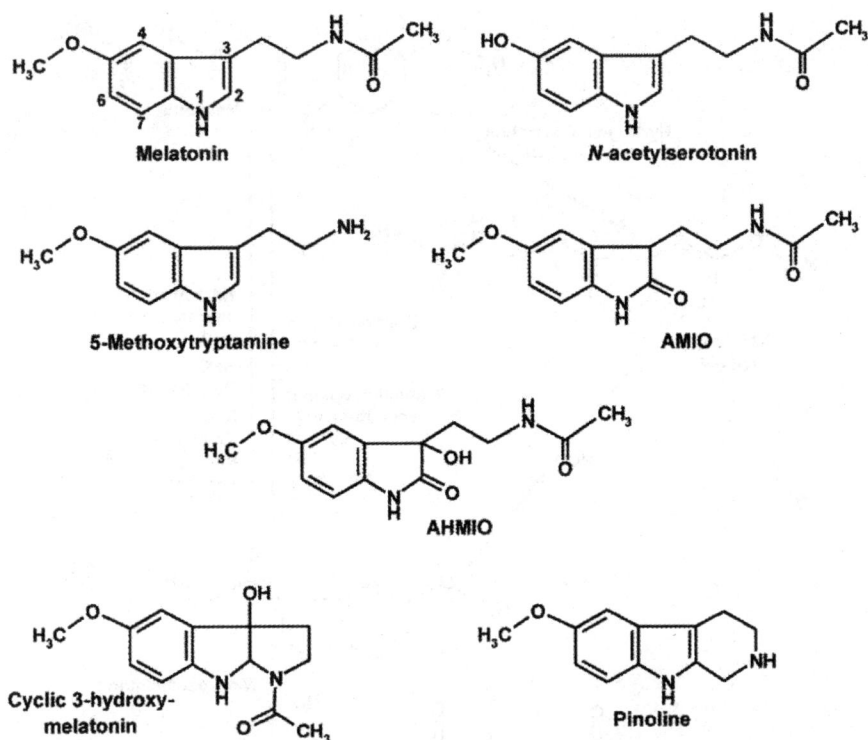

图 6-2 褪黑激素及其羟基化代谢物、类似物

褪黑激素与 RNS 的相互作用需要褪黑激素上的氢原子被提取,例如,通过脱氢反应失去氢原子的褪黑激素自由基能够与 NO 相结合,形成亚硝基褪黑激素(N-nitrosomelatonin,图 6-3)。同时,这种褪黑激素形成亚硝基褪黑激素的过程也可以通过其他反应途径完成。与容易亚硝酰化的 RNS 氧化还原同类物可能与褪黑激素直接反应并释放 H,并最终产生与 NO 反应相同的产物(图 6-5)。褪黑激素也可能是与过氧亚硝酸盐、HNO 和 N_2O_3 反应,进而完成褪黑激素的亚硝基化。此外,褪黑激素还可以从其他含有硝基的化合物如亚硝基硫醇包括 S- 亚硝基谷胱甘肽、S- 亚硝基半胱氨酸等物质,或者 N1- 亚硝基色氨酸中获得亚硝基基团,从而实现硝基化反应。

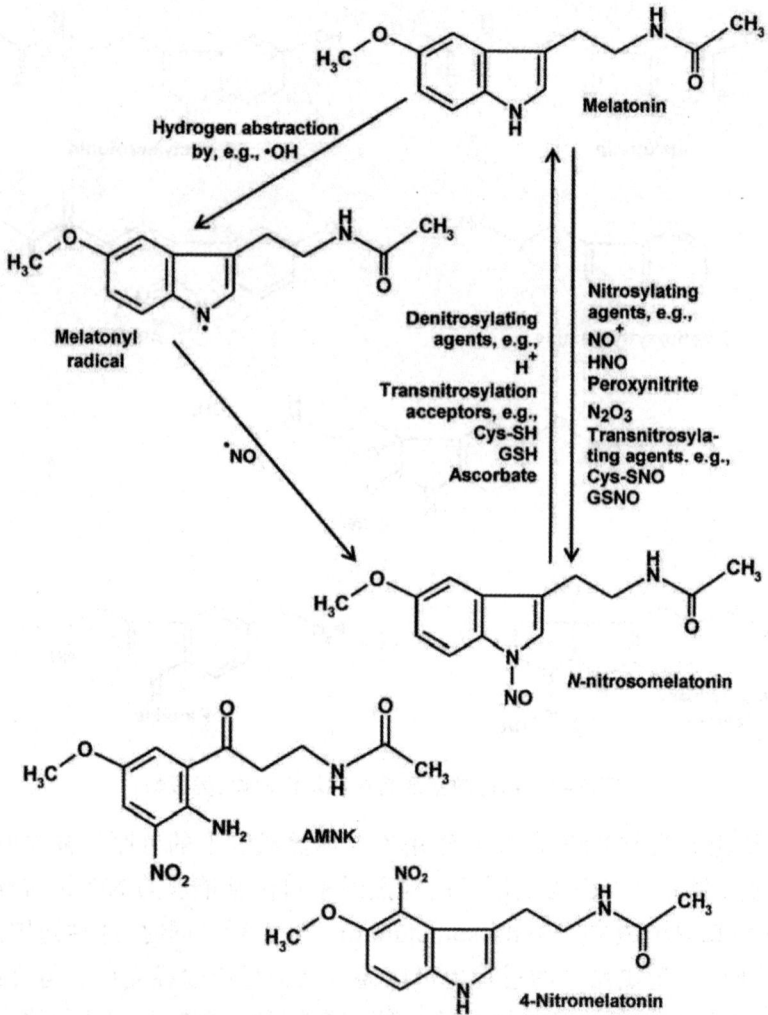

图 6-3　褪黑激素与 RNS 的反应

值得注意的是，在一定条件下，N- 亚硝基褪黑激素还可以降解，将亚硝基重新生成一氧化氮，即褪黑激素能够进行可逆的硝基化反应（Hardeland，2021）。这可以通过释放 NO 自由基、NO 或者其他方式来实现。这种对 NO 或者 RNS 的可逆吸收和释放过程在生物学中具有重要意义。因为 NO 参与调控了动植物的多种生物学过程，而褪黑激素的亚硝基化及其可逆过程脱硝基作用毫无疑问在维持动植物体内的 NO 或者 RNS 稳态具有重要意义，即保证了 NO 或者 RNS 对动植物生命活动的调控作用，同时又能够防止生物体内过多的 NO 或者 RNS 对细胞的损伤。到目前为止,尽管褪黑激素在 NO 稳态和细胞损伤方面的研究尚不充分,但褪黑激素的可逆 N- 亚硝基反应已成为植物生理学研究中的一个有趣话题。目前的研究猜测,这种褪黑激素的可逆 N- 亚硝基反应很可能是 NO 长距离运输的载体(Mukherjee, 2019)。此外, N-亚硝基褪黑激素还能够向合适的化合物如硫醇(例如还原型谷胱甘肽或半胱氨酸)、其他吲哚(包括色氨酸以及蛋白质中的色氨酸侧链)以及抗坏血酸等进行转硝基化反应,从而使得褪黑激素能够与其他活性 RNS 反应,极大提高了褪黑激素对 RNS 清除效率,增强了 RNS 的稳态。

（2）褪黑激素吡咯环其他位原子的硝化反应

褪黑激素发生的硝基化反应在其他各种吲哚中也可能发生,其反应过程类似于褪黑激素与 RNS 的反应过程,且其对 RNS 的亲和力和反应速率存在明显差异。N- 乙酰血清素、血清素、5- 羟色氨酸和 N- 乙酰色氨酸与褪黑激素表现出类似的反应,但对 RNS 的清除率较低(图 6-4)。这些化合物对·NO 的反应性较差,但会相应地被其他 RNS 或·NO 和 ROS 的组合所硝基化(Peyrot and Ducrocq, 2008)。在褪黑激素的多种羟基化衍生物中,特别是在环原子 4、6 或 7 处,发现了与褪黑激素类物质相似的硝基化现象(图 6-4)。据报道或推测,这种情况也发生在去甲酰化和去乙酰化的代谢产物 N- 乙酰血清素和 5- 甲氧基色胺中,这两种化合物都是褪黑激素代谢的前体和产物,以及 5- 甲氧基色胺的次级氧化产物中(Hardeland, 2017)。褪黑激素在环原子 2 或 3 处发生羟基化时的代谢产物与褪黑激素一样具有相同的环原子 4、6 或 7,据推测也能够与 RNS 发生反应。β- 咔啉的羟基化代谢产物能够发生硝基化反应,在 β- 咔啉的情况下,可以观察到对 DNA 硝基化的保护作用。而褪黑激素的结构与 β- 咔啉相似,因此也可能发生硝基化反应,但迄今为止这一方面的研究尚不充分。另一种具有吲哚核心的三环化合物是吡啶碱(图 6-4, Pinoline),它也与褪黑激素有关。此外,它的结构与其他 β- 咔啉类似,因此,吡啶碱也可能发生硝化反应,并发挥抗硝化作用,从而保护 DNA 等重要生物分子(Diem et al., 2001)。

与 1 号环原子位的硝基化相比,吲哚类化合物其他原子位的硝化反应的研究较少。已有研究表明,褪黑激素合成的前体 N- 乙酰色氨酸能够现过氧亚硝酸盐反应,从而在 6 号碳原子位加入硝基,形成 N- 乙酰 -6-硝基色氨酸(Lehnig and Kirsch, 2007)。尽管已有研究似乎表明 RNS 能够在褪黑激素或者其前体、代谢中间产物的其他原子位引入亚硝基,但褪黑激素形成的其他原子位的稳定的硝化产物很难被检测到,或者仅能被少量检测到,这种硝化产物包括 4- 硝基褪黑激素。此外,在 AMK 存在的情况下也观察到了稳定的硝化产物,即 AMK 转化为 N1- 乙酰 -5- 甲氧基 -3- 硝基犬尿氨酸(AMNK)(Guenther *et al.*, 2005)。在存在过氧亚硝酸盐和碳酸氢盐的情况下,通常会产生可观的 AMNK 产物,在这一过程中,碳酸氢盐通常是不可缺少的,否则产生的 AMNK 极不稳定(Hardeland *et al.*, 2003)。

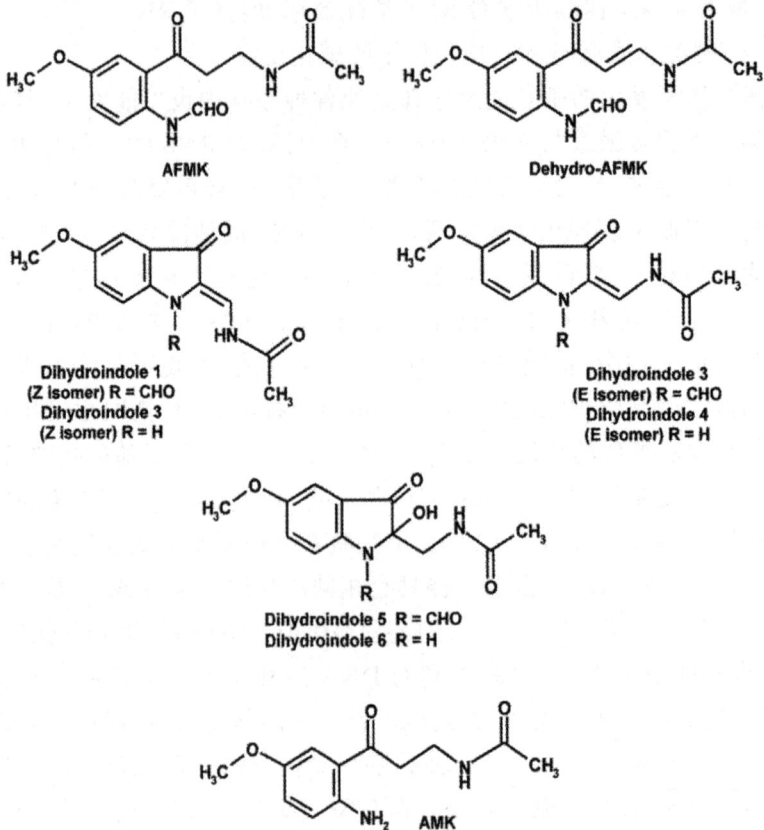

图 6-4 褪黑激素衍生的犬尿胺化合物

（3）褪黑激素代谢产物 AMK 与 RNS 的反应

通过褪黑激素的酶促、伪酶促或非酶促氧化作用产生的取代型犬尿胺化合物在生物体内的氧化还原保护方面具有特别重要的意义,同时它们也能够与 RNS 相互作用,限制 NO 依赖型炎症和兴奋性毒性的发生。其中主的犬尿胺化合物是 AFMK,具有清除活性氧（ROS）的特性,特别是对高活性的·OH，但对于其他 RNS 自由基，AFMK 的反应能力要低得多。

但值得注意的是，AFMK 的两种脱甲酰基类似物对 RNS 的反应能力具有重要的变化，因为这两种脱甲酰基分子可以在环原子 1 上进行 N-亚硝基化（Rosen et al.，2006）。AFMK 衍生出的可能最重要的产物是其脱甲酰基类似物 AMK。尽管人们经常假设 AMK 可能在褪黑激素清除级联反应中通过 AFMK 的 2 电子转移反应形成，但在多种体内和体外实验中，往往难以检测到 AMK 的存在。然而，已有研究表明，AFMK 确实可以通过酶（如血红素过氧化物酶和芳基甲酰胺酶）转化为 AMK（Hardeland et al.，2009）。而其难以检测的原因之一很可能是 AMK 相对于 AFMK 具有更高的反应活性。AMK 的生理存在可能具有更高的重要性，因为它对多种活性氧（ROS）具有很高的反应活性，特别是对羟基自由基（·OH）和单线态氧，其反应活性甚至可能超过了褪黑激素。此外，AMK 对碳酸根自由基（CO3·-）的反应活性、与 RNS 的各种相互作用以及与·NO 的作用均具有显著作用。

AMK 是褪黑激素代谢过程中的关键代谢产物，与其前体 AFMK 和褪黑激素相比存在多处差异，尤其是在活性氧（ROS）和活性氮（RNS）的相互作用方面。与 AFMK 相比，AMK 对某些氧化自由基的反应活性要高得多，这种差异在 RNS 方面更为明显。AMK 在普通空气中能够与痕量 RNS 反应，并能够转化为三种硝化产物，包括 AMNK、N-[2-（6- 甲氧基喹唑啉 -4- 基）- 乙基]- 乙酰胺（MQA）和 3- 乙酰胺基甲基 -6-甲氧基肉桂酰亚胺酮（AMMC）（Guenther *et al.*，2005）。其中 AMMC 被鉴定为通过亚硝化作用形成的产物，且 AMMC 相当稳定，仅在强氧化剂（如 •OH）存在下才会分解。此外，在实验中还观察到，将 AFMK 与 NO、H_2O_2 联合孵育数小时后也能观察到 AMMC 的生成，但这种过程要远慢于 AMK 与 RNS 的反应。值得注意的是，三种一氧化氮同系物（NO、$^+$NO 和 HNO）同样能够将 AMK 亚硝化为 AMMC，之后也有研究表明 N_2O_3 也具有类似效果（Zhang *et al.*，1998）。

在 AMK 的氧化实验中，使用 ABTS 阳离子自由基（ABTS$^{·+}$）对 AMK 进行氧化，发现 AMK 之间可以形成二聚体，发生自我的 N 原子之间或者 C-N 原子之间的连接，表明其具有能够与 RNS 发生反应的潜力。在使用更具氧化剂对 AMK 进行氧化的实验表明，AMK 的乙酰胺基团转移到了另一个 AMK 上，证实了 AMK 在提供和接受含氮残基方面的独特性质（Hardeland，2021）。

AMK 与 RNS 的作用在涉及其苯胺氮的过程中也是显而易见。在关于 AMK 与芳香族氨基酸相互作用的研究中，它与酪氨酸和色氨酸都产生了加合物。AMK 与酪氨酸的结合会形成一种特殊的加合物，这种加合物不仅可能与游离的酪氨酸结合，还可能与蛋白质中的酪氨酰残基结合，从而实现对蛋白质的 AMK 化。尽管蛋白质 AMK 化的生物学意义仍需要进一步阐明，但猜测可能与蛋白质的翻译后修饰和蛋白质降解有关。在动物中已经观察到 AMK 在角质形成细胞和黑色素瘤细胞中的抗增殖作用（Schaefer and Hardeland，2009）。

6.2.3 褪黑激素与 RNS 反应的生物学功能

在生长和发育过程中，植物会受到各种生物和非生物胁迫，这些胁迫可能导致生长抑制、衰老、产量下降甚至死亡。褪黑激素及其前体和衍生物在生物和非生物胁迫条件下发挥着重要作用，它们可以直接清除活性氧（ROS），并维持氧化还原和活性氮（RNS）稳态。在胁迫条件下应用外源褪黑激素会导致内源褪黑激素和一氧化氮（NO）产生的增加，进而影响植物对生物和非生物胁迫的响应。

6.2.3.1 非生物胁迫

非生物胁迫会严重影响植物的生长和繁殖，并降低大多数作物的产量。植物已经进化出几种复杂的机制来适应环境胁迫。为了应对非生物胁迫，褪黑激素作为一种强效抗氧化剂，上调了几种抗氧化酶的转录水平，并增加了超氧化物歧化酶（SOD）、过氧化氢酶、谷胱甘肽过氧化物酶（GPx）、谷胱甘肽还原酶（GR）和葡萄糖水平。葡萄糖 -6- 磷酸脱氢酶（G6PD）等抗氧化酶能增强植物的抗逆性。一氧化氮（NO）和褪黑激素在植物细胞中具有相似的作用模式。NO 是非生物胁迫反应的关键因素，它对非生物胁迫的作用主要是通过活性氧（ROS）反应，从而改变氧化还原稳态，促进对氧化应激的耐受性，并增强植物的抗氧化能力。此外，NO 还可以直接或间接地与各种靶标相互作用，从而调节基因表达，进而影响蛋白质的翻译和修饰。

6.2.3.2 盐胁迫

盐胁迫是全球农业生产中的主要限制因素之一,每年都会导致巨大的产量损失。高盐会引起渗透胁迫,并积累高水平的活性氧(ROS),而褪黑激素通过参与了 ROS 信号通路诱导了植物对盐胁迫的耐受性,褪黑激素主要是通过 RNS 与 ROS 的相互作用来影响植物耐盐性的产生。

在植物中,谷胱甘肽是一种重要的抗氧化剂,而还原型 / 氧化型谷胱甘肽(GSH/GSSG)的比率是细胞氧化状态的指标,受谷胱甘肽还原酶(GR)的调节,在植物耐盐性中发挥着重要作用。在向日葵幼苗中,褪黑激素和 NO 能够相互影响,通过调节 GR 活性和 GSH 含量来缓解盐胁迫(Kaur and Bhatla, 2016)。此外,褪黑激素和一氧化氮(NO)还可以调节钠氢交换基因(*NHX1*)和盐超敏蛋白 2 基因(*SOS2*)的转录,从而维持 Na^+/K^+ 平衡,维持细胞的渗透压和电势,增强植物的耐盐性(Zhao *et al.*, 2018)。

已有大量研究表明,褪黑激素与 NO 存在着显著的关联。在辣椒(*Capsicum annuum*)中,外源褪黑激素的使用缓解了盐胁迫,增加了内源 NO 和 H_2S 的水平,表明褪黑激素与 NO 存在显著的相关性(Kaya *et al.*, 2020b)。硝普钠(SNP)作为 NO 的来源,在外源施用中显著降低了对照向日葵幼苗子叶中羟吲哚 -O- 甲基转移酶(HIOMT;一种褪黑激素合成酶)的活性,影响褪黑激素的合成,进而影响植物的耐盐性。此外,有研究表明,在盐胁迫下,外源褪黑激素的应用会抑制幼苗生长,这一效应可能与 NO 的活性、超氧阴离子(O^{2-})和过氧亚硝基阴离子(ONOO−)的积累、蛋白质酪氨酸的硝化程度有关。在盐胁迫下,NO 与褪黑激素的相互作用可能作为长距离信号,通过差异调节两种 SOD 同工酶(Cu/Zn SOD 和 Mn SOD)的活性来调节幼苗生长并维持氧化还原稳态(Arora and Bhatla, 2017)。但值得注意的是,目前尚缺乏直接证据表明 NO 与褪黑激素的上下游关系。有研究证实,在添加 NaCl 或褪黑激素的植物中,去除 NO 并不影响内源褪黑激素含量。而在硝酸还原酶抑制突变体中,内源 NO 水平间显著降低,而褪黑激素的施用并未恢复 NO 的水平。这些结题似乎预示着,在促进耐盐性方面,NO 很可能位于褪黑激素的下游。有人提出,褪黑激素诱导的耐盐性可能与 NO 和 H2S 之间的下游信号串扰有关。

6.2.3.3 重金属胁迫

重金属是影响土壤质量的重要因素,被重金属污染的土壤通常很难修复。而重金属胁迫对植物有着重要影响,其通过改变抗氧化酶的含量或活性而引起氧化应激反应。在重金属胁迫下,褪黑激素和活性氧(ROS),特别是一氧化氮(NO),会触发植物的信号通路,诱导植物对重金属胁迫的抗性。

镉(Cd)胁迫是一种重要的金属胁迫,过去的研究表明,褪黑激素在植物对镉胁迫的耐受性中发挥了重要作用。镉胁迫可以诱导褪黑激素合成基因的转录,进而促进褪黑激素的产生。这种由镉诱导的褪黑激素合成依赖于光、过氧化氢(H_2O_2)和一氧化氮(NO)。在镉胁迫下的小麦幼苗中,褪黑激素通过增加内源性NO,增强了植物的抗氧化能力和对镉毒性的耐受性。这些发现表明,褪黑激素与NO之间的相互作用有助于植物对镉胁迫的响应。

在植物中,高浓度的铅(Pb)通常会抑制细胞生长,并最终导致细胞死亡。当玉米植物暴露在铅环境中后,使用褪黑激素进行处理可以显著降低铅的毒性,并增加植物体内NO的含量。进一步的研究表明,当使用一氧化氮清除剂时,褪黑激素诱导的对铅毒性的耐受性被消除,这表明,一氧化氮在褪黑激素诱导的抗氧化防御机制中发挥了重要作用,而褪黑激素与一氧化氮之间的相互作用对于玉米植物在铅胁迫下的耐受性至关重要(Okant and Kaya,2019)。

铝胁迫也是重要的重金属胁迫之一,在植物根部,一氧化氮(NO)能够减轻铝胁迫下的氧化应激,同时铝胁迫也能抑制褪黑激素的合成。在受到铝胁迫的拟南芥中,*snat* 突变体中的NR(硝酸还原酶)和NOS(一氧化氮合酶)活性比野生型中更强、NO产生更多。另一项研究表明,铝胁迫下,外源的褪黑激素合成抑制剂 p-氯苯丙氨酸(p-CPA)会导致内源NO含量的增加。褪黑激素可能通过干扰NO介导的细胞分裂,从而缓解铝诱导的根生长抑制。由此可知,在铝胁迫下,褪黑激素诱导的胁迫抗性与NO密切相关。

6.2.3.4 其他胁迫

褪黑激素和一氧化氮（NO）被发现能够减轻植物损伤，其机制包括减少 Na^+ 积累、激活参与防御反应信号通路的基因、增加 K^+ 吸收、提高抗氧化酶活性和促进抗氧化剂的积累等。冷害胁迫也是植物面临的重要非生物胁迫之一，有研究表明，在番茄果实中，外源褪黑激素能够通过上调 ZAT2/6/12 转录因子的表达来增强植物对冷胁迫的耐受性，并通过触发精氨酸途径促进 NO 积累。表明在冻害胁迫中，褪黑激素和 NO 存在着某种交互作用（Aghdam et al., 2019）。尽管有许多研究表明，转录因子很可能是褪黑激素与 NO 交互作用的中间传递因子，但涉及与胁迫相关转录因子的生理途径仍有待进一步研究。此外，外源褪黑激素以过氧化氢（H_2O_2）依赖的方式提高了植物对光氧化胁迫的耐受性，而 NO 与 H_2O_2 相互作用，参与调控了植物的光胁迫抗性。外源褪黑激素提高了绿藻对氮饥饿或光胁迫的抗性，诱导了雨生红球藻中 NO 依赖的 MAPK 级联信号的积累（Ding et al., 2018）。

在自然环境中，植物经常面临各种有害生物的侵害，包括细菌、病毒、真菌和草食动物。近年来研究发现，褪黑激素在植物对病虫害的免疫调节中起着重要作用。外源褪黑激素的应用增强了植物对多种病原体的抗性，包括丁香假单胞菌（*Pseudomonas syringae* pv.）、镰刀菌（*Fusarium oxysporum*）、青霉菌属（*Penicillium* spp.）、致病疫霉（*Phytophthora infestans*）、黄萎病菌（*Verticillium dahliae*）、灰霉菌（*Botrytis cinerea*）和匐枝根霉（Rhizopus stolonifer）等。一氧化氮（NO）作为植物先天免疫系统中上游的信号分子，在植物应对病原体入侵的响应中扮演着关键角色。众多研究已探讨了一氧化氮介导的植物疾病响应以及 NO 与水杨酸（SA）之间协同作用在天然免疫中发挥的重要作用。而褪黑激素诱导的植物抗病反应很可能与 NO 和 SA 诱导的免疫反应有关。

在拟南芥中，用褪黑激素处理后再接种番茄丁香假单胞菌（Pseudomonas syringe pv. tomato, Pst）DC3000 的，叶片内的一氧化氮水平迅速上升，表明褪黑激素很可能通过 NO 影响植物对病原菌的响应，一氧化氮（NO）很可能作为褪黑激素的下游信号在植物免疫反应中发挥作用。此外，一氧化氮水平的增加与水杨酸（SA）合成基因（如 AtEDS1、

AtPAD4）以及 SA 下游基因（如 AtPR1、AtPR2 和 AtPR5）的表达水平高度相关。比较代谢组学分析显示，褪黑激素与 Pst DC3000 共同处理拟南芥后，提高了 SA 和 NO 的水平，并激活了对病原体的免疫反应（Shi et al.，2015）。这些结果预示着褪黑激素很可能与 NO、SA 相互作用，共同调控植物对病原菌的免疫反应。尽管目前已经有许多研究表明了褪黑激素与 NO、SA 的相互串扰，但尚不明确他们的上下游关系，甚至他们的关系很可能存在反馈调节。

致病细菌感染还可能引起 H_2O_2 和 NO 水平的升高，通过氧化信号诱导 MPAK 激酶的级联反应，而褪黑激素在 H_2O_2 和 NO 水平的调控中起着重要作用。此外，这种 MAPK 级联反应的激活还能导致 SA 水平升高，进而诱导包括 PR1 在内的多种防御相关基因的表达（Lee and Back，2017）。综合这些发现，褪黑激素介导的病原体入侵与 NO 介导的植物防御信号通路之间存在关联，褪黑激素很可能与 NO 共同协调植物对病原菌的免疫反应。此外，褪黑激素很可能作为更上游的信号发挥作用，而 SA 也在其中发挥了重要作用。

6.2.3.5 植物生长发育

在植物的生长与发育过程中，褪黑激素扮演着至关重要的角色。已有研究表明，在植物生长发育过程中，褪黑激素与生长素具有类似作用。进一步的研究发现，褪黑激素在植物种子萌发和形态建成、植物开花和果实发育与成熟等方面均发挥着重要作用。而关于 NO 影响植物生长发育的研究已经广泛为研究者所知。在正常条件下，NO 对种子休眠的打破和种子萌发、根系发育、侧根形成、初生根生长、不定根形成、根毛发育、叶绿素生物合成、营养生长、维管分化、共生根瘤形成、气孔矩、铁稳态、叶片衰老、开花控制和果实成熟等均有显著贡献（Khan et al.，2023）。

在对番茄幼苗的研究中发现，一氧化氮（NO）可能作为褪黑激素诱导 ARF 的下游信号。褪黑激素通过下调 S- 亚硝基谷胱甘肽还原酶（GSNOR）的表达，导致内源性 NO 的积累，进而对 ARF 产生促进或抑制作用。此外，褪黑激素通过 NO 信号通路影响生长素的转运、信号转导（如 PIN1、PIN3、PIN7、IAA19 和 IAA24 等基因的表达）以及生长素的积累（Wen et al.，2016）。这些发现进一步加深了我们对褪黑激素、

NO 和生长素在植物根系发育和信号转导中串扰作用的理解。

褪黑激素对植物的营养生长阶段和生殖生长阶段均能产生显著影响。鉴于褪黑激素能延缓多种水果的衰老过程,它在采后贮藏中得到了广泛应用。类似地,一氧化氮(NO)在调控成熟果实衰老方面也发挥着重要作用。NO 通过抑制乙烯的生物合成和下游反应,延缓了果实的成熟过程。研究表明,褪黑激素通过上调 PcNOS 表达来增强一氧化氮合酶(NOS)的活性,导致 NO 含量增加,进而抑制乙烯产生并延缓果实衰老;同时,褪黑激素还可以和 NO 协同作用,阻断与果实软化相关的多聚半乳糖醛酸酶(PG)和纤维素酶(Cel)相关基因的上调表达,抑制乙烯合成酶基因(如 PcACS 和 PcACO)的表达,从而减少了果实的呼吸作用和乙烯的产生(Liu *et al.*, 2019)。然而,褪黑激素诱导的 NR/Ni-NOR 途径中 NO 的具体合成机制仍有待进一步阐明。

铁(Fe)是植物生长过程中不可或缺的重要营养元素,它在光合作用、DNA 合成、呼吸作用以及激素合成等方面都扮演着关键角色。外源 NO 的施用能够提升可溶性铁的含量,改善叶片黄化现象,并缓解缺铁导致的氧化应激。在铁缺乏的条件下,褪黑激素水平的升高会导致多胺含量的增加,进而促进 NO 的积累。NO 信号会上调与铁相关的基因如 FIT1、FRO2 和 IRT1 的表达,从而诱导细胞壁中铁的再活化,增加可溶性铁的可利用性(Zhou *et al.*, 2016)。因此,NO 与褪黑激素之间的相互作用与多胺介导的信号传导途径相关。

尽管在不同的研究中表明褪黑激素与 NO 存在相互协同的调控机制,但更加完善可靠的证据尚没有出现。因此,褪黑激素如何与 NO 共同调控植物的生长发育过程还有待进一步研究。

6.3 褪黑激素与 H_2S

硫化氢(Hydrogen Sulfide,H_2S)是一种具有臭鸡蛋气味的气体,在生物体内却是一种重要的信号分子,因其具有活性 S 原子,因此也是一种重要的活性分子。硫化氢在增强植物对非生物胁迫的耐受性和缓解其有害影响方面发挥着至关重要的作用。褪黑激素除了能够与 RNS 相互作用以外,也能够与硫化氢(H_2S)分子相互作用,在植物的生长发育和非生物胁迫中发挥作用。

研究表明,褪黑激素能够通过提高内源 H_2S 的合成从而调控由 H_2S 介导的生理活动,包括植物的生长发育、生物和非生物胁迫耐性。有报道显示,褪黑激素能够增强内源 H_2S 合成的相关酶包括 D- 半胱氨酸脱硫酶(DCD)和 L- 半胱氨酸脱硫酶(LCD)的活性,进而促进植物内源 H_2S 的积累(Huang *et al.*,2021)。此外,也有在其他作物如番茄、小麦、黄瓜、辣椒等作物中发现褪黑激素能够影响内源 H_2S 的合成。

褪黑激素与 H_2S 之间的相互作用在应对非生物胁迫中起到的重要作用已经在许多研究中被报道。外源褪黑激素可调节 NaCl 胁迫下番茄幼苗子叶的早期 H_2S 信号,外源褪黑激素可以和 H_2S 产生加性效应,从而改善 NaCl 胁迫下番茄幼苗的生长变化(Mukherjee and Bhatla,2021)。褪黑激素通过增强 L- 半胱氨酸脱硫酶(L-DES)的活性来增强内源硫化氢的合成,并以硫化氢依赖途径对盐胁迫下的番茄幼苗起到保护作用,其中由硫化氢依赖的 H-ATP 酶驱动的次级主动转运在调节钾钠平衡中扮演了关键角色(Siddiqui *et al.*,2021)。热胁迫会降低植物的光合作用、增加氧化应激,并干扰碳水化合物代谢,导致植物生长受阻。褪黑激素的应用显著减轻了这些负面影响,降低了氧化应激水平,增强了抗氧化酶的活性,并提高了光合作用和碳水化合物代谢的效率,从而帮助植物在胁迫条件下维持生长。而更进一步的研究显示,褪黑激素的这些积极作用是通过硫化氢(H_2S)介导的,因为抑制 H_2S 的产生会抵消褪黑激素的保护作用。这表明褪黑激素与 H_2S 在调控碳水化合物代谢以对抗热胁迫引起的光合抑制方面存在协同作用(Iqbal *et al.*,2021)。而在辣椒中的研究中也显示出这一点,褪黑激素诱导的辣椒对铁缺乏和盐胁迫的耐受性依赖于 H_2S 和 NO(Kaya *et al.*,2020a)。在黄瓜中,褪黑激素通过增加 L-/D- 半胱氨酸脱硫酶的活性来诱导 H_2S 的产生,进而调节黄瓜的光合作用和抗氧化防御系统,以应对盐胁迫。此外,H_2S 和 NO 作为 MAPK 级联反应的上游信号分子,与 MAPK 相互作用,共同调节黄瓜对盐胁迫的响应,这一发现为深入理解植物逆境胁迫响应机制提供了新的视角(Sun *et al.*,2021b)。GSH 在植物非生物胁迫耐性中发挥着重要作用,而有趣的是,外源褪黑激素也可以通过诱导番茄、小麦、水稻等植物中的中谷胱甘肽还原酶、抗坏血酸还原酶等的活性从而增强 GSH-AsA 系统的效率，从而增加可用的还原型 GSH 的含量。H_2S 可以快速结合到半胱氨酸中，随后再合成 GSH，是谷胱甘肽的重要合成途径，因此，H_2S 和褪黑激素在调节 GSH 稳态方面可能存在某种联系。此外，应用 H_2S 清除剂次牛磺酸（HT）能够改变褪黑激素在缓解植物盐胁迫和热损伤方面的作用，影响了植物体内的氧化还原平衡，进而影响了褪黑激素的作用（Siddiqui *et al.*, 2021）。此外，研究还揭示了 ROS 与 H_2S 信号在植物非生物胁迫耐受性中复杂相互作用的机制，而褪黑激素与 ROS 的清除密切相关。然而，迄今为止，关于褪黑激素、NO 和 H_2S 在植物应对非生物胁迫中的相互作用机制尚未得到广泛研究，有关褪黑激素、NO、H_2S 和 ROS 在植物生长发育和胁迫耐受性中的相互作用的了解依然还十分有限，还需要进一步利用遗传、药理、基因组和蛋白质组学等方法取得更多进展。

参考文献

[1] Aghdam, M.S., Luo, Z., Jannatizadeh, A., Sheikh-Assadi, M., Sharafi, Y., Farmani, B., Fard, J.R. and Razavi, F.（2019）. Employing exogenous melatonin applying confers chilling tolerance in tomato fruits by upregulating ZAT2/6/12 giving rise to promoting endogenous polyamines, proline, and nitric oxide accumulation by triggering arginine pathway activity. Food Chem., 275, 549-556.

[2] Ahammed, G.J., Li, Z., Chen, J., Dong, Y., Qu, K., Guo, T., Wang, F., Liu, A., Chen, S. and Li, X.（2024）. Reactive oxygen species signaling in melatonin-mediated plant stress response. Plant Physiol. Biochem., 207, 108398.

[3] Ahmad, S., Kamran, M., Ding, R., Meng, X., Wang, H., Ahmad, I., Fahad, S. and Han, Q.（2019）. Exogenous melatonin confers drought stress by promoting plant growth, photosynthetic capacity and antioxidant defense system of maize seedlings. PeerJ, 7,

e7793.

[4] Andryka-Dudek, P., Ciacka, K., Wiśniewska, A., Bogatek, R. and Gniazdowska, A. (2019). Nitric Oxide-Induced Dormancy Removal of Apple Embryos Is Linked to Alterations in Expression of Genes Encoding ABA and JA Biosynthetic or Transduction Pathways and RNA Nitration. In Int. J. Mol. Sci.

[5] Arnao, M.B. and Hernández-Ruiz, J. (2018). Melatonin and its relationship to plant hormones. Ann. Bot., 121, 195-207.

[6] Arnao, M.B. and Hernández-Ruiz, J. (2019). Melatonin: A New Plant Hormone and/or a Plant Master Regulator? Trends Plant Sci., 24, 38-48.

[7] Arora, D. and Bhatla, S.C. (2017). Melatonin and nitric oxide regulate sunflower seedling growth under salt stress accompanying differential expression of Cu/Zn SOD and Mn SOD. Free Radical Biol. Med., 106, 315-328.

[8] Aysun, H. and Burcu, B. (2018). An Overview of Melatonin as an Antioxidant Molecule: A Biochemical Approach. In Melatonin (Cristina Manuela, D. and Alina Crenguţa, N. eds). Rijeka: IntechOpen, pp. Ch. 3.

[9] Barroso, J.B., Corpas, F.J., Carreras, A., Sandalio, L.M., Valderrama, R., Palma, J.M., Lupiáñez, J.A. and del Río, L.A. (1999). Localization of nitric-oxide synthase in plant peroxisomes. J. Biol. Chem., 274, 36729-36733.

[10] Boscari, A., Del Giudice, J., Ferrarini, A., Venturini, L., Zaffini, A.L., Delledonne, M. and Puppo, A. (2013). Expression dynamics of the Medicago truncatula transcriptome during the symbiotic interaction with Sinorhizobium meliloti: which role for nitric oxide? Plant Physiol., 161, 425-439.

[11] Bright, J., Desikan, R., Hancock, J.T., Weir, I.S. and Neill, S.J. (2006). ABA-induced NO generation and stomatal closure in Arabidopsis are dependent on H2O2 synthesis. Plant J., 45, 113-122.

[12] Bright, J., Hiscock, S.J., James, P.E. and Hancock, J.T.

（2009）. Pollen generates nitric oxide and nitrite: a possible link to pollen-induced allergic responses. Plant Physiol. Biochem., 47, 49-55.

[13] Buettner, G.R.（1993）. The Pecking Order of Free Radicals and Antioxidants: Lipid Peroxidation, α-Tocopherol, and Ascorbate. Arch Biochem Biophys, 300, 535-543.

[14] Chang, J., Guo, Y., Li, J., Su, Z., Wang, C., Zhang, R., Wei, C., Ma, J., Zhang, X. and Li, H.（2021）. Positive Interaction between H（2）O（2）and Ca（2+）Mediates Melatonin-Induced CBF Pathway and Cold Tolerance in Watermelon（Citrullus lanatus L.）. Antioxidants（Basel, Switzerland）, 10.

[15] Chen, J., Li, H., Yang, K., Wang, Y., Yang, L., Hu, L., Liu, R. and Shi, Z.（2019）. Melatonin facilitates lateral root development by coordinating PAO-derived hydrogen peroxide and Rboh-derived superoxide radical. Free Radic Biol Med, 143, 534-544.

[16] Chen, Z., Gu, Q., Yu, X., Huang, L., Xu, S., Wang, R., Shen, W. and Shen, W.（2018）. Hydrogen peroxide acts downstream of melatonin to induce lateral root formation. Ann. Bot., 121, 1127-1136.

[17] Clark, D., Durner, J., Navarre, D.A. and Klessig, D.F.（2000）. Nitric oxide inhibition of tobacco catalase and ascorbate peroxidase. Mol Plant Microbe Interact, 13, 1380-1384.

[18] Clarke, A., Desikan, R., Hurst, R.D., Hancock, J.T. and Neill, S.J.（2000）. NO way back: nitric oxide and programmed cell death in Arabidopsis thaliana suspension cultures. The Plant Journal, 24, 667-677.

[19] Corpas, F.J. and Barroso, J.B.（2014）. Peroxisomal plant nitric oxide synthase（NOS）protein is imported by peroxisomal targeting signal type 2（PTS2）in a process that depends on the cytosolic receptor PEX7 and calmodulin. FEBS Lett., 588, 2049-2054.

[20] Corpas, F.J., Barroso, J.B., Carreras, A., Quirós, M., León, A.M., Romero-Puertas, M.a.C., Esteban, F.J., Valderrama, R., Palma, J.M., Sandalio, L.M., Gómez, M. and del Río, L.A.（2004）. Cellular and Subcellular Localization of Endogenous Nitric Oxide in

Young and Senescent Pea Plants Plant Physiol., 136, 2722-2733.

[21] Cui, G., Zhao, X., Liu, S., Sun, F., Zhang, C. and Xi, Y. (2017). Beneficial effects of melatonin in overcoming drought stress in wheat seedlings. Plant Physiol. Biochem., 118, 138-149.

[22] Cvetkovska, M., Dahal, K., Alber, N.A., Jin, C., Cheung, M. and Vanlerberghe, G.C. (2014). Knockdown of mitochondrial alternative oxidase induces the 'stress state' of signaling molecule pools in Nicotiana tabacum, with implications for stomatal function. New Phytol., 203, 449-461.

[23] Del Castello, F., Nejamkin, A., Cassia, R., Correa-Aragunde, N., Fernández, B., Foresi, N., Lombardo, C., Ramirez, L. and Lamattina, L. (2019). The era of nitric oxide in plant biology: Twenty years tying up loose ends. Nitric oxide : biology and chemistry, 85, 17-27.

[24] del Giudice, J., Cam, Y., Damiani, I., Fung-Chat, F., Meilhoc, E., Bruand, C., Brouquisse, R., Puppo, A. and Boscari, A. (2011). Nitric oxide is required for an optimal establishment of the Medicago truncatula–Sinorhizobium meliloti symbiosis. New Phytol., 191, 405-417.

[25] Delledonne, M., Xia, Y., Dixon, R.A. and Lamb, C. (1998). Nitric oxide functions as a signal in plant disease resistance. Nature, 394, 585-588.

[26] Delledonne, M., Zeier, J., Marocco, A. and Lamb, C. (2001). Signal interactions between nitric oxide and reactive oxygen intermediates in the plant hypersensitive disease resistance response. Proc Natl Acad Sci U S A, 98, 13454-13459.

[27] Diem, S., Gutsche, B. and Herderich, M. (2001). Degradation of Tetrahydro-β-carbolines in the Presence of Nitrite: HPLC–MS Analysis of the Reaction Products. J. Agric. Food Chem., 49, 5993-5998.

[28] Ding, W., Zhao, Y., Xu, J.W., Zhao, P., Li, T., Ma, H., Reiter, R.J. and Yu, X. (2018). Melatonin: A Multifunctional Molecule That Triggers Defense Responses against High Light and

Nitrogen Starvation Stress in Haematococcus pluvialis. J. Agric. Food Chem., 66, 7701-7711.

[29] Durner, J., Wendehenne, D. and Klessig, D.F. (1998). Defense gene induction in tobacco by nitric oxide, cyclic GMP, and cyclic ADP-ribose. Proc Natl Acad Sci U S A, 95, 10328-10333.

[30] Fan, W., He, Y., Guan, X., Gu, W., Wu, Z., Zhu, X., Huang, F. and He, H. (2018). Involvement of the nitric oxide in melatonin-mediated protection against injury. Life Sci., 200, 142-147.

[31] Foissner, I., Wendehenne, D., Langebartels, C. and Durner, J. (2000). In vivo imaging of an elicitor-induced nitric oxide burst in tobacco. Plant J., 23, 817-824.

[32] Foyer, C.H. and Hanke, G. (2022). ROS production and signalling in chloroplasts: cornerstones and evolving concepts. The Plant Journal, 111, 642-661.

[33] Gabaldón, C., Gómez Ros, L.V., Pedreño, M.A. and Ros Barceló, A. (2005). Nitric oxide production by the differentiating xylem of Zinnia elegans. New Phytol., 165, 121-130.

[34] Galano, A., Medina, M.E., Tan, D.X. and Reiter, R.J. (2015). Melatonin and its metabolites as copper chelating agents and their role in inhibiting oxidative stress: a physicochemical analysis. J. Pineal Res., 58, 107-116.

[35] Galano, A., Tan, D.X. and Reiter, R.J. (2013). On the free radical scavenging activities of melatonin's metabolites, AFMK and AMK. J. Pineal Res., 54, 245-257.

[36] Guenther, A.L., Schmidt, S.I., Laatsch, H., Fotso, S., Ness, H., Ressmeyer, A.-R., Poeggeler, B. and Hardeland, R. (2005). Reactions of the melatonin metabolite AMK (N1-acetyl-5-methoxykynuramine) with reactive nitrogen species: Formation of novel compounds, 3-acetamidomethyl-6-methoxycinnolinone and 3-nitro-AMK. J. Pineal Res., 39, 251-260.

[37] Guo, X., Shi, Y., Zhu, G. and Zhou, G. (2023a). Melatonin Mitigated Salinity Stress on Alfalfa by Improving Antioxidant Defense and Osmoregulation. Agronomy-Basel, 13.

[38] Guo, Y., Zhu, J., Liu, J., Xue, Y., Chang, J., Zhang, Y., Ahammed, G.J., Wei, C., Ma, J., Li, P., Zhang, X. and Li, H. (2023b). Melatonin delays ABA-induced leaf senescence via H (2) O (2)-dependent calcium signalling. Plant Cell Environ, 46, 171-184.

[39] Gupta, K.J., Hancock, J.T., Petrivalsky, M., Kolbert, Z., Lindermayr, C., Durner, J., Barroso, J.B., Palma, J.M., Brouquisse, R., Wendehenne, D., Corpas, F.J. and Loake, G.J. (2020). Recommendations on terminology and experimental best practice associated with plant nitric oxide research. New Phytol., 225, 1828-1834.

[40] Hao, G.-P., Xing, Y. and Zhang, J.-H. (2008). Role of Nitric Oxide Dependence on Nitric Oxide Synthase-like Activity in the Water Stress Signaling of Maize Seedling. Journal of Integrative Plant Biology, 50, 435-442.

[41] Hardeland, R. (2017). Taxon- and Site-Specific Melatonin Catabolism. Molecules, 22.

[42] Hardeland, R. (2021). Melatonin, Its Metabolites and Their Interference with Reactive Nitrogen Compounds. In Molecules.

[43] Hardeland, R., Poeggeler, B., Niebergall, R. and Zelosko, V. (2003). Oxidation of melatonin by carbonate radicals and chemiluminescence emitted during pyrrole ring cleavage. J. Pineal Res., 34, 17-25.

[44] Hardeland, R., Tan, D.-X. and Reiter, R.J. (2009). Kynuramines, metabolites of melatonin and other indoles: the resurrection of an almost forgotten class of biogenic amines. J. Pineal Res., 47, 109-126.

[45] He, Y., Tang, R.-H., Hao, Y., Stevens, R.D., Cook, C.W., Ahn, S.M., Jing, L., Yang, Z., Chen, L., Guo, F., Fiorani, F., Jackson, R.B., Crawford, N.M. and Pei, Z.-M. (2004). Nitric Oxide Represses the Arabidopsis Floral Transition. Science, 305, 1968-1971.

[46] Hu, X., Neill, S.J., Tang, Z. and Cai, W. (2005). Nitric Oxide Mediates Gravitropic Bending in Soybean Roots Plant Physiol., 137, 663-670.

[47] Huang, D., Huo, J. and Liao, W. (2021). Hydrogen sulfide: Roles in plant abiotic stress response and crosstalk with other signals. Plant Sci., 302, 110733.

[48] Iqbal, N., Fatma, M., Gautam, H., Umar, S., Sofo, A., D'ippolito, I. and Khan, N.A. (2021). The Crosstalk of Melatonin and Hydrogen Sulfide Determines Photosynthetic Performance by Regulation of Carbohydrate Metabolism in Wheat under Heat Stress. In Plants.

[49] Janků, M., Luhová, L. and Petřivalský, M. (2019). On the Origin and Fate of Reactive Oxygen Species in Plant Cell Compartments. In Antioxidants-Basel.

[50] Jiang, L., Yun, M., Ma, Y. and Qu, T. (2024). Melatonin Mitigates Water Deficit Stress in Cenchrus alopecuroides (L.) Thunb through Up-Regulating Gene Expression Related to the Photosynthetic Rate, Flavonoid Synthesis, and the Assimilatory Sulfate Reduction Pathway. In Plants.

[51] Johns, J.R. and Platts, J.A. (2014). Theoretical insight into the antioxidant properties of melatonin and derivatives. Organic & Biomolecular Chemistry, 12, 7820-7827.

[52] Kaur, H. and Bhatla, S.C. (2016). Melatonin and nitric oxide modulate glutathione content and glutathione reductase activity in sunflower seedling cotyledons accompanying salt stress. Nitric oxide: biology and chemistry, 59, 42-53.

[53] Kaya, C., Ashraf, M., Alyemeni, M.N. and Ahmad, P. (2020a). Responses of nitric oxide and hydrogen sulfide in regulating oxidative defence system in wheat plants grown under cadmium stress. Physiol. Plant., 168, 345-360.

[54] Kaya, C., Higgs, D., Ashraf, M., Alyemeni, M.N. and Ahmad, P. (2020b). Integrative roles of nitric oxide and hydrogen sulfide in melatonin-induced tolerance of pepper (Capsicum annuum L.) plants to iron deficiency and salt stress alone or in combination. Physiol. Plant., 168, 256-277.

[55] Khan, M., Sajid, A., Tiba Nazar Ibrahim Al, A. and Byung-

Wook, Y. (2023). Nitric Oxide Acts as a Key Signaling Molecule in Plant Development under Stressful Conditions. Int. J. Mol. Sci., 24, 4782.

[56] Kolbert, Z., Barroso, J.B., Brouquisse, R., Corpas, F.J., Gupta, K.J., Lindermayr, C., Loake, G.J., Palma, J.M., Petřivalský, M., Wendehenne, D. and Hancock, J.T. (2019). A forty year journey: The generation and roles of NO in plants. Nitric oxide : biology and chemistry, 93, 53-70.

[57] Kovacs, I., Durner, J. and Lindermayr, C. (2015). Crosstalk between nitric oxide and glutathione is required for NONEXPRESSOR OF PATHOGENESIS-RELATED GENES 1 (NPR1)-dependent defense signaling in Arabidopsis thaliana. New Phytol., 208, 860-872.

[58] Lee, H.Y. and Back, K. (2017). Melatonin is required for H2O2- and NO-mediated defense signaling through MAPKKK3 and OXI1 in rabidopsis thaliana. J. Pineal Res., 62, e12379.

[59] Lee, K., Hwang, O.J., Reiter, R.J. and Back, K. (2018). Flavonoids inhibit both rice and sheep serotonin N-acetyltransferases and reduce melatonin levels in plants. J. Pineal Res., 65, e12512.

[60] Lehnig, M. and Kirsch, M. (2007). 15N-CIDNP investigations during tryptophan, N-acetyl-L-tryptophan, and melatonin nitration with reactive nitrogen species. Free Radic Res, 41, 523-535.

[61] Leshem, Y.A.Y. and Haramaty, E. (1996). The Characterization and Contrasting Effects of the Nitric Oxide Free Radical in Vegetative Stress and Senescence of Pisum sativum Linn. Foliage. J. Plant Physiol., 148, 258-263.

[62] Li, H., Guo, Y., Lan, Z., Xu, K., Chang, J., Ahammed, G.J., Ma, J., Wei, C. and Zhang, X. (2021a). Methyl jasmonate mediates melatonin-induced cold tolerance of grafted watermelon plants. Hortic Res, 8, 57.

[63] Li, H., Guo, Y., Lan, Z., Zhang, Z., Ahammed, G.J., Chang, J., Zhang, Y., Wei, C. and Zhang, X. (2021b). Melatonin antagonizes ABA action to promote seed germination by regulating Ca

(2+) efflux and H (2) O (2) accumulation. Plant Sci., 303, 110761.

[64] Li, H., He, J., Yang, X., Li, X., Luo, D., Wei, C., Ma, J., Zhang, Y., Yang, J. and Zhang, X. (2016). Glutathione-dependent induction of local and systemic defense against oxidative stress by exogenous melatonin in cucumber (Cucumis sativus L.). J. Pineal Res., 60, 206-216.

[65] Liang, D., Shen, Y., Ni, Z., Wang, Q., Lei, Z., Xu, N., Deng, Q., Lin, L., Wang, J., Lv, X. and Xia, H. (2018). Exogenous Melatonin Application Delays Senescence of Kiwifruit Leaves by Regulating the Antioxidant Capacity and Biosynthesis of Flavonoids. Front. Plant Sci., 9.

[66] Liu, J., Yang, J., Zhang, H., Cong, L., Zhai, R., Yang, C., Wang, Z., Ma, F. and Xu, L. (2019). Melatonin Inhibits Ethylene Synthesis via Nitric Oxide Regulation To Delay Postharvest Senescence in Pears. J. Agric. Food Chem., 67, 2279-2288.

[67] Lu, X., Min, W., Shi, Y., Tian, L., Li, P., Ma, T., Zhang, Y. and Luo, C. (2022). Exogenous Melatonin Alleviates Alkaline Stress by Removing Reactive Oxygen Species and Promoting Antioxidant Defence in Rice Seedlings. Front. Plant Sci., 13.

[68] Luo, Z., Zhang, J., Xiang, M., Zeng, J., Chen, J. and Chen, M. (2022). Exogenous melatonin treatment affects ascorbic acid metabolism in postharvest 'Jinyan' kiwifruit. Frontiers in Nutrition, 9.

[69] McInnis, S.M., Desikan, R., Hancock, J.T. and Hiscock, S.J. (2006). Production of reactive oxygen species and reactive nitrogen species by angiosperm stigmas and pollen: potential signalling crosstalk? New Phytol., 172, 221-228.

[70] Mukherjee, S. (2019). Insights into nitric oxide-melatonin crosstalk and N-nitrosomelatonin functioning in plants. J. Exp. Bot., 70, 6035-6047.

[71] Mukherjee, S. and Bhatla, S.C. (2021). Exogenous Melatonin Modulates Endogenous H2S Homeostasis and L-Cysteine Desulfhydrase Activity in Salt-Stressed Tomato (Solanum lycopersicum

L. var. cherry）Seedling Cotyledons. J. Plant Growth Regul., 40, 2502-2514.

[72] Okant, M. and Kaya, C.（2019）. The role of endogenous nitric oxide in melatonin-improved tolerance to lead toxicity in maize plants. Environ Sci Pollut Res Int, 26, 11864-11874.

[73] Pauly, N., Ferrari, C., Andrio, E., Marino, D., Piardi, S., Brouquisse, R., Baudouin, E. and Puppo, A.（2011）. MtNOA1/RIF1 modulates Medicago truncatula–Sinorhizobium meliloti nodule development without affecting its nitric oxide content. J. Exp. Bot., 62, 939-948.

[74] Peng, X., Wang, N., Sun, S., Geng, L., Guo, N., Liu, A., Chen, S. and Ahammed, G.J.（2023a）. Reactive oxygen species signaling is involved in melatonin-induced reduction of chlorothalonil residue in tomato leaves. J. Hazard. Mater., 443, 130212.

[75] Peng, X., Wang, N., Sun, S., Geng, L., Guo, N., Liu, A., Chen, S. and Ahammed, G.J.（2023b）. Reactive oxygen species signaling is involved in melatonin-induced reduction of chlorothalonil residue in tomato leaves. J. Hazard. Mater., 443, 130212.

[76] Peyrot, F. and Ducrocq, C.（2008）. Potential role of tryptophan derivatives in stress responses characterized by the generation of reactive oxygen and nitrogen species. J. Pineal Res., 45, 235-246.

[77] Planchet, E., Jagadis Gupta, K., Sonoda, M. and Kaiser, W.M.（2005）. Nitric oxide emission from tobacco leaves and cell suspensions: rate limiting factors and evidence for the involvement of mitochondrial electron transport. Plant J., 41, 732-743.

[78] Prado, A.M., Colaço, R., Moreno, N., Silva, A.C. and Feijó, J.A.（2008）. Targeting of pollen tubes to ovules is dependent on nitric oxide（NO）. signaling. Mol Plant, 1, 703-714.

[79] Qi, Q., Guo, Z., Liang, Y., Li, K. and Xu, H.（2019）. Hydrogen sulfide alleviates oxidative damage under excess nitrate stress through MAPK/NO signaling in cucumber. Plant Physiol. Biochem., 135, 1-8.

[80] Reichler, S.A., Torres, J., Rivera, A.L., Cintolesi, V.A., Clark, G. and Roux, S.J. (2009). Intersection of two signalling pathways: extracellular nucleotides regulate pollen germination and pollen tube growth via nitric oxide. J. Exp. Bot., 60, 2129-2138.

[81] Reina, M. and Martínez, A. (2018). A new free radical scavenging cascade involving melatonin and three of its metabolites (3OHM, AFMK and AMK). Computational and Theoretical Chemistry, 1123, 111-118.

[82] Ressmeyer, A.R., Mayo, J.C., Zelosko, V., Sáinz, R.M., Tan, D.X., Poeggeler, B., Antolín, I., Zsizsik, B.K., Reiter, R.J. and Hardeland, R. (2003). Antioxidant properties of the melatonin metabolite N1-acetyl-5-methoxykynuramine (AMK).: scavenging of free radicals and prevention of protein destruction. Redox report : communications in free radical research, 8, 205-213.

[83] Rocha, B.S., Gago, B., Pereira, C., Barbosa, R.M., Bartesaghi, S., Lundberg, J.O., Radi, R. and Laranjinha, J. (2011). Dietary nitrite in nitric oxide biology: a redox interplay with implications for pathophysiology and therapeutics. Curr. Drug Targets, 12, 1351-1363.

[84] Rosen, J., Than, N.N., Koch, D., Poeggeler, B., Laatsch, H. and Hardeland, R. (2006). Interactions of melatonin and its metabolites with the ABTS cation radical: extension of the radical scavenger cascade and formation of a novel class of oxidation products, C2-substituted 3-indolinones. J. Pineal Res., 41, 374-381.

[85] Sakano, K., Oikawa, S., Hiraku, Y. and Kawanishi, S. (2004). Oxidative DNA damage induced by a melatonin metabolite, 6-hydroxymelatonin, via a unique non-o-quinone type of redox cycle. Biochem. Pharmacol., 68, 1869-1878.

[86] Schaefer, M. and Hardeland, R. (2009). The melatonin metabolite N-acetyl-5-methoxykynuramine is a potent singlet oxygen scavenger. J. Pineal Res., 46, 49-52.

[87] Scherer, G.F.E. and Holk, A. (2000). NO donors mimic and NO inhibitors inhibit cytokinin action in betalaineaccumulation in

Amaranthus caudatus. Plant Growth Regul., 32, 345-350.

[88] Shi, H., Chen, Y., Tan, D.-X., Reiter, R.J., Chan, Z. and He, C. (2015). Melatonin induces nitric oxide and the potential mechanisms relate to innate immunity against bacterial pathogen infection in Arabidopsis. J. Pineal Res., 59, 102-108.

[89] Siddiqui, M.H., Al-Whaibi, M.H. and Basalah, M.O. (2011). Role of nitric oxide in tolerance of plants to abiotic stress. Protoplasma, 248, 447-455.

[90] Siddiqui, M.H., Khan, M.N., Mukherjee, S., Basahi, R.A., Alamri, S., Al-Amri, A.A., Alsubaie, Q.D., Ali, H.M., Al-Munqedhi, B.M.A. and Almohisen, I.A.A. (2021). Exogenous melatonin-mediated regulation of K^+/Na^+ transport, H+-ATPase activity and enzymatic antioxidative defence operate through endogenous hydrogen sulphide signalling in NaCl-stressed tomato seedling roots. Plant Biol., 23, 797-805.

[91] Song, L., Liu, S., Yu, H. and Yu, Z. (2023). Exogenous melatonin ameliorates yellowing of postharvest pak choi <i>(Brassica rapa</i> subsp. chinensis) by modulating chlorophyll catabolism and antioxidant system during storage at 20℃ Scientia Horticulturae, 311.

[92] Sun, A., Nie, S. and Xing, D. (2012). Nitric Oxide-Mediated Maintenance of Redox Homeostasis Contributes to NPR1-Dependent Plant Innate Immunity Triggered by Lipopolysaccharides Plant Physiol., 160, 1081-1096.

[93] Sun, H., Cao, X., Wang, X., Zhang, W., Li, W., Wang, X., Liu, S. and Lyu, D. (2021a). RBOH-dependent hydrogen peroxide signaling mediates melatonin-induced anthocyanin biosynthesis in red pear fruit. Plant Sci., 313, 111093.

[94] Sun, Y., Ma, C., Kang, X., Zhang, L., Wang, J., Zheng, S. and Zhang, T. (2021b). Hydrogen sulfide and nitric oxide are involved in melatonin-induced salt tolerance in cucumber. Plant Physiol. Biochem., 167, 101-112.

[95] Tan, D.X., Manchester, L.C., Burkhardt, S., Sainz, R.M., Mayo, J.C., Kohen, R., Shohami, E., Huo, Y.S., Hardeland, R. and

Reiter, R.J. (2001). N1-acetyl-N2-formyl-5-methoxykynuramine, a biogenic amine and melatonin metabolite, functions as a potent antioxidant. FASEB J., 15, 2294-2296.

[96] Tan, D.X., Reiter, R.J., Manchester, L.C., Yan, M.T., El-Sawi, M., Sainz, R.M., Mayo, J.C., Kohen, R., Allegra, M. and Hardeland, R. (2002). Chemical and physical properties and potential mechanisms: melatonin as a broad spectrum antioxidant and free radical scavenger. Curr. Top. Med. Chem., 2, 181-197.

[97] Tan, J., Zhao, H., Hong, J., Han, Y., Li, H. and Zhao, W. (2008). Effects of Exogenous Nitric Oxide on Photosynthesis, Antioxidant Capacity and Proline Accumulation in Wheat Seedlings Subjected to Osmotic Stress. World J. Agric. Sci, 4.

[98] Tossi, V., Cassia, R. and Lamattina, L. (2009a). Apocynin-induced nitric oxide production confers antioxidant protection in maize leaves. J. Plant Physiol., 166, 1336-1341.

[99] Tossi, V., Lamattina, L. and Cassia, R. (2009b). An increase in the concentration of abscisic acid is critical for nitric oxide-mediated plant adaptive responses to UV-B irradiation. New Phytol., 181, 871-879.

[100] Wang, P., Du, Y., Li, Y., Ren, D. and Song, C.-P. (2010). Hydrogen Peroxide–Mediated Activation of MAP Kinase 6 Modulates Nitric Oxide Biosynthesis and Signal Transduction in Arabidopsis The Plant Cell, 22, 2981-2998.

[101] Wang, Y., Chen, T., Zhang, C., Hao, H., Liu, P., Zheng, M., Baluška, F., Šamaj, J. and Lin, J. (2009). Nitric oxide modulates the influx of extracellular Ca2+ and actin filament organization during cell wall construction in Pinus bungeana pollen tubes. New Phytol., 182, 851-862.

[102] Wen, D., Gong, B., Sun, S., Liu, S., Wang, X., Wei, M., Yang, F., Li, Y. and Shi, Q. (2016). Promoting Roles of Melatonin in Adventitious Root Development of Solanum lycopersicum L. by Regulating Auxin and Nitric Oxide Signaling. Front. Plant Sci., 7.

[103] Xu, L., Yue, Q., Xiang, G., Bian, F. and Yao, Y. (2018).

Melatonin promotes ripening of grape berry via increasing the levels of ABA, H（2）O（2）, and particularly ethylene. Hortic Res, 5, 41.

[104] Yue, L., Kang, Y., Zhong, M., Kang, D., Zhao, P., Chai, X. and Yang, X.（2023）. Melatonin Delays Postharvest Senescence through Suppressing the Inhibition of BrERF2/BrERF109 on Flavonoid Biosynthesis in Flowering Chinese Cabbage. In Int. J. Mol. Sci.

[105] Zafra, A., Rodríguez-García, M.I. and Alché Jde, D.（2010）. Cellular localization of ROS and NO in olive reproductive tissues during flower development. BMC Plant Biol., 10, 36.

[106] Zemojtel, T., Fröhlich, A., Palmieri, M.C., Kolanczyk, M., Mikula, I., Wyrwicz, L.S., Wanker, E.E., Mundlos, S., Vingron, M., Martasek, P. and Durner, J.（2006）. Plant nitric oxide synthase: a never-ending story? Trends Plant Sci., 11, 524-525.

[107] Zhang, H., Squadrito, G.L. and Pryor, W.A.（1998）. The reaction of melatonin with peroxynitrite: formation of melatonin radical cation and absence of stable nitrated products. Biochem. Biophys. Res. Commun., 251, 83-87.

[108] Zhang, Y., Wang, R., Wang, X., Zhao, C., Shen, H. and Yang, L.（2023）. Nitric Oxide Regulates Seed Germination by Integrating Multiple Signalling Pathways. In Int. J. Mol. Sci.

[109] Zhang, Z.W., Fu, Y.F., Zhou, Y.H., Wang, C.Q., Lan, T., Chen, G.D., Zeng, J., Chen, Y.E., Yuan, M., Yuan, S. and Hu, J.Y.（2019）. Nitrogen and nitric oxide regulate Arabidopsis flowering differently. Plant Sci., 284, 177-184.

[110] Zhao, G., Zhao, Y., Yu, X., Kiprotich, F., Han, H., Guan, R., Wang, R. and Shen, W.（2018）. Nitric Oxide Is Required for Melatonin-Enhanced Tolerance against Salinity Stress in Rapeseed（Brassica napus L.）Seedlings. In Int. J. Mol. Sci.

[111] Zhao, L., He, J., Wang, X. and Zhang, L.（2008）. Nitric oxide protects against polyethylene glycol-induced oxidative damage in two ecotypes of reed suspension cultures. J. Plant Physiol., 165, 182-191.

[112] Zhou, C., Liu, Z., Zhu, L., Ma, Z., Wang, J. and Zhu,

J.（2016）. Exogenous Melatonin Improves Plant Iron Deficiency Tolerance via Increased Accumulation of Polyamine-Mediated Nitric Oxide. In Int. J. Mol. Sci.

[113] Zhou，K. and Zhang，J.（2014）. Nitric oxide in plants and its role in regulating flower development. Yi Chuan，36，661-668.

第 7 章 褪黑激素与植物激素的串扰

褪黑激素在动物中具有复杂的生理功能,同时与动物中的其他激素相互串扰共同调控动物的节律行为、免疫活动、生殖活动等生物学过程。目前,利益于动物中褪黑激素特异性受体的发现,关于褪黑激素是激素的认识已经在动物中被普遍接受,其受体 MT1 和 MT2 已经被广泛发现存在于许多不同类型的细胞中,为推进褪黑激素的功能研究迈进了一步。

在植物中对褪黑激素受体的寻找花费了相当长的时间,以致研究人员很难将褪黑激素当成一种植物激素对待。直到 2018 年,昆明理工大学的陈奇博士团队通过生理学、分子生物学和遗传学等方法,证实了拟南芥中一个 G 蛋白偶联受体 CAND2 可能是植物褪黑激素受体,这个受体被命名为 Phytomelaotnin receptor 1（PMTR1）（Wei *et al.*, 2018）。褪黑激素受体在植物中发挥着重要的信号转导作用。褪黑激素通过与其受体结合,可以激活 CAND2/PMTR1-MAPK 信号转导途径,从而将褪黑激素信息进一步传导至细胞体内,激活其他的生化反应或者途径。此外,从进化的角度来看,褪黑激素及其受体在植物中的存在也具有深远的意义。褪黑激素最早在生命诞生的原核生物中产生,而其受体 CAND2/PMTR1 在原核蓝藻中缺失,但在单细胞绿藻中开始演化。这表明褪黑激素及其受体在植物进化过程中可能扮演了重要的角色。

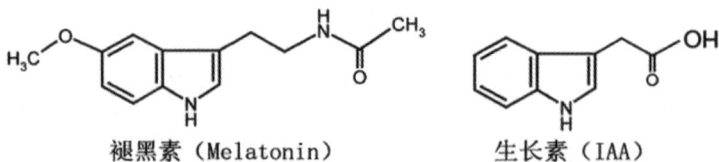

褪黑素（Melatonin）　　　　　生长素（IAA）

图 7-1　褪黑激素和生长素的化学结构

在植物与环境的交流中,激素在植物中起着至关重要的调控作用,它们能够影响植物的形态、生长速度、开花、结果等多个方面。尽管褪黑激素受体的发现为证明褪黑激素是一种植物激素提供了直接证据,但关于达成褪黑激素是一种新型植物激素的普遍共识依然还有一段距离。主要在于褪黑激素相对于其他激素而言,其受体的下游信号传导途径仍然不够清楚,新发现的 CAND2/PMTR1 受体与褪黑激素的结合特性仍然有待挖掘(Park, 2024)。同时,其生理功能的实现主要是通过调控 ROS 稳态来实现,关于褪黑激素在正常的条件下如何影响植物的生长发育还仍然有待进一步研究。但从当前的研究结果来看,褪黑激素对植物生长发育的影响是显著的,并且它与其他植物激素之间存在着复杂的相互作用。从褪黑激素的分子结构来看,它与生长素具有类似的吲哚环(图 7-1),因此也决定了其功能很可能与生长素具有类似之处,而在长期的研究中也证实了这一点。除此之外,褪黑激素也与其他激素相互作用,进而影响植物的生长发育和植物对环境胁迫的响应。

7.1　褪黑激素与生长素的协同作用

在前文中已经提到,褪黑激素与生长素(IAA)的结构相似,因此能够发挥与生长素类似的作用。近十年的研究表明,褪黑激素不仅在结构和功能上与生长素相似,而且还在植物生长发育中展现出复杂的相互作用。

(1)褪黑激素与生长素的协同作用

褪黑激素与生长素的协同作用表现为,它们共同促进植物的生长和发育。这种对褪黑激素与生长素之间协同关系的研究主要集中在褪黑激素与生长素之间结构和功能的相似性以及对植物生长的协同促进作用方面。

褪黑激素与生长素具有相似的化学结构,决定了其功能的相似性。在前文中已经提到,褪黑激素与生长素具有相似的吲哚基团,表明两者在功能上可能具有相似性。已有研究证明,褪黑激素具有生长素类似的促进生长的功能。进一步的研究发现，褪黑激素在合成通路上也与生长素有共通之处，它们共用同一种合成前体，即色氨酸。而功能的相似性主要表现在低浓度的褪黑激素和生长素均能促进植物下胚轴的伸长，表现出相似的生长促进效应，而在高浓度下，两者都会表现出生长抑制效应。此外，与生长素类似，褪黑激素的含量和类型均会对植物生长产生影响，例如，根系对褪黑激素的敏感度高于叶片，其生长更需要较低浓度的褪黑激素。此外，拟南芥中的色氨酸氨基转移酶（TAA）及其相关蛋白 YUCCA（YUC）在生长素（IAA）的生物合成中发挥着重要作用，而褪黑激素对这些蛋白的基因转录水平有显著影响，用褪黑激素处理后，YUC1、YUC2、YUC5、YUC6 和 TAR2 的转录水平显著降低，而YUC3、YUC4、YUC7 和 YUC8 的转录水平则有所增加（Wang *et al.*, 2016）。这表明，褪黑激素影响了生长素的生物合成。

褪黑激素同时也能与生长素协同作用，调控植物的生长。褪黑激素通过多种途径与生长素协同发挥其生理作用，其中最重要的是它通过增加 IAA 的浓度、刺激其合成以及促进其在植物体内的极性运输，从而显著促进植物的生长。此外，褪黑激素与生长素之间的相互作用还表现出明显的剂量效应。低浓度的外源生长素（IAA）会增加褪黑激素的产生，而高浓度的褪黑激素则会减少生长素（IAA）的产生。外源褪黑激素的这些双重作用还会导致细胞质中生长素（IAA）水平升高，并促进侧根生长（Ren *et al.*, 2019）。对低浓度褪黑激素和生长素（IAA）表达模式的转录组分析显示，两者之间存在许多相似之处。例如，在拟南芥中，褪黑激素和生长素（IAA）调控的基因在几个共同途径中富集。此外，低浓度褪黑激素对根生长的促进作用依赖于生长素（IAA）的存在，当生长素（IAA）的转运或合成受到严重抑制时，褪黑激素无法促进根生长。

近几年的研究揭示了高浓度的褪黑激素会阻断 IAA 的生成，而低浓度的 IAA 则会促进褪黑激素的生长生成。进一步的研究表明，褪黑激素通过调节生长素相关的信号元件（包括生长素受体、调节因子）的基因表达水平，增强生长素的信号传导，以激活根系或者叶片的生长（Tan *et al.*, 2019）。

早期对羽扇豆的研究还揭示了褪黑激素在促进根系生长方面的潜力，自此之后，褪黑激素被证实能促进多种不同物种的侧根和不定根的生长。褪黑激素生成侧根和不定根的能力是褪黑激素功能研究中最为深入的部分之一，且该功能常与生长素如 IAA、1- 萘乙酸和吲哚 -3- 丁酸等紧密相关。褪黑激素和 IAA 在植物根系建成中协同作用,是调控植物根系结构的重要化学物质。在水稻中,褪黑激素处理能够显著抑制胚根的生长,促进侧根的形成和发育,在这一过程中,显著观察到生长素信号通路中关键基因的表达变化,预示着褪黑激素对水稻根系生长和发育的影响,很可能主要是通过影响生长素信号通路来实现的(Liang *et al.*, 2017a)。此外,进一步的研究表明,外源褪黑激素增加生长素信号传导主要是通过一氧化氮(NO)这一下游信号分子来实现的,并最终促进了植物根系的发育。这种褪黑激素与生长素的协同作用不仅强化了植物的基本生长过程,如根系和茎部的发育,还通过提高光合作用效率,增强了植物的整体生产力(Dos Santos *et al.*, 2020)。

值得注意的是,在干旱等环境胁迫条件下,褪黑激素表现出与生长素关联的协同调控能力。在逆境胁迫条件下,它能够促进植物产生更多的 IAA,这种应激反应有助于植物在不利条件下保持或提升生长速度,从而保障其最终产量(Ahmad *et al.*, 2022)。

（2）褪黑激素与生长素的拮抗作用

尽管已经有许多研究证明褪黑激素和生长素之间的协同作用,但是也有研究表明,褪黑激素和生长素之间存在拮抗作用。在褪黑激素过表达的转基因植物中,关键生长素生物合成基因(包括 YUC1、YUC2、YUC5、YUC6 和 TAR2)的表达水平显著下降,同时褪黑激素对生长素运输的影响也进一步降低了植物根部生长素的含量。这些发现表明,褪黑激素对生长素的生物合成具有负调控作用(Wang *et al.*, 2016)。此外,也有研究表明,高浓度的褪黑激素能够抑制 IAA 的生物合成,进而抑制植物的生长(Tan *et al.*, 2019)。当种子同时接受褪黑激素和生长素处理时,生长素能够抑制褪黑激素对种子萌发的抑制作用,这表明在种子萌发的调控中,生长素对褪黑激素具有拮抗作用。这表明褪黑激素在调节植物体内生长素水平时,既可以通过促进信号传导来间接增加生长素效果,又可以直接抑制生长素的生物合成来精细控制其浓度。

（3）褪黑激素对生长素合成和信号传导的影响

已有的研究表明,褪黑激素与生长素之间存在复杂的联系,但是机制仍然不是很清楚。已有研究证实,褪黑激素能够对生长素的合成和信号传导产生影响。例如,在拟南芥中,褪黑激素处理能够显著上调或下调多个与生长素相关的转录因子基因(如 *NAC019*、*TCH4*、*FLA8* 和 *PIN5*)的表达(Weeda *et al.*, 2014)。在另一项关于拟南芥根生长的研究中，褪黑激素被发现通过调节生长素的运输来调控其分布，进而促进侧根的发育。在所识别的 16 个与生长素相关的基因中，有 12 个基因（AXR3、At1G29500、SAUR68、TT5、At4G38860、At4G00880、TT4、PIN5、At2G21050、CYP83A1、WAG1 和 SHY2）被褪黑激素下调，而 4 个基因（ACS8、At3G12830、AtGSTU1 和 GH3.3）被上调，这表明褪黑激素在调节生长素运输方面可能发挥重要作用（Ren et al., 2019）。在拟南芥中，PINFORMED（PIN）蛋白，特别是 PIN1、PIN3 和 PIN7，直接参与植物根系中的生长素转运。褪黑激素通过上调几种 PIN 蛋白（PIN1、PIN3 和 PIN7）和 IAA 信号基因（IAA19 和 IAA24）诱导拟南芥生长顶端 IAA 运输的变化，而这些蛋白（PIN1、PIN3 和 PIN7）在拟南芥根中的表达受到抑制，从而影响根系生长（Wang et al., 2016）。由此可见，PIN1/3/7 在褪黑激素介导的根分生组织抑制中发挥着重要作用，褪黑激素能够通过抑制生长素合成和极性运输来调节根分生组织的生长。

除了生长素合成和运输外，褪黑激素还影响生长素信号的传导过程。在最近的一项研究中显示，褪黑激素处理并没有影响拟南芥幼苗中生长素（IAA）响应的 DR5 基因的表达（Matsunaga et al., 2004）。此外，SAURs 家族是已知的生长素响应家族之一，其在拟南芥中 IAA 介导的组织根伸长中起重要作用，并对水稻中的 IAA 生物合成和 IAA 的极性运输产生负面影响（Zhang et al., 2022）。而外源褪黑激素可能会降低 SAUR 家族基因的转录水平，从而减少由 IAA 诱导的细胞壁扩张（Rose and Lee, 2010）。此外，在拟南芥中研究发现，外源性褪黑激素下调了生长素相关的 IAA17 转录因子的响应，而 AtAA17 过表达株系在外源性褪黑激素处理后表现出延迟衰老的现象，这表明褪黑激素很可能通过 IAA17 与生长素发生作用（Shi et al., 2015b）。褪黑还能诱导生长素信号的负调控基因 GH3 基因的上调表达，这些基因编码的氨基酸与生长素结合导致生长素失活。在水稻中，褪黑激素会改变与生长素相关的转录因子（如 WRKY、NAC、MYB）的表达（Liang et al., 2017b）。

褪黑激素在抗氧化应激方面发挥着保护作用，而生长素和褪黑激素相互作用，共同促进植物对生物胁迫和非生物胁迫的抗性。一项研究确定了胁迫条件下 51 个与生长素响应和信号转导相关的基因（包括 MDC12、PBS3、ATGSTU1、HAI1、AT1G63840、ACS8、AT1G63720、TCH4、BT2、AT3G51660、CNI1、MPK11 和 GH3.3），在褪黑激素作用下,被下调的大多数生长素响应基因都参与了生长素的运输和稳态调节(Weeda *et al.*, 2014)。这表明,褐黑激素很可能通过影响生长素的信号传导和运输进而影响生长素的响应时间。此外,有研究表明,褐黑激素可以像生长素(IAA)一样平行地调节侧根和不定根的诱导,而这种调控作用可能通过第三方信号分子实现。一氧化氮(NO)在调节植物不定根、侧根、根毛的形成和根的向地性方面发挥重要作用,而生长素通过硝酸还原酶在根部诱导一氧化氮(NO)的产生,从而调节细胞分裂的激活和随后的不定根或侧根的形成(Chen and Kao, 2012)。此外,一氧化氮(NO)介导生长素(IAA)反应,并主要在生长素(IAA)的下游起作用。而在前文的研究中已经提到,外源褐黑激素与 NO 之间存在复杂的关联机制,可以通过 NO 调控植物根的生长。由此可见,NO 很可能是褐黑激素和生长素共同调控植物根系生长的关键信号分子(图7-2)。褐黑激素和生长素(IAA)对一氧化氮(NO)水平的双重控制可能是植物根系生长的重要调控机制之一。

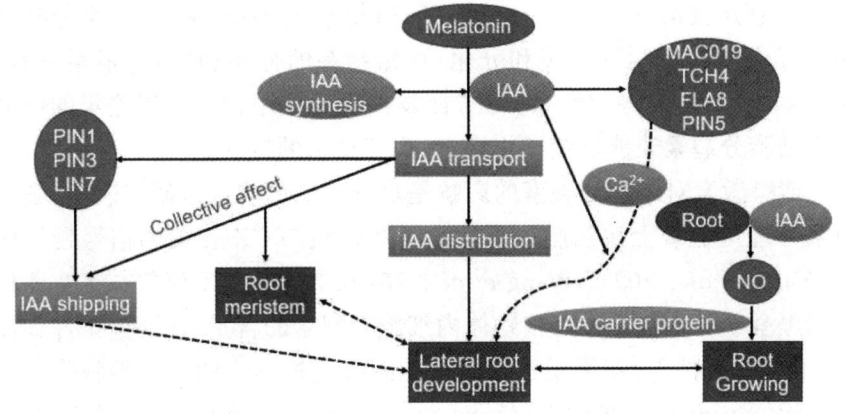

图 7-2　褐黑激素与 IAA 的互作

尽管已有研究表明褐黑激素和生长素之间存在关联,但也有研究表明褐黑激素的促进生长作用可能独立于生长素。利用生长素响应标记基因 DR5::GUS 构建的实验显示,褐黑激素对拟南芥根部的影响并不依赖于生长素的信号转导途径(Zhang, 2021)。为了深入探究褐黑激素通过生长素途径对根伸长的影响,研究人员在生长素缺失突变体(包含 yc3、yuc5、yuc7、yuc8 或 yuc9 突变)的植物中,或在使用生长素合成抑制剂(如 L-AOPP)和生长素运输抑制剂(如 TIBA)处理的植物中进行了实验。当生长素合成被完全抑制时,褪黑激素对根伸长没有显著影响,这在一定程度上表明褪黑激素对根伸长的促进作用是以生长素的存在为前提的(Zhang et al.,2022)。

综上所述,生长素与褪黑激素在植物体内通过复杂的交互作用,共同调控植物的生长、发育和抗逆性。它们之间的积极交叉调控不仅体现在对根伸长的促进上,还涉及对光合作用、抗氧化系统以及逆境响应等多个方面的综合影响。这种协同作用机制有助于植物更好地适应多变的环境条件,提高生存能力和生产性能。

7.2 褪黑激素与CKs

细胞分裂素(CK)是一组重要的植物激素,一般认为,细胞分裂素能够促进植物细胞的分裂和分化,在植物芽的分化和生长、根系发育、侧芽生长(顶端优势的解除)等方面发挥重要作用,此外,近些年的研究表明细胞分裂素还能延缓植物衰老、提高植物的抗逆性。

褪黑激素对细胞分裂素的影响是显著的。已有许多研究表明,褪黑激素处理可显著上调细胞分裂素水平和一些与CK相关的信号传导因子(Yang et al.,2021,Wang et al.,2022b)。同时,不仅仅在正常条件下褪黑激素处理能够提高植物体内细胞分裂素的含量,在胁迫条件如高温、干旱等条件下,褪黑激素处理也能够提高植物中的内源细胞分裂素的含量(Xu et al.,2017b,Zhang et al.,2017)。褪黑激素还能抑制叶片的衰老,这与褪黑激素激活CK合成和信号传导相关的基因密切相关(Ma et al.,2018a,Ma et al.,2018b)。

在拟南芥中的研究表明,褪黑激素拮抗了细胞分裂素6-苄氨基嘌呤(6-BA)对主根伸长的抑制作用,进一步研究发现,褪黑激素处理后细胞分裂素信号传导因子相关基因包括AHK4、AHP2/3/5和A-ARR15显著下调,同时在此过程中,生长素的作用也相当关键(Wang et al.,2023)。在高光条件(HL)下,褪黑激素减少了拟南芥的光损伤,并有助于恢复由高光抑制的细胞分裂素合成基因IPT3、IPT5、LOG7以及信号转导基因 AHK2,3 和 ARR1、4、5、12 基因的表达。然而,在 HL+MT 处理后,CK 信号突变体的 CK 基因表达没有显著变化,这意味着功能齐全的细胞分裂素信号通路是 MT-CK 相互作用的先决条件。此外,细胞分裂素处理增加了野生型植物中褪黑激素合成基因 ASMT 的表达,这种上调在对 CK 高度敏感的 ipt3,5,7 突变体中进一步加剧。在这些突变体中,除了 ASMT 之外,褪黑激素合成基因 SNAT 和 COMT 以及假定的信号转导基因 CAND2 和 GPA1 的转录水平显著升高。研究结果表明,褪黑激素能够与 CK 协同作用,通过影响彼此合成和信号传导基因的激活或抑制来应对高光胁迫的压力(Bychkov *et al.*, 2023)。

在多年生黑麦草中,褪黑激素处理能够显著缓解由热胁迫造成的生长抑制和植物衰老,表现为分蘖数、地上干重、株高、叶绿素含量、光化学效率(Fv/Fm)、净光合作用速率和细胞膜稳定性等生长指标的显著改善。而这种改善作用很可能是由增加的内源褪黑激素和 CK 含量造成的。在热胁迫下,褪黑激素处理下 CK 生物合成基因和信号反应转录因子(B-ARRs)的表达显著上调(Zhang *et al.*, 2017)。在干旱胁迫诱导的匍匐禾叶片衰老研究中,褪黑激素诱导的衰老缓解作用与 CK 合成和信号通路中关键基因的差异表达有关(Ma *et al.*, 2018b)。进一步的研究表明,褪黑激素可以提高细胞分裂素的活性,并抑制脱落酸、乙烯和茉莉酸的作用,间接影响叶片的衰老。

尽管有许多研究表明褪黑激素与细胞分裂素之间的互相作用,但是仍然缺乏较为直接的证据证明这种作用,值得注意的是,一项研究展示了褪黑激素和细胞分裂素之间的直接作用。这项研究关注的是 LlPR-10.2B,一种来自羽扇豆的病程相关蛋白。它能够与褪黑激素形成复合物结晶,而体外实验表明其同样可以与反式玉米素形成包含褪黑激素、PR-10、反式玉米素和其他未知配体在内的四元结晶复合物,表明 PR-10 蛋白可能作为植物褪黑激素 - 细胞分裂素串扰的潜在介质(Sliwiak *et al.*, 2018)。褪黑激素与细胞分裂素之间互相作用的研究还处于起步阶段,褪黑激素如何作用于细胞分裂素的合成和信号传导基因,细胞分裂素又是如何作用于褪黑激素合成和信号传导基因,这些仍然需要更多的实验证实。

7.3　褪黑激素与 GAs

　　赤霉素在打破种子休眠、促进种子萌发、促进茎杆细胞伸长和分裂、调节植物激素平衡和叶片衰老等方面具有重要作用。在植物生长发育过程中，赤霉素和褪黑激素可能共同参与调节某些生理过程，并且互相串扰，协同作用。

　　在水稻中，已有研究显示，外源赤霉素 3（GA_3）处理显著诱导了水稻幼苗中褪黑激素的合成，而 GA 合成抑制剂多效唑则严重降低褪黑激素合成。而这种 GA 介导的内源褪黑激素含量的增加与 TDC3、T5H 和 ASMT1 等褪黑激素生物合成基因表达水平的升高密切相关，同时还与褪黑激素分解代谢基因 ASDAC 和 M2H 的表达水平降低有关。在大田施用时，外源 GA 处理未成熟的水稻也会导致水稻种子中褪黑激素含量的增加，各种下调 GA 生物合成基因（GA_{3ox2}）的转基因水稻也显示褪黑激素水平的严重降低。这无疑是提供了确切的遗传证据证实了 GA 对褪黑激素合成的积极影响（Hwang and Back，2022a）。此外，在穗分化前喷施褪黑激素可以显著提高玉米素、生长素和赤霉素的含量，进而影响穗结构，从而提高水稻的产量（Yan et al.，2024a）。此外，褪黑激素与赤霉素的协同作用也可能体现在对果实中总酚和花青素含量的调控（Arabia et al.，2022）。

　　褪黑激素能够通过 GA 信号转导与赤霉素（GAs）相互作用，协同调控生长素的生物合成（Bai et al.，2020）。干旱胁迫会抑制赤霉素的生物合成，但褪黑激素处理后赤霉素的生物合成会大大增强，从而增强植物的耐旱性（Sharma et al.，2020）。在盐胁迫条件下，褪黑激素处理可以提高棉花体内赤霉素的含量，通过上调赤霉素生物合成基因的表达，进而促进盐胁迫下的种子萌发过程（Chen et al.，2021）。在黄瓜中也有类似报道，外源褪黑激素在盐胁迫下，通过上调 ABA 分解代谢基因和 GA 合成基因的表达，促进了种子中 GA 的积累和 ABA 的降解，从而促进了胁迫条件下黄瓜种子的萌发(Zhang et al., 2014)。在水稻中,褪黑激素的外源喂养显著增加了赤霉素和内源性褪黑激素的生物合成,抑制了脱落酸和过氧化氢在盐胁迫下的积累(Li et al., 2021)。另外,有报道称,褪黑激素诱导的对衰老的延缓作用可能与赤霉素合成的增加有关(Shi et al., 2024)。这种猜测在棉花中得到了证实,MT 通过降低 ABA 生物合成基因的表达并增加 IAA、赤霉素和细胞分裂素合成基因的表达,延迟了由胁迫导致的叶片衰老(Wu et al., 2024)。外源褪黑激素通过上调 GA3ox、TDC、SNAT 和 ASMT 等 GA 和褪黑激素的生物合成基因的表达,触发了赤霉酸(GA)和褪黑激素的高积累,从而刺激氟胁迫下幼苗的正常生长(Banerjee and Roychoudhury, 2019)。

褪黑激素除了在胁迫条件下与赤霉素相互作用共同调节植物对胁迫的抵御能力以外,褪黑激素还能通过赤霉素影响植物的生长发育。在前文中已经提到,在胁迫条件下,褪黑激素能够通过赤霉素影响植物种子的萌发,这已经在包括水稻、黄瓜和棉花等植物中得到证实。而在正常生长条件情况下,褪黑激素同样可以促进内源赤霉素的生物合成,这已经在棉花中得到验证,褪黑激素处理使种子中的 GA_3 含量提高到对照处理的 1.7 ~ 2.5 倍左右(Xiao et al., 2019)。在拟南芥中也有类似发现,褪黑激素的外源处理,显著提高了休眠种子和非休眠种子的发芽率,而这与种子中赤霉素的生物合成密切相关(Lee and Back, 2022)。在小麦中,外源褪黑激素处理的小麦中 GA_3 的含量显著增加,提高了盐胁迫下小麦种子的发芽率(Wang et al., 2022a)。由此可知,褪黑激素对种子萌发的作用很可能是通过赤霉素来实现的。

此外,褪黑激素还能通过赤霉素影响植物的开花、生殖等过程。在梨中,褪黑激素能够显著诱导 GA_{20ox} 的上调表达和 GA_{2ox} 的下调表达,促进了梨中 GA 的生物合成,进而导致梨果实中的细胞分裂和中果皮扩增,产生了孤雌生殖现象(Liu et al., 2018)。在水稻中,在穗分化前喷施褪黑激素可以显著影响穗的发育,进而影响植物种子的数量和品质(Yan et al., 2024a)。在李子中,褪黑激素与赤霉素的协同作用也体现在对果实中总酚和花青素含量的调控(Arabia et al., 2022)。而在拟南芥中,snat2 突变体表现出延迟开花以及叶面积和生物量减少的现象,这与植物体内赤霉素生物合成基因 ent-kaurene 合酶(KS)和开花基因 T(FT)的表达水平降低密切相关(Lee et al., 2019)。

值得注意的是,褪黑激素与赤霉素之间并不总是互相协同,也可能产生相反的效果。在结缕草中的研究表明,褪黑激素处理会导致种子中细胞分裂素、脱落酸和赤霉素水平的降低(Dong *et al.*, 2021)。在拟南芥中的转基因实验证实褪黑激素生物合成酶基因 5- 羟色胺 N- 乙酰转移酶(SNAT)或 N- 乙酰血清素甲基转移酶(ASMT)的突变促进了种子发芽,而 ASMT 的过表达则抑制了种子发芽,进一步的研究表明,褪黑激素能够和 ABA 协同抑制种子发芽,而 GA 和生长素则拮抗褪黑激素对种子发芽的抑制作用,表明褪黑激素也能够与赤霉素产生拮抗作用(Lv *et al.*, 2021)。

赤霉素和褪黑激素在植物激素信号传导途径中的作用是复杂的,并不简单表现为拮抗或者协同。总的来说,赤霉素和褪黑激素在植物生长发育中各自扮演着重要的角色,并且它们之间可能存在着相互作用和串扰的关系。这种关系有助于植物更好地适应环境变化,提高抗逆能力和植物的产量、品质。然而,关于赤霉素和褪黑激素之间相互作用的具体机制和生理意义,仍需要进一步的研究来深入探讨。

7.4 褪黑激素与 ET

乙烯在植物中发挥着多种重要作用,包括促进果实成熟、促进器官脱落和叶片衰老、诱导不定根的发生、打破种子休眠、抑制植物开花、矮化植株、影响部分植物的花序和性别分化等。

已有研究表明,褪黑激素能够诱导内源乙烯的合成。在葡萄和烟草中的研究表明,外源褪黑激素处理和内源褪黑激素的诱导增加了植株中 ACC 含量和乙烯产量,褪黑激素处理强烈诱导乙烯合成的关键基因 ACS1 的表达,此外,褪黑激素还能诱导 ACS1 的上游转录因子 MYB 108A 的表达,其能够与 ACS1 上游启动子区结合,进一步促进 ACS1 的表达,进而促进 ACC 的合成和乙烯的产生(Xu *et al.*, 2019)。此外,褪黑激素还能够通过增加内源 ABA 的含量来间接作用于乙烯,促进乙烯的积累,进而促进葡萄浆果的成熟(Xu *et al.*, 2018)。另外,有研究表明,褪黑激素可以通过转录因子 VvMYB14 直接作用于乙烯合成的关键基因 VvACS1，从而影响葡萄糖次生代谢物的积累（Ma *et al.*，2021）。此外，外源性褪黑激素还能够与乙烯相互作用从而对葡萄浆果次生代谢产生影响，外源褪黑激素处理改变了多酚代谢、碳水化合物代谢和乙烯生物合成和信号传导过程，并提高了浆果中总花色苷、酚类、类黄酮和原花青素的含量，同时乙烯信号和合成基因也发生了改变，表明褪黑激素分通过乙烯信号提高葡萄浆果的多酚含量（Xu *et al.*，2017a）。

　　而在苹果中，褪黑激素处理显著提高了果实中的乙烯产量，增加了果实的大小、重量、糖含量和硬度，改善了果实的品质（Verde *et al.*，2022）。进一步的研究表明，褪黑激素主要是通过在果实呼吸跃变期的高峰阶段上调乙烯合成酶基因 MdACS1 和 MdACO1 的表达，从而提高乙烯含量，促进果实成熟（Verde *et al.*，2023）。此外，在番茄中也有类似报道。外源褪黑激素处理显著提高了乙烯产量，并影响了乙烯感知和乙烯信号的传导，加速了番茄果实呼吸跃变期的到来，同时对包括番茄红素在内的次级代谢产物的合成也具有显著影响，并最终影响了番茄果实的产量和品质（Sun *et al.*，2015）。另外有研究表明，褪黑激素还能以乙烯依赖的方式促进番茄果实中类胡萝卜素的积累（Sun *et al.*，2020）。在大豆中，观察到外源褪黑激素处理后植物内源乙烯含量增加，而乙烯生物合成基因（ACO、ACS）和异黄酮生物合成基因（查尔酮合酶、查尔酮还原酶和异黄酮合酶）的表达之间存在高度相关性，因此，异黄酮的生物合成很可能受到褪黑激素和乙烯的共同调节（Kumar *et al.*，2021）。

　　褪黑激素对乙烯合成的作用并不只有正向的报道，也有研究表明，褪黑激素也可以抑制植物内源乙烯的合成。在香蕉果实中的研究表明，外源性褪黑激素通过降低乙烯合成关键酶基因 MaACO1 和 MaACS1 的表达来减少乙烯的产生（Hu *et al.*，2017）。尽管褪黑激素对乙烯的作用是负面的，但是这种负面影响对植物生产并非是不利的，这对香蕉果实采后储藏具有重要意义，可以延迟香蕉的货架期。此外，这种情况，在梨果实的成熟过程中也有体现，在快速软化梨的过程中，褪黑激素通过在果实软化的不同时期抑制乙烯生物合成基因 PcACS1 和 PcACO1 的表达抑制了乙烯的合成，从而延缓了乙烯的爆发，减缓了果实的衰老（Zhai *et al.*，2018）。在苹果中，也有褪黑激素抑制乙烯合成的研究，在苹果采后贮存的研究中，外源褪黑激素影响了乙烯合成和信号传导的关键基因包括 MdACO1、MdACS1、MdAP2.4 和 MdERF109 的表达，从

而影响了乙烯的合成和乙烯下游信号的传导,延迟了苹果果实的成熟
(Onik *et al.*,2021)。褪黑激素对果实采后保存的影响不仅体现在以上
作物中,还包括芒果、草莓、香蕉等多种果实中均出现类似的效应。在延
长保质期和提高果实品质方面,褪黑激素通常通过下调乙烯合成的关键
基因 ACS 和 ACO 的表达来减少乙烯产生。同时,褪黑激素还能影响
乙烯的感知和乙烯下游的信号传导,进而影响由乙烯诱导的果实成熟和
品质变化过程。

除此之外,褪黑激素和乙烯的相互作用还表现在它们对植物胁迫响
应的调控中,而且在这种调控作用中,乙烯和褪黑激素表现出复杂的相
互作用,既能够相互促进,也能够相互抑制。在胁迫条件下,如紫花苜蓿
的水涝胁迫中,乙烯的积累(通过 ACS 和 ACO 上调)虽然有害,但褪黑
激素预处理能有效抑制这一过程,减轻胁迫对生长的负面影响,表明两
者间存在负向调控关系。相反,在葡萄藤应对盐度压力的研究中,褪黑
激素则通过促进乙烯生成来发挥保护作用。这一过程涉及褪黑激素上
调 MYB108A 转录因子和 ACS1 基因表达。MYB108A 与 ACS1 启动
子区的结合进一步激活了乙烯的产生,揭示了褪黑激素介导的耐盐机制
中的正向乙烯调控路径(Xu *et al.*,2019)。此外,在干旱胁迫下,褪黑
激素对乙烯相关基因(如 ERF 家族成员)的调控也表现出复杂性。例如,
在枇杷幼苗中,外源褪黑激素抑制了某些乙烯响应基因(如 ERF1B)的
上调,从而增强了植株的耐旱性(Wang *et al.*,2021)。这表明褪黑激素
在调节乙烯信号网络中扮演了精细调控的角色,通过抑制或促进不同路
径上的基因表达来适应环境变化。在小麦幼苗的盐胁迫研究中,乙烯的
参与进一步证明了其在褪黑激素介导的耐盐性中的关键作用。使用乙
烯生物合成抑制剂 AVG 处理后发现,H_2O_2 水平升高、抗氧化酶活性降
低、光合作用减弱,这些变化均不利于植株的盐胁迫适应。相比之下,褪
黑激素处理则显著提高了抗氧化活性和光合效率,体现了乙烯在褪黑激
素介导的耐盐机制中的重要作用(Khan *et al.*,2022)。

乙烯能够与褪黑激素相互作用,诱导植物对病害的抗性。在木薯中,
乙烯响应转录因子 ETHYLENE INSENSITIVE LIKE5(MeEIL5)是抗
病性的正调节因子,对乙烯诱导的木薯褪黑激素积累和抗病性至关重要
(Wei *et al.*,2022)。

此外,褪黑激素还可能与乙烯下游的转录因子相互作用,从而介入

到乙烯诱导的生理过程中,这些转录因子在前文中已经提到,包括 ERF 转录因子、EIL 转录因子、MYB 转录因子等。同时,也不排除直接通过部分转录因子(如 MYB 家族的转录因子)调控乙烯合成基因的表达,进而影响内源乙烯的合成。值得注意的是,褪黑激素还能通过其他第三方信号分子调节乙烯的合成,例如在梨果实中,褪黑激素可以通过一氧化氮途径抑制乙烯的合成,并最终延缓梨果实的采后衰老过程(Liu *et al.*, 2019b)。

综上所述,乙烯与褪黑激素之间的分子相互作用在植物应对不同环境胁迫和植物的生长发育中展现出高度的灵活性和复杂性。通过精确调控乙烯生物合成、信号感知和信号转导途径,褪黑激素能够通过乙烯调控各种乙烯下游的信号分子,进而影响到多种生理过程,包括植物的生长发育、植物对逆境胁迫的适应能力等,为农业生产和植物保护提供了新的策略和思路。

7.5　褪黑激素与 ABA

植物激素 ABA,即脱落酸(Abscisic Acid),是一种在植物中广泛存在的天然生长调节剂。研究发现,ABA 在植物生长发育过程中发挥着重要作用,尤其对于提高植物的抗逆性和适应环境变化具有重要意义。ABA 生理功能主要包括调节植物气孔的开闭,有助于植物在干旱条件下减少水分蒸发,提高抗旱能力;抑制植物细胞和组织的生长速度,有助于植物在不利环境下保存能量;能诱导芽和种子进入休眠状态,帮助植物度过恶劣环境;诱导特殊部位活性氧的积累,促进叶片等器官的脱落,以适应环境变化;增强植物的抗逆性,包括抗旱、抗寒、抗病和抗盐碱等能力。

脱落酸(ABA)与褪黑激素是植物体内两种关键的激素,它们之间的相互作用已经被报道,特别在应对环境压力时展现出复杂的相互作用。尽管两者常通过负串扰机制相互影响,但也能在某些条件下呈现正反馈调节。

7.5.1 褪黑激素和 ABA 之间的正反馈调节

在矮化的苹果中,高含量的褪黑激素总是与高含量的 ABA 相关,预示着褪黑激素可能和 ABA 之间存在某种协同关系,共同影响苹果植株的矮化(Yan *et al.*, 2022)。在干旱胁迫和冷胁迫下,外源褪黑激素能够促进内源 ABA 的积累(Li *et al.*, 2016)。此外,褪黑激素还能够通过调控其生物合成基因和负调控分解代谢基因来维持植物中脱落酸含量的稳定(Bai *et al.*, 2020)。此外,褪黑激素还能调控 ABA 信号转导相关基因,包括 *SnRK2*(SNF1 相关蛋白激酶 2)、*RCAR/PYR/PYL* 基因。在水涝胁迫中,褪黑激素处理显著增加作物种子中 ABA 分解代谢基因的表达水平,同时降低了 ABA 正向调控基因的表达,显著抑制了 ABA 的生成,促进了水涝胁迫下种子的发芽率(Luo *et al.*, 2024)。在棉花中也有类似的报道,外源褪黑激素上调了赤霉素生物合成基因 GhGA$_{20ox1}$,下调了 ABA 合成基因 GhNCED2 的表达(Zhang *et al.*, 2024)。热休克因子(HSFA1s)作为热响应基因的主调节因子,受外源性褪黑激素诱导后能够赋予植物更高的耐热性.但与此同时, HSFA1 也可以受到 ABA 信号通路刺激,并且此类中的某些基因以 ABA 依赖性方式呈现。褪黑激素和 ABA 对 HSFA1 转录调控因子的诱导体现了这两种植物激素之间可能存在的正向调节作用(Shi *et al.*, 2015c)。在葡萄中,褪黑激素能够通过增加内源 ABA 和乙烯的含量来促进葡萄浆果的成熟,且主要是通过 ABA 的作用间接作用于乙烯(Xu *et al.*, 2018)。

7.5.2 褪黑激素和 ABA 的负反馈调节

尽管已经报道褪黑激素与 ABA 存在正向调控作用,然而在调节特定基因表达时,褪黑激素与 ABA 之间存在负反馈调节,如通过调节 ABA 代谢相关基因的表达来降低 ABA 水平,以应对胁迫条件等。此外,在苹果中,褪黑激素能够下调脱落酸合成基因 *MdNCED3*,上调其分解代谢基因 *MdCYP707A2* 和 *MdCYP707A1*,从而降低干旱胁迫植物中的 ABA 含量(Li *et al.*, 2015)。在黄瓜中也有类似报道,外源褪黑激素在盐胁迫下,通过上调 ABA 分解代谢基因和 GA 合成基因的表达,促进了种子中 GA 的积累和 ABA 的降解,从而促进了胁迫条件下黄瓜种子的萌发（Zhang et al., 2014）。在棉花中,褪黑激素通过降低 ABA 生物合成基因 NCED1、NECD2 的表达并增加 IAA、赤霉素和细胞分裂素合成基因的表达,延迟了由胁迫导致的叶片衰老（Wu et al., 2024）。不仅是褪黑激素对 ABA 存在负反馈调节,ABA 对褪黑激素也存在类似的调控作用。在结缕草中的研究表明,褪黑激素处理会导致种子中脱落酸水平降低,同时与 ABA 信号传导相关的基因表达也发生了改变（Dong et al., 2021）在水稻中,脱落酸强烈抑制了褪黑激素的生物合成,而其抑制剂去甲氟拉松（NF）则能够诱导褪黑激素的合成（Hwang and Back, 2022a）。

7.5.3 非生物胁迫

褪黑激素和 ABA 之间的作用在非生物胁迫中体现得尤其明显。在寒冷胁迫下,褪黑激素处理可显著提升植物体内 ABA 水平,帮助维持植物组织的水分状态,尽管某些情况下褪黑激素也表现出 ABA 非依赖性的行为（Samanta and Roychoudhury, 2023）。褪黑激素通过诱导 ABA 积累改善耐寒性,同时 ABA 也作为褪黑激素下游信号参与抗氧化防御反应（Samanta et al., 2021）。褪黑激素和 ABA 两者之间协同作用共同作用于植物体内,以应对不利的低温胁迫条件。在热胁迫中,褪黑激素能够显著缓解由热胁迫造成的生长抑制和植物衰老,表现为分蘖数、地上干重、株高、叶绿素含量、光化学效率（Fv/Fm）、净光合作用速率和细胞膜稳定性等生长指标的显著改善,这种作用很可能与 ABA 含量的降低有关系。ABA 含量的降低有可能延迟了乙烯信号的出现,进而推迟了由热胁迫造成的植物衰老（Zhang et al., 2017）。

褪黑激素和 ABA 之间串扰的功能是多样性的,褪黑激素能够和 ABA 协同抑制种子发芽,而 GA 和生长素拮抗褪黑激素对种子发芽的抑制作用。褪黑激素生物合成酶基因 5- 羟色胺 N- 乙酰转移酶（SNAT）或 N- 乙酰血清素甲基转移酶（ASMT）的破坏促进了种子发芽,而 ASMT 的过表达抑制了种子发芽（Lv et al., 2021）。在多年生黑麦草中,褪黑激素处理能够显著缓解由热胁迫造成的生长抑制和植物衰老,表现为分蘖数、地上干重、株高、叶绿素含量、光化学效率（Fv/Fm）、净光合作用速率和细胞膜稳定性等生长指标的显著改善。而这种改善作用很可能是因为 ABA 含量降低,从而延迟了植物在胁迫条件下的失水和衰老作用。同时,参与 ABA 的生物合成和信号传导的基因表达下调。这些结果表明,外源褪黑激素对热诱导叶片衰老的抑制可能与 ABA 合成和信号传导的抑制有关(Zhang *et al.*, 2017)。

褪黑激素与 ABA 之间的串扰机制高度可变,可根据植物种类及所面临的非生物胁迫类型和发育阶段呈现正向或负向调节。这种灵活性使得植物能够更精细地调节其生理响应,以适应多变的环境条件。未来的研究将进一步揭示这两种激素相互作用的分子基础,为培育抗逆性更强的作物提供理论基础。

7.6　褪黑激素与水杨酸

水杨酸(SA)作为一种酚类化合物,广泛分布于许多原核和真核生物(包括植物)中,并在其中发挥着重要作用。水杨酸在植物中最确定的作用是作为植物免疫应答中的防御信号分子。据报道,外源水杨酸能够在植物中触发免疫反应,诱导产生植物病程相关(PR)蛋白并诱导植物对病原菌的抗性。在抗性植物中,病原体感染通常会导致 SA 水平升高,不仅在感染部位局部增加,而且在未感染的叶片上部产生全身获得性抗性(SAR)。已有明确证据表明,SA 代谢增加或 SA 生物合成减少而导致 SA 积累受损的植物通常对病原体感染高度敏感,并且无法建立全身获得性抗性。除此之外,水杨酸在植物中发挥着其他作用,包括促进植物的细胞分化和叶绿体形成、促进根部的萌发和生长、调控植物光合作用和蒸腾作用、调节植物体内离子的吸收与运输、增强植物对非生物逆境的抵抗能力等,进而促进植物的正常生长和适应环境变化。

褪黑激素和水杨酸在植物中均具有共享共同前体的生物合成途径,并且均在植物的生理学中发挥着相关作用。已有研究表明,水杨酸与生长素之间存在确切的相互作用,从而影响植物的生长发育。而褪黑激素与生长素的结构具有相似性,同时褪黑激素在功能上也与水杨酸具有类似效应,因此,有理由怀疑褪黑激素和水杨酸之间可能存在互相作用,这已经在已有报道中得到证实。

　　褪黑激素对水杨酸的作用很可能是正向的,即褪黑激素能够诱导植物细胞产生更多的水杨酸,从而间接影响由水杨酸介导的生物和非生物胁迫抗性。

　　在烟草和番茄中,褪黑激素处理诱导了水杨酸(SA)的大量积累,介导了烟草和番茄对烟草花叶病毒的抗性(Zhao et al., 2019)。在柑橘中也有类似发现,由亚洲韧皮杆菌所侵染所引起的柑橘黄龙病是一种重要的柑橘病害,在韧皮杆菌侵染的柑橘研究中发现,褪黑激素诱导的柑橘对黄龙病的抗性与水杨酸含量呈正相关,褪黑激素很可能是通过诱导内源水杨酸的合成,进而诱导柑橘的免疫反应,从而增强柑橘的抗病性的(Nehela and Killiny, 2020)。

　　已有研究表明,在对生物胁迫的抗性上,褪黑激素和水杨酸的作用与 NO、ROS 信号等密切相关。目前,已有关于褪黑激素/水杨酸/一氧化氮/活性氧在生物胁迫反应(病原体抗性)中作用的模型假设。病原体攻击通过活性氧增加了一氧化氮、水杨酸和褪黑激素的水平,同时额外增强的褪黑激素上调了水杨酸生物合成的关键酶——异分支酸合酶 -1(ICS-1)的表达,从而增加了内源水杨酸的含量并触发了植物的病原诱导反应。此外,褪黑激素和一氧化氮还能够通过诱导茉莉酸(JA)的生物合成,提高多种糖类和甘油的水平,这些物质均能激活与病原体相关的基因表达。此外,褪黑激素与水杨酸的作用还能够通过乙烯信号途径来实现。褪黑激素通过 ACC 合酶(ACS6)诱导乙烯的生物合成,协同诱导了与致病性相关(PR)的基因的表达,其中 EIN、EDS1、PAD4 和 NPR1 因子是植物水杨酸和乙烯介导的防御反应中的关键信号成分。这一复杂的信号网络的存在,表明褪黑激素与水杨酸存在复杂的交互作用,同时其他植物激素也参与了这个过程(Arnao and Hernández-Ruiz, 2018)。

　　在樱桃番茄中,褪黑激素处理显著抑制了灰霉病的爆发,诱导了活性氧(ROS)的产生,增强了 SA 的积累并增加了其生物合成的相关酶的活性,并进一步诱导了防御基因的表达,包括 SlWRKY70、SlNPR1、SlTGA5、SlPR1、SlPR2 和 SlGLU,但降低了贮藏过程中一氧化氮(NO)含量,进一步的研究表明,过氧化氢(H_2O_2)和 SA 信号通路共同参与了樱桃番茄果实在贮藏过程中褪黑激素诱导的灰霉病抗性(Li et al., 2022)。

　　此外,也有关于在非生物胁迫中褪黑激素和水杨酸作用的报道。一项在水稻中关于外用褪黑激素和水杨酸的研究表明,外源施用褪黑激素和水杨酸显著缓解了由盐诱导的小麦生长抑制和产量下降,外源施用褪黑激素和水杨酸后,小麦的光化合参数得到显著改善,包换光合色素含量、光合作用的净光合速率、PSII 反应中心的光化学最大量子效率、PSII 实际光化学效率等重要光合参数均有显著变化,相对于盐胁迫下显著改善,同时褪黑激素和水杨酸共同处理的小麦实验组的改善结果更好,表明褪黑激素和水杨酸之间很可能存在某种协同作用机制(Talaat,2021a)。在辣椒中的研究也有类似的发现,褪黑激素和水杨酸的联合或者单独施用通过触发谷氨酸合酶、谷氨酰胺合成酶、亚硝酸盐还原酶和硝酸盐的活性增强了氮代谢。与单一处理褪黑激素或水杨相比,褪黑激素和水杨酸的联合处理对促进砷胁迫下的植物生长和降低组织中的砷富集效果更好(Kaya et al., 2022)。这种褪黑激素和水杨酸的协同作用体现在植物对重金属毒性的抗性作用不仅在砷元素,也表现在镉抗性上,褪黑激素和水杨酸通过减少 Cd 摄取、改善叶绿素生物合成和加速抗坏血酸 - 谷胱甘肽循环以及乙二醛酶系统的调节,在耐受 Cd 毒性方面可能存在协同作用(Amjadi et al., 2021)。此外,褪黑激素和水杨酸在提高植物对锌毒性的耐受性上也存在协同作用(Eisalou et al.,2021)。在油菜的盐胁迫研究中也有发现,褪黑激素和水杨酸的协同施用具有诱导油菜在干旱条件下的抗逆性并促进干旱胁迫下植物生长的潜力(Rafique et al., 2023)。这些研究均清楚地表明两种激素在增强植物的部分非生物胁迫耐性中具有协同作用。

此外,褪黑激素和水杨酸还能够协同调控植物线粒体中 ROS 的积累,对羽扇豆幼苗的研究表明,褪黑激素和水杨酸能够对线粒体中生成的 ROS 产生直接调节作用,进而保护细胞器免受氧化应激,促进它们参与植物对不利环境条件的适应(Butsanets et al., 2021)。在猕猴桃中的研究表明,褪黑激素预处理通过激活苯丙氨酸解氨酶(PAL)基因的表达以及 PAL 和苯甲酸 -2- 羟化酶的活性来刺激内源性水杨酸的产生,并引发猕猴桃对寒冷胁迫的防御反应,内源性水杨酸在褪黑激素预处理诱导的猕猴桃寒冷和氧化应激耐受性中起中介作用,可以通过唤起对寒冷应激的防御反应和增强抗氧化保护来发挥作用(Guo et al., 2023)。在干旱胁迫下,外源褪黑激素和水杨酸处理通过调节光合系统、抗氧化酶活性和干旱相关反应基因的表达赋予了观察芙蓉的耐旱性,且 SA 似乎比 MT 更有效,且联合施用效果更好(Yan et al., 2024b)。在盐胁迫下,褪黑激素和水杨酸的协同作用也有发现,两者通过增强小麦的多胺和氮代谢、根系的生长来抵御盐胁迫对植物生长和抑制作用(Talaat, 2021b, Talaat and Shawky, 2022)。

褪黑激素除了在生物和非生物胁迫中与水杨酸存在协同作用以外,在果实的采后成熟调控中也能够相互作用。在芒果中,外源水杨酸和褪黑激素处理能够延迟芒果的成熟,两种激素的相互作用能够延长芒果果实的商品货架期(Awad and Al-Qurashi, 2021)。

水杨酸除了能够与褪黑激素协同作用外,也能够对褪黑激素起负调控作用。在玉米中的研究显示,外源水杨酸能够显著降低内源褪黑激素的积累,对褪黑激素表现负调控作用(Yoon et al., 2019)。在洋葱中的研究也发现,在干旱胁迫下,使用不同浓度的水杨酸处理,褪黑激素的生物合成受到影响,并且逆转了由褪黑激素诱导的对干旱胁迫的适应性(Nasircilar et al., 2024)。

尽管目前关于褪黑激素和水杨酸的交互已经有一些研究成果,主要集中在病害防御和非生物胁迫中,但目前仅有一些比较表层的生理证据表明两种激素之间存在作用,尚缺乏更进一步的证据表明褪黑激素和水杨酸的作用方式,也缺乏足够有说服力的遗传学证据表明两者的互相作用。同时,有关于褪黑激素和水杨酸作用的分子证据仍然十分有限,在未来的研究中,找到褪黑激素和水杨酸作用的具体分子机制仍然是未来的研究重点,以进一步明确褪黑激素和水杨酸两种激素如何调控植物的生长发育和植物对外界环境的响应。

7.7 褪黑激素与茉莉酸(JAs)

被称为茉莉酸的植物激素包括茉莉酸甲酯(MeJA)和茉莉酸(JA)。它们在植物发育、生长和胁迫反应中具有相当广泛的调控作用,一些参与植物防御响应的基因、蛋白质和代谢物均能够被茉莉酸盐上调表达或者积累。

褪黑激素能够在植物的生物和非生物胁迫中发挥作用,最近十几年的研究表明,褪黑激素与 JA 存在相互作用,且这种相互作用相当复杂。例如,外源褪黑激素的施用会影响非生物胁迫实验中植物内源茉莉酸的水平,尽管影响方式并不明显。褪黑激素通过促进茉莉酸生物合成的减少或者茉莉酸的代谢从而降低植物体内茉莉酸的含量。此外,褪黑激素还能够触发 JAZ 蛋白(茉莉酸信号通路中的阻遏蛋白)的产生,抑制或者促进茉莉酸信号的传导,进而负调控茉莉酸介导的基因表达或者其他反应。而且褪黑激素对 JAZ 蛋白的作用可能在不同条件下的表现也不一致。

已有研究表明,茉莉酸(JA)是调节植物干旱胁迫响应的重要激素,它可以调节诸如气孔运动、叶片衰老、抗氧化代谢以及 ROSRNS 信号传导等。植物的茉莉酸水平在干旱胁迫下增加,并且由于褪黑激素的应用而受到高度刺激,从而诱导耐旱性(Sharma et al., 2020)。褪黑激素可以通过调节茉莉酸信号转导中的 JAZ 基因的表达来影响茉莉酸信号的传导(Shi et al., 2015a)。在小麦中,外源褪黑激素处理的小麦中茉莉酸(JA)的含量增加,提高了盐胁迫下小麦种子的发芽率(Wang et al., 2022a)。在干旱胁迫下,小麦幼苗期的进一步生理、转录组和蛋白质组学数据分析显示,褪黑激素增加了小麦中内源茉莉酸(JA)的含量,并上调了 JA 基因(LOX1.5 和 LOX2.1)和 JA 信号途径中两个转录因子(HY5 和 MYB86)的表达,表明褪黑激素对茉莉酸合成和信号传导具有显著影响(Luo et al., 2023)。

褪黑激素还可能与茉莉酸交互改变果实中次生代谢物的含量。在李子中,褪黑激素处理后,果皮中的总酚和花青素含量分别增加了 21% 和 58%,而激素含量分析显示,在施用褪黑激素后第 4 天,JA 及其前体 12- 氧代植物二烯酸(OPDA)含量显著增加,猜测总酚和花青素含量的变化很可能是由茉莉酸诱导的(Arabia et al., 2022)。

在植物对病害胁迫的抗性研究中,已经发现了较多茉莉酸和褪黑激素协同作用的证据。在这些研究中,褪黑激素与茉莉酸一起调控植物对病害的抗性。在梨的采后病害研究中,褪黑激素作为植物生长调节剂,增强了梨果实对环腐病的抵抗力。进一步的研究表明,褪黑激素不仅提高了果实的抗氧化能力,还显著提高了梨果实中茉莉酸和根皮苷的含量,两者都可以提高抗病能力。此外,外源茉莉酸也可以调节内源褪黑激素的合成,并促进根皮苷合成,最终提高梨果实对环腐病的抵抗力。显而易见的是,褪黑激素与茉莉酸、根皮苷存在相互作用,从而增强了梨果实对环腐病的抵抗力（Xu *et al.*，2024）。在番茄中也有类似发现，褪黑激素处理增强了果实对灰葡萄孢杆菌的抗性，减轻了由灰葡萄孢杆菌造成的番茄果实腐烂。而这种褪黑激素诱导的对灰葡萄孢杆菌的抗性主要是通过增强内源茉莉酸的合成基因的表达、信号传导因子的激活来实现的，表明褪黑激素是通过茉莉酸途径来提高番茄果实对灰葡萄孢杆菌的抗性（Liu *et al.*，2019a）。在蓝莓中，褪黑激素能够诱导果实中与茉莉酸合成相关的基因包括 VaLOX、VaAOS 和 VaAOC 的显著上调，从而增加果实内源茉莉酸含量，增强了蓝莓果实的采后抗病性（Qu *et al.*，2022）。

　　褪黑激素和茉莉酸之间的作用也不全是正向的，有研究表明，褪黑激素也能够抑制茉莉的合成和信号传导。在甜瓜中，褪黑激素预处理提高了铜胁迫下甜瓜幼苗根系细胞的抗氧化酶活性和根系活力，降低了脯氨酸和丙二醛（MDA）含量，维持了根在胁迫条件下的成长，尤其是侧根的生长。而这种维持主要是通过对茉莉酸生物合成和信号传导的抑制作用来实现的（Hu *et al.*，2020）。

　　就目前的研究来看，植物中的褪黑激素和茉莉酸之间确实存在相互作用，且这种相互作用大多数情况下是正向的，特别是在诱导植物对病害的抗性时。但是关于这种协同作用的机制目前的研究处于起步阶段，相关的证据还较少，特别是关于具体的作用方式和分子机制，如何通过对彼此合成的影响和对信号传导途径中关键分子的调控来相互作用还处于空白，直接的分子互作证据尚未见报道。

7.8　褪黑激素与油菜素内酯（BRs）

　　油菜素内酯，又称芸苔素类酯（BRs），是近几十年发现的一类重要的植物激素，对植物的生长和发育起着关键的调节作用，此外，BRs 在逆境胁迫下可以帮助植物提高抗逆性，减轻逆境对植物的伤害。

　　油菜素内酯与褪黑激素的关系，目前研究还不够深入，但已有一些初步的发现。研究表明，与 GA 类似，外源油菜素内酯处理也能诱导内源褪黑激素的合成,进一步研究发现,油菜素内酯处理主要是通过诱导褪黑激素生物合成基因、抑制褪黑激素分解代谢基因的表达来实现的。进一步用遗传学实验产生了几种具有下调 BR 生物合成相关基因的转基因水稻株系,褪黑激素的合成显著降低,表明油菜素内酯是褪黑激素合成的内源性诱发剂。此外,研究还实验了 GA、油菜素内酯对褪黑激素诱导的关系,外源油菜素内酯处理部分恢复了转基因水稻植物中的褪黑激素合成,而 GA 处理则完全恢复了转基因植物中与野生型相当的褪黑激素合成。结果表明,油菜素内酯在水稻植物中以 GA 非依赖性方式作为褪黑激素合成的内源性诱发剂(Hwang and Back,2022b)。在拟南芥中的研究发现,高剂量的褪黑激素以剂量依赖的方式抑制了拟南芥下胚轴的伸长,这涉及细胞伸长基因和油菜素内酯生物合成基因表达的显著变化。高浓度的褪黑激素显著上调了油菜素内酯生物合成基因,下调了油菜素内酯诱导的参与细胞伸长的基因,表明褪黑激素是通过抑制油菜素内酯的生物合成来抑制拟南芥下胚轴伸长的(Xiong *et al.*, 2019)。

　　研究表明,油菜素内酯和褪黑激素在植物抗逆响应中可能存在一定的相互作用。油菜素内酯可以影响褪黑激素的合成和代谢,从而调节褪黑激素在植物体内的水平。进一步研究发现,油菜素内酯和褪黑激素可能通过协同作用,共同提高植物的抗逆性。此外,褪黑激素可以通过刺激各种芸苔素类固醇 - 生物合成相关基因(如 *DWARF4*、*D11* 和 *RAVL1*)来调节油菜素类固醇的生物合成(Hwang and Back,2018)。

　　抑制编码褪黑激素生物合成中的 SNAT2 基因会导致褪黑激素和 BR 水平的同时降低,同时产生具有直立叶的矮化水稻表型,这是油菜素内酯缺乏的典型特征,表明褪黑激素很可能与油菜素内酯串扰从而调控水稻的生长。更进一步的研究表明,褪黑激素合成基因 *snat2*、*comt* 和 *t5h* 突变型水稻表现出对多种胁迫条件的耐受性和油菜素内酯水平的降低,而油菜素内酯水平没有降低的 *tdc* 突变株系未能表现出胁迫耐受性的增加,这表明胁迫耐受性的增加不是由于单独的褪黑激素缺乏,而是由褪黑激素缺乏介导的油菜素内酯水平的降低造成的,表明褪黑激素很可能与油菜素内酯之间相互作用调控植物的耐胁迫能力(Hwang and Back,2019)。

　　尽管已经有相当一部分研究表征了褪黑激素与油菜素内酯之间存在的相互作用,特别是在拟南芥和水稻中的研究,为我们展示了褪黑激素和油菜素内酯之间相互作用的遗传学证据。但在其他作物之中,褪黑激素和油菜素内酯之间相互作用研究较少,且研究也尚处于起步阶段。从目前已有的研究来看,褪黑激素对植物生长发育的作用很可能部分通过油菜素内酯来实现,特别是对植物株型、植物胚轴的生长发育的影响。同时,也要注意到,褪黑激素与油菜素内酯之间的作用很可能还有其他激素参与进来,形成相互交叉的复杂调控网络。

参考文献

[1] Ahmad, S., Wang, G.Y., Muhammad, I., Farooq, S., Kamran, M., Ahmad, I., Zeeshan, M., Javed, T., Ullah, S., Huang, J.H. and Zhou, X.B. (2022). Application of melatonin-mediated modulation of drought tolerance by regulating photosynthetic efficiency, chloroplast ultrastructure, and endogenous hormones in maize. Chemical and Biological Technologies in Agriculture, 9, 5.

[2] Amjadi, Z., Namdjoyan, S. and Soorki, A.A. (2021). Exogenous melatonin and salicylic acid alleviates cadmium toxicity in safflower (*Carthamus tinctorius* L.) seedlings. Ecotoxicology, 30, 387-401.

[3] Arabia, A., Munne-Bosch, S. and Munoza, P. (2022). Melatonin triggers tissue-specific changes in anthocyanin and hormonal contents during postharvest decay of Angeleno plums. Plant Sci., 320.

[4] Arnao, M.B. and Hernández-Ruiz, J. (2018). Melatonin and its relationship to plant hormones. Ann. Bot., 121, 195-207.

[5] Awad, M.A. and Al-Qurashi, A.D. (2021). Postharvest Salicylic Acid and Melatonin Dipping Delay Ripening and Improve Quality of 'Sensation' Mangoes. Philippine Agricultural Scientist, 104, 34-44.

[6] Bai, Y., Xiao, S., Zhang, Z., Zhang, Y. and Liu, L.J.P.

（2020）. Melatonin improves the germination rate of cotton seeds under drought stress by opening pores in the seed coat. PeerJ, 8, e9450.

[7] Banerjee, A. and Roychoudhury, A.（2019）. Melatonin application reduces fluoride uptake and toxicity in rice seedlings by altering abscisic acid, gibberellin, auxin and antioxidant homeostasis. Plant Physiol. Biochem., 145, 164-173.

[8] Butsanets, P.A., Shugaeva, N.A. and Shugaev, A.G.（2021）. Effect of Melatonin and Salicylic Acid on ROS Generation by Mitochondria of Lupine Seedlings. Russian Journal of Plant Physiology, 68, 745-753.

[9] Bychkov, I.A., Andreeva, A.A., Kudryakova, N.V. and Kusnetsov, V.V.（2023）. Cytokinin Modulates Responses to Phytomelatonin in <i>Arabidopsis thaliana</i> under High Light Stress. Int. J. Mol. Sci., 24.

[10] Chen, L., Lu, B., Liu, L., Duan, W., Jiang, D., Li, J., Zhang, K., Sun, H., Zhang, Y., Li, C. and Bai, Z.（2021）. Melatonin promotes seed germination under salt stress by regulating ABA and GA（3）in cotton（Gossypium hirsutum L.）. Plant Physiol. Biochem., 162, 506-516.

[11] Chen, Y.H. and Kao, C.H.（2012）. Calcium is involved in nitric oxide- and auxin-induced lateral root formation in rice. Protoplasma, 249, 187-195.

[12] Dong, D., Wang, M., Li, Y., Liu, Z., Li, S., Chao, Y. and Han, L.（2021）. Melatonin influences the early growth stage in <i>Zoysia japonica</i> Steud. by regulating plant oxidation and genes of hormones. Sci Rep-UK, 11.

[13] Dos Santos, E.C., Pirovani, C.P., Correa, S.C., Micheli, F. and Gramacho, K.P.（2020）. The pathogen Moniliophthora perniciosa promotes differential proteomic modulation of cacao genotypes with contrasting resistance to witches′ broom disease. BMC Plant Biol., 20, 1.

[14] Eisalou, A.V., Namdjoyan, S. and Soorki, A.A.（2021）. The combined effect of melatonin and salicylic acid improved the tolerance of safflower seedlings to zinc toxicity. Acta Physiol Plant, 43.

[15] Guo, W.J., Zhang, C.Y., Yang, R.Q., Zhao, S.Y., Han, X.R., Wang, Z.Y., Li, S.F. and Gao, H. (2023). Endogenous salicylic acid mediates melatonin-induced chilling-and oxidative-stress tolerance in harvested kiwifruit. Postharvest Biol. Technol., 201.

[16] Hu, W., Yang, H., Tie, W.W., Yan, Y., Ding, Z.H., Liu, Y., Wu, C.L., Wang, J.S., Reiter, R.J., Tan, D.X., Shi, H.T., Xu, B.Y. and Jin, Z.Q. (2017). Natural Variation in Banana Varieties Highlights the Role of Melatonin in Postharvest Ripening and Quality. J. Agric. Food Chem., 65, 9987-9994.

[17] Hu, Z.C., Fu, Q.S., Zheng, J., Zhang, A.A. and Wang, H.S. (2020). Transcriptomic and metabolomic analyses reveal that melatonin promotes melon root development under copper stress by inhibiting jasmonic acid biosynthesis. Hortic Res-England, 7.

[18] Hwang, O.J. and Back, K. (2019). Melatonin Deficiency Confers Tolerance to Multiple Abiotic Stresses in Rice via Decreased Brassinosteroid Levels. Int. J. Mol. Sci., 20.

[19] Hwang, O.J. and Back, K. (2022a). Exogenous Gibberellin Treatment Enhances Melatonin Synthesis for Melatonin-Enriched Rice Production. Biomolecules, 12.

[20] Hwang, O.J. and Back, K. (2022b). Molecular Regulation of Antioxidant Melatonin Biosynthesis by Brassinosteroid Acting as an Endogenous Elicitor of Melatonin Induction in Rice Seedlings. Antioxidants-Basel, 11.

[21] Hwang, O.J. and Back, K.J.J.o.P.R. (2018). Melatonin is involved in skotomorphogenesis by regulating brassinosteroid biosynthesis in rice plants. J. Pineal Res., e12495.

[22] Kaya, C., Sarioglu, A., Ashraf, M., Alyemeni, M.N. and Ahmad, P. (2022). The combined supplementation of melatonin and salicylic acid effectively detoxifies arsenic toxicity by modulating phytochelatins and nitrogen metabolism in pepper plants. Environ. Pollut., 297.

[23] Khan, M., Ali, S., Manghwar, H., Saqib, S., Ullah, F., Ayaz, A. and Zaman, W. (2022). Melatonin Function and Crosstalk

with Other Phytohormones under Normal and Stressful Conditions. In Genes.

[24] Kumar, G., Saad, K.R., Puthusseri, B., Arya, M., Shetty, N.P. and Giridhar, P. (2021). Exogenous Serotonin and Melatonin Regulate Dietary Isoflavones Profoundly through Ethylene Biosynthesis in Soybean <i>Glycine max</i> (L.) Merr. J. Agric. Food Chem., 69, 1888-1899.

[25] Lee, H.Y. and Back, K. (2022). 2-Hydroxymelatonin Promotes Seed Germination by Increasing Reactive Oxygen Species Production and Gibberellin Synthesis in <i>Arabidopsis thaliana</i>. Antioxidants-Basel, 11.

[26] Lee, H.Y., Lee, K. and Back, K. (2019). Knockout of <i>Arabidopsis</i> Serotonin <i>N</i>-Acetyltransferase-2 Reduces Melatonin Levels and Delays Flowering. Biomolecules, 9.

[27] Li, C., Tan, D.X., Liang, D., Chang, C., Jia, D. and Ma, F. (2015). Melatonin mediates the regulation of ABA metabolism, free-radical scavenging, and stomatal behaviour in two Malus species under drought stress. J. Exp. Bot., 66, 669-680.

[28] Li, R.Q., Jiang, M., Song, Y. and Zhang, H.L. (2021). Melatonin Alleviates Low-Temperature Stress <i>via</i> ABI5-Mediated Signals During Seed Germination in Rice (<i>Oryza sativa</i> L.). Front. Plant Sci., 12.

[29] Li, S.E., Huan, C., Liu, Y., Zheng, X.L. and Bi, Y. (2022). Melatonin induces improved protection against Botrytis cinerea in cherry tomato fruit by activating salicylic acid signaling pathway. Scientia Horticulturae, 304.

[30] Li, X., Tan, D.X., Jiang, D. and Liu, F. (2016). Melatonin enhances cold tolerance in drought-primed wild-type and abscisic acid-deficient mutant barley. J. Pineal Res., 61, 328-339.

[31] Liang, C., Li, A., Yu, H., Li, W., Liang, C., Guo, S., Zhang, R. and Chu, C. (2017a). Melatonin Regulates Root Architecture by Modulating Auxin Response in Rice. Front. Plant Sci., 8.

[32] Liang, C., Li, A., Yu, H., Li, W., Liang, C., Guo,

S., Zhang, R. and Chu, C. (2017b). Melatonin Regulates Root Architecture by Modulating Auxin Response in Rice. Front Plant Sci, 8, 134.

[33] Liu, C.X., Chen, L.L., Zhao, R.R., Li, R., Zhang, S.J., Yu, W.Q., Sheng, J.P. and Shen, L. (2019a). Melatonin Induces Disease Resistance to <i>Botrytis cinerea</i> in Tomato Fruit by Activating Jasmonic Acid Signaling Pathway. J. Agric. Food Chem., 67, 6116-6124.

[34] Liu, J., Zhai, R., Liu, F., Zhao, Y., Wang, H., Liu, L., Yang, C., Wang, Z., Ma, F. and Xu, L. (2018). Melatonin Induces Parthenocarpy by Regulating Genes in Gibberellin Pathways of 'Starkrimson' Pear (Pyrus communis L.). Front Plant Sci, 9, 946.

[35] Liu, J.L., Yang, J., Zhang, H.Q., Cong, L., Zhai, R., Yang, C.Q., Wang, Z.G., Ma, F.W. and Xu, L.F. (2019b). Melatonin Inhibits Ethylene Synthesis via Nitric Oxide Regulation To Delay Postharvest Senescence in Pears. J. Agric. Food Chem., 67, 2279-2288.

[36] Luo, M.Z., Wang, D.P., Delaplace, P., Pan, Y.H., Zhou, Y.B., Tang, W.S., Chen, K., Chen, J., Xu, Z.S., Ma, Y.Z. and Chen, M. (2023). Melatonin enhances drought tolerance by affecting jasmonic acid and lignin biosynthesis in wheat<i> (Triticum</i><i> aestivum</i> L.). Plant Physiol. Biochem., 202.

[37] Luo, X.F., Xu, X.J., Xu, J.H., Zhao, X.T., Zhang, R.R., Shi, Y.P., Xia, M.Y., Xian, B.S., Zhou, W.G., Zheng, C., Wei, S.W., Wang, L., Du, J.B., Liu, W.G. and Shu, K. (2024). Melatonin Priming Promotes Crop Seed Germination and Seedling Establishment Under Flooding Stress by Mediating ABA, GA, and ROS Cascades. J. Pineal Res., 76.

[38] Lv, Y., Pan, J., Wang, H., Reiter, R.J., Li, X., Mou, Z., Zhang, J., Yao, Z., Zhao, D. and Yu, D. (2021). Melatonin inhibits seed germination by crosstalk with abscisic acid, gibberellin, and auxin in Arabidopsis. J. Pineal Res., 70.

[39] Ma, W.Y., Xu, L.L., Gao, S.W., Lyu, X.N., Cao, X.L. and

Yao, Y.X.（2021）. Melatonin alters the secondary metabolite profile of grape berry skin by promoting <i>VvMYB14</i>-mediated ethylene biosynthesis. Hortic Res-England, 8.

[40] Ma, X., Zhang, J., Burgess, P., Rossi, S. and Huang, B.（2018a）. Interactive effects of melatonin and cytokinin on alleviating drought-induced leaf senescence in creeping bentgrass（Agrostis stolonifera）. Environ. Exp. Bot., 145, 1-11.

[41] Ma, X.Q., Zhang, J., Burgess, P., Rossi, S. and Huang, B.R.（2018b）. Interactive effects of melatonin and cytokinin on alleviating drought-induced leaf senescence in creeping bentgrass（<i>Agrostis stolonifera</i>）. Environ. Exp. Bot., 145, 1-11.

[42] Matsunaga, T., Ishii, T., Matsumoto, S., Higuchi, M., Darvill, A., Albersheim, P. and O'Neill, M.A.（2004）. Occurrence of the primary cell wall polysaccharide rhamnogalacturonan II in pteridophytes, lycophytes, and bryophytes. Implications for the evolution of vascular plants. Plant Physiol., 134, 339-351.

[43] Nasircilar, A.G., Erkaymaz, T. and Ulukapi, K.（2024）. Reflection of the synergistic/antagonistic effects of melatonin and salicylic acid on the biochemical profile of Allium cepa L under drought stress. S. Afr. J. Bot., 166, 1-13.

[44] Nehela, Y. and Killiny, N.（2020）. Melatonin Is Involved in Citrus Response to the Pathogen Huanglongbing via Modulation of Phytohormonal Biosynthesis. Plant Physiol., 184, 2216-2239.

[45] Onik, J.C., Wai, S.C., Li, A., Lin, Q., Sun, Q.Q., Wang, Z.D. and Duan, Y.Q.（2021）. Melatonin treatment reduces ethylene production and maintains fruit quality in apple during postharvest storage. Food Chem., 337.

[46] Park, W.J.（2024）. Have All of the Phytohormonal Properties of Melatonin Been Verified? In Int. J. Mol. Sci.

[47] Qu, G.F., Wu, W.N., Ba, L.J., Ma, C., Ji, N. and Cao, S.（2022）. Melatonin Enhances the Postharvest Disease Resistance of Blueberries Fruit by Modulating the Jasmonic Acid Signaling Pathway and Phenylpropanoid Metabolites. Frontiers in Chemistry, 10.

[48] Rafique, N., Ilyas, N., Aqeel, M., Raja, N.I., Shabbir, G., Ajaib, M., Sayyed, R.Z., Alharbi, S.A. and Ansari, M.J. (2023). Interactive effects of melatonin and salicylic acid on <i>Brassica napus</i> under drought condition. Plant Soil.

[49] Ren, S., Rutto, L. and Katuuramu, D. (2019). Melatonin acts synergistically with auxin to promote lateral root development through fine tuning auxin transport in Arabidopsis thaliana. PLoS One, 14, e0221687.

[50] Rose, J.K. and Lee, S.J. (2010). Straying off the highway: trafficking of secreted plant proteins and complexity in the plant cell wall proteome. Plant Physiol., 153, 433-436.

[51] Samanta, S., Banerjee, A. and Roychoudhury, A. (2021). Exogenous melatonin regulates endogenous phytohormone homeostasis and thiol-mediated detoxification in two indica rice cultivars under arsenic stress. Plant Cell Rep., 40, 1585-1602.

[52] Samanta, S. and Roychoudhury, A. (2023). Crosstalk of melatonin with major phytohormones and growth regulators in mediating abiotic stress tolerance in plants. S. Afr. J. Bot., 163, 201-216.

[53] Sharma, A., Wang, J., Xu, D., Tao, S., Chong, S., Yan, D., Li, Z., Yuan, H. and Zheng, B.J.T.S.o.t.T.E. (2020). Melatonin regulates the functional components of photosynthesis, antioxidant system, gene expression, and metabolic pathways to induce drought resistance in grafted Carya cathayensis plants. The Science of the Total Environment, 713, 136675.136671-136675.136613.

[54] Shi, H., Jiang, C., Ye, T., Tan, D.X., Reiter, R.J., Zhang, H., Liu, R. and Chan, Z. (2015a). Comparative physiological, metabolomic, and transcriptomic analyses reveal mechanisms of improved abiotic stress resistance in bermudagrass [Cynodon dactylon (L).. Pers.] by exogenous melatonin. J. Exp. Bot., 66, 681-694.

[55] Shi, H., Reiter, R.J., Tan, D.-X. and Chan, Z. (2015b). -3- 17 positively modulates natural leaf senescence through melatonin-mediated pathway in Arabidopsis. J. Pineal Res., 58, 26-33.

[56] Shi, H., Tan, D.-X., Reiter, R.J., Ye, T., Yang, F. and

Chan, Z. (2015c). Melatonin induces class A1 heat-shock factors (HSFA1s) and their possible involvement of thermotolerance in Arabidopsis. J. Pineal Res., 58, 335-342.

[57] Shi, L.Y., Chen, Y.T., Dong, W.Q., Li, S.S., Chen, W., Yang, Z.F. and Cao, S.F. (2024). Melatonin delayed senescence by modulating the contents of plant signalling molecules in postharvest okras. Front. Plant Sci., 15.

[58] Sliwiak, J., Sikorski, M. and Jaskolski, M. (2018). PR-10 proteins as potential mediators of melatonin-cytokinin cross-talk in plants: crystallographic studies of LlPR-10.2B isoform from yellow lupine. FEBS J., 285, 1907-1922.

[59] Sun, Q.Q., Liu, L., Zhang, L., Lv, H.M., He, Q., Guo, L.Q., Zhang, X.C., He, H.J., Ren, S.X., Zhang, N., Zhao, B. and Guo, Y.D. (2020). Melatonin promotes carotenoid biosynthesis in an ethylene-dependent manner in tomato fruits. Plant Sci., 298.

[60] Sun, Q.Q., Zhang, N., Wang, J.F., Zhang, H.J., Li, D.B., Shi, J., Li, R., Weeda, S., Zhao, B., Ren, S.X. and Guo, Y.D. (2015). Melatonin promotes ripening and improves quality of tomato fruit during postharvest life. J. Exp. Bot., 66, 657-668.

[61] Talaat, N.B. (2021a). Co-application of Melatonin and Salicylic Acid Counteracts Salt Stress-Induced Damage in Wheat (*Triticum aestivum* L.) Photosynthetic Machinery. Journal of Soil Science and Plant Nutrition, 21, 2893-2906.

[62] Talaat, N.B. (2021b). Polyamine and nitrogen metabolism regulation by melatonin and salicylic acid combined treatment as a repressor for salt toxicity in wheat (*Triticum aestivum* L.) plants. Plant Growth Regul., 95, 315-329.

[63] Talaat, N.B. and Shawky, B.T. (2022). Synergistic Effects of Salicylic Acid and Melatonin on Modulating Ion Homeostasis in Salt-Stressed Wheat (*Triticum aestivum* L.) Plants by Enhancing Root H^+-Pump Activity. Plants-Basel, 11.

[64] Tan, X., Long, W., Zeng, L., Ding, X., Cheng, Y., Zhang, X. and Zou, X. (2019). Melatonin-Induced Transcriptome

Variation of Rapeseed Seedlings under Salt Stress. In Int. J. Mol. Sci.

[65] Verde, A., Miguez, J.M. and Gallardo, M. (2022). Role of Melatonin in Apple Fruit during Growth and Ripening: Possible Interaction with Ethylene. Plants-Basel, 11.

[66] Verde, A., Míguez, J.M. and Gallardo, M. (2023). Melatonin stimulates postharvest ripening of apples by up-regulating gene expression of ethylene synthesis enzymes. Postharvest Biol. Technol., 195.

[67] Wang, D., Chen, Q., Chen, W., Guo, Q., Xia, Y., Wang, S., Jing, D. and Liang, G. (2021). Physiological and transcription analyses reveal the regulatory mechanism of melatonin in inducing drought resistance in loquat (Eriobotrya japonica Lindl.) seedlings. Environ. Exp. Bot., 181, 104291.

[68] Wang, J.J., Lv, P.H., Yan, D., Zhang, Z.D., Xu, X.M., Wang, T., Wang, Y., Peng, Z., Yu, C.X., Gao, Y.R., Duan, L.S. and Li, R.Z. (2022a). Exogenous Melatonin Improves Seed Germination of Wheat (<i>Triticum aestivum</i> L.) under Salt Stress. Int. J. Mol. Sci., 23.

[69] Wang, Q., An, B., Wei, Y., Reiter, R.J., Shi, H., Luo, H. and He, C. (2016). Melatonin Regulates Root Meristem by Repressing Auxin Synthesis and Polar Auxin Transport in Arabidopsis. Front Plant Sci, 7, 1882.

[70] Wang, Y.P., Li, J.Z., Yang, L. and Chan, Z.L. (2023). Melatonin Antagonizes Cytokinin Responses to Stimulate Root Growth in Arabidopsis. J. Plant Growth Regul., 42, 1833-1845.

[71] Wang, Y.P., Zhao, H.L., Hu, X.H., Zhang, Y., Zhang, Z.C., Zhang, L., Li, L.X., Hou, L.P. and Li, M.L. (2022b). Transcriptome and hormone Analyses reveal that melatonin promotes adventitious rooting in shaded cucumber hypocotyls. Front. Plant Sci., 13.

[72] Weeda, S., Zhang, N., Zhao, X., Ndip, G., Guo, Y., Buck, G.A., Fu, C. and Ren, S. (2014). Arabidopsis Transcriptome Analysis Reveals Key Roles of Melatonin in Plant Defense Systems. PLOS ONE, 9, e93462.

[73] Wei, J., Li, D.X., Zhang, J.R., Shan, C., Rengel, Z., Song, Z.B. and Chen, Q. (2018). Phytomelatonin receptor PMTR1-mediated signaling regulates stomatal closure in Arabidopsis thaliana. J. Pineal Res., 65, e12500.

[74] Wei, Y.X., Zhu, B.B., Ma, G.W., Shao, X.D., Xie, H.Q., Cheng, X., Zeng, H.Q. and Shi, H.T. (2022). The coordination of melatonin and anti-bacterial activity by EIL5 underlies ethylene-induced disease resistance in cassava. Plant J., 111, 683-697.

[75] Wu, Y.Q., Liu, J., Wu, H., Zhu, Y.M., Ahmad, I. and Zhou, G.S. (2024). The Roles of Mepiquate Chloride and Melatonin in the Morpho-Physiological Activity of Cotton under Abiotic Stress. Int. J. Mol. Sci., 25.

[76] Xiao, S., Liu, L.T., Wang, H., Li, D.X., Bai, Z.Y., Zhang, Y.J., Sun, H.C., Zhang, K. and Li, C.D. (2019). Exogenous melatonin accelerates seed germination in cotton (*Gossypium hirsutum* L.). Plos One, 14.

[77] Xiong, F.J., Zhuo, F.P., Reiter, R.J., Wang, L.L., Wei, Z.Z., Deng, K.X., Song, Y., Qanmber, G., Feng, L., Yang, Z.R., Li, F.G. and Ren, M.Z. (2019). Hypocotyl Elongation Inhibition of Melatonin Is Involved in Repressing Brassinosteroid Biosynthesis in *Arabidopsis*. Front. Plant Sci., 10.

[78] Xu, H.P., Zhang, S.Y., Liang, C.L., Li, M., Wang, R., Song, J.K., Cui, Z.H., Yang, Y.J., Liu, J.L. and Li, D.L. (2024). Melatonin enhances resistance to *Botryosphaeria dothidea* in pear by promoting jasmonic acid and phlorizin biosynthesis. BMC Plant Biol., 24.

[79] Xu, L.L., Xiang, G.Q., Sung, Q.H., Ni, Y., Jin, Z.X., Gao, S.W. and Yao, Y.X. (2019). Melatonin enhances salt tolerance by promoting *MYB108A*-mediated ethylene biosynthesis in grapevines. Hortic Res-England, 6.

[80] Xu, L.L., Yue, Q.Y., Bian, F.E., Sun, H., Zhai, H. and Yao, Y.X. (2017a). Melatonin Enhances Phenolics Accumulation Partially via Ethylene Signaling and Resulted in High Antioxidant

Capacity in Grape Berries. Front. Plant Sci., 8.

[81] Xu, L.L., Yue, Q.Y., Xiang, G.Q., Bian, F.E. and Yao, Y.X. (2018). Melatonin promotes ripening of grape berry via increasing the levels of ABA, H_2O_2, and particularly ethylene. Hortic Res-England, 5.

[82] Xu, Y., Burgess, P. and Huang, B. (2017b). Transcriptional regulation of hormone-synthesis and signaling pathways by overexpressing cytokinin-synthesis contributes to improved drought tolerance in creeping bentgrass. Physiol. Plant., 161, 235-256.

[83] Yan, F., Zhang, G., Zhao, H., Huang, Z., Niu, Y. and Zhu, M. (2024a). Foliar application of melatonin improve the number of secondary branches and secondary branch grains quality of rice. PloS one, 19, e0307368.

[84] Yan, R.Y., Liu, J.Y., Zhang, S.Y. and Guo, J. (2024b). Exogenous Melatonin and Salicylic Acid Enhance the Drought Tolerance of Hibiscus (*Hibiscus syriacus* L.) by Regulating Photosynthesis and Antioxidant System. Journal of Soil Science and Plant Nutrition, 24, 497-511.

[85] Yan, T.C., Mei, C., Song, H.D., Shan, D.Q., Sun, Y.Z., Hu, Z.H., Wang, L., Zhang, T., Wang, J.X. and Kong, J. (2022). Potential roles of melatonin and ABA on apple dwarfing in semi-arid area of Xinjiang China. Peerj, 10.

[86] Yang, L., Sun, Q., Wang, Y.P. and Chan, Z.L. (2021). Global transcriptomic network of melatonin regulated root growth in Arabidopsis. Gene, 764.

[87] Yoon, Y.H., Kim, M. and Park, W.J. (2019). Foliar Accumulation of Melatonin Applied to the Roots of Maize (*Zea mays*) Seedlings. Biomolecules, 9.

[88] Zhai, R., Liu, J.L., Liu, F.X., Zhao, Y.X., Liu, L.L., Fang, C., Wang, H.B., Li, X.Y., Wang, Z.G., Ma, F.W. and Xu, L.F. (2018). Melatonin limited ethylene production, softening and reduced physiology disorder in pear (&ITPyrus communis&IT L.) fruit during senescence. Postharvest Biol. Technol., 139, 38-46.

[89] Zhang, H.J., Zhang, N., Yang, R.C., Wang, L., Sun, Q.Q., Li, D.B., Cao, Y.Y., Weeda, S., Zhao, B., Ren, S.X. and Guo, Y.D. (2014). Melatonin promotes seed germination under high salinity by regulating antioxidant systems, ABA and GA$_4$ interaction in cucumber (*Cucumis sativus* L.). J. Pineal Res., 57, 269-279.

[90] Zhang, J., Shi, Y., Zhang, X.Z., Du, H.M., Xu, B. and Huang, B.R. (2017). Melatonin suppression of heat-induced leaf senescence involves changes in abscisic acid and cytokinin biosynthesis and signaling pathways in perennial ryegrass (*Lolium perenne* L.). Environ. Exp. Bot., 138, 36-45.

[91] Zhang, M., Gao, C., Xu, L., Niu, H., Liu, Q., Huang, Y., Lv, G., Yang, H. and Li, M. (2022). Melatonin and Indole-3-Acetic Acid Synergistically Regulate Plant Growth and Stress Resistance. In Cells.

[92] Zhang, Y. (2021). In Regulation of Indole-Acetic Acid and Melatonin on Aluminum Toxicity of Helianthus tuberosus L. Jinhua, China (In Chinese): Zhejiang Normal University.

[93] Zhang, Y.J., Liang, T.T. and Dong, H.Z. (2024). Melatonin enhances waterlogging tolerance of field-grown cotton through quiescence adaptation and compensatory growth strategies. Field Crops Res., 306.

[94] Zhao, L., Chen, L., Gu, P., Zhan, X., Zhang, Y., Hou, C., Wu, Z., Wu, Y.F. and Wang, Q.C. (2019). Exogenous application of melatonin improves plant resistance to virus infection. Plant Pathol., 68, 1287-1295.

第 8 章　不同作物中的褪黑激素

8.1　褪黑激素与水稻

在水稻中,褪黑激素的研究已经有较长时间,最早是 1995 年首次在水稻植物中检测到了褪黑激素,并随后在 2002 年有人重复了相关实验,检测结果表明,水稻种子中褪黑激素含量可以达到 149.8 ng/g,仅次于同时间检测的玉米。这些结果表明,褪黑激素很可能在水稻中发挥着重要作用。

褪黑激素在水稻中生理功能的报道首先源于将脊椎动物褪黑激素合成基因导入水稻中的报道。研究表明,将脊椎动物褪黑激素合成的关键基因 N- 乙酰转移酶（SNA）通过遗传转化的方法对水稻进行了遗传转化,结果表明显著提高了水稻中的褪黑激素含量,并且增强了水稻的抗寒性(Kang *et al.*, 2010)。另外一项研究则克隆出了水稻中的褪黑激素合成酶基因 N- 乙酰血清素甲基转移酶(ASMT),并对其在水稻中的表达特征进行了分析。在以后的研究中,先后在水稻中克隆出了褪黑激素合成的其他基因,包括 L- 色氨酸脱羧酶(TDC)、色胺 5- 羟化酶(T5H ）和咖啡酸 3-O- 甲基转移酶(COMT)。这些酶均在褪黑激素的合成过程中发挥作用,且其中部分酶活性受到光照的调控,这也是褪黑激素在植物中表现出光暗周期性的原因。

除了在水稻中克隆出了褪黑激素合成的关键酶基因以外,更多的研究着眼于褪黑激素在植物中的功能。在水稻的生长发育方面,褪黑激素表现出显著的调控作用。一项研究发现,褪黑激素在水稻的生殖器官包括幼穗和花中的含量显著高于叶片,是叶片中含量的6倍以上,预示着褪黑激素似乎与水稻的生殖生长有关(Park et al., 2013)。而在水稻中过表达褪黑激素合成的关键基因的研究表明,转基因水稻中褪黑激素的增加会导致包括幼苗生长增强、开花延迟和籽粒产量降低等变化,但也有一些转基因株系表现出相反的表型,即内源性褪黑激素水平的改变会导致多效性表型,而包括株高、生物量、穗数、开花时间和产量等水稻的农艺性状均会发生变化,表明褪黑激素在植物生长和繁殖中充当重要的信号分子(Byeon and Back, 2014)。最近的研究发现,在穗分化前喷施褪黑激素能够改变水稻穗的结构,水稻次级分枝数、次级分枝小穗总数和每个次级分枝小穗数发生了显著变化,并最终导致了水稻产量的变化,且这种影响是正向的。此外,褪黑激素改善了次生小穗上种子的加工品质、外观品质和营养品质。这些结果表明,褪黑激素很可能在小麦穗的发育和种子品质的形成方面发挥着重要作用(Yan et al., 2024)。此外,褪黑激素还与种子衰老密切相关。一项同时突变褪黑激素SNAT1和SNAT2基因的研究发现,SNAT基因全部突变后导致水稻褪黑激素含量的急剧降低,幼苗生长迟缓、种子老化速度显著加快,表明褪黑激素在水稻幼苗发育和种子活力保存等方面的重要作用(Hwang and Back, 2020)。此外,褪黑激素在延缓水稻叶片衰老方面也发挥着重要作用,OsCOMT转基因水稻在叶片衰老和维管发育方面得到了显著改善,并最终影响了水稻的产量(Huangfu et al., 2022)。

褪黑激素在水稻中除了能够影响穗发育和产量形成外,对根系发育的影响也在许多研究中被报道。褪黑激素处理能够显著抑制水稻胚根的生长,促进侧根形成和发育。褪黑激素通过激活生长素相关基因、根生长发育和生长素相关的转录因子的表达,从而调控根的生长(Liang et al., 2017)。褪黑激素在水稻中还能通过影响油菜素类酯的生物合成来影响植物在暗胁迫下的生长(Hwang and Back, 2018)。褪黑激素也是水稻维持植株高度的关键要素之一,通过褪黑激素合成关键基因的敲除突变体研究发现,褪黑激素缺乏的水稻植物表现出半矮化表型,这种表型很可能也与油菜素类酯的含量变化有关(Lee and Back, 2019)。在根区缺氧胁迫下,外源褪黑激素可以通过促进抗氧化系统和介导生长素信号传导,正向调节水稻根系生长(Liu et al., 2023)。此外,在水稻腋芽的生长中,褪黑激素也能够起作用。褪黑激素通过改善水稻氮的同化和运输介导了腋芽的生长,从而促进了水稻的分蘖,对水稻产量形成具有重要作用(Yang *et al.*, 2022)。

褪黑激素除了在水稻发育中表现出作用以外,在非生物胁迫中也表现出显著的作用。通过基因工程手段创投了褪黑激素素缺乏的 SNAT 和 ASMT 突变体发现,褪黑激素缺乏的水稻延缓了幼苗生长,对各种非生物胁迫(包括盐和寒冷)更加敏感,同时水稻的旗叶衰老速度显著高于野生型,并由此极大地影响了水稻的产量。这些关于褪黑激素生物合成基因的功能丧失的研究反而证实了有关褪黑激素在促进植物生长和提高植物非生物胁迫耐性的研究结果(Byeon and Back, 2016)。

在盐胁迫方面,外源褪黑激素的施用对改善水稻的生长具有积极效应。一项研究表明,外源褪黑激素的长期施用诱导了水稻对盐胁迫的持续抗性,对提高水稻的生物量,增强水稻根系的生长起到积极作用(Yan *et al.*, 2021b)。另一项研究采用 RNAi 的方式抑制褪黑激素 -2-羟化酶基因的表达会降低褪黑激素的降解,从而增加了褪黑激素的积累,导致水稻植株对金属镉胁迫、盐胁迫的耐受性增强,影响水稻的生长(Choi and Back, 2019)。盐胁迫会诱导水稻叶片衰老,而外源褪黑激素则能够缓解由盐胁迫导致的叶片衰老。褪黑激素通过直接或间接抵消 H_2O_2 在细胞中的积累来延缓水稻叶片的衰老和其诱导的细胞死亡,增强了水稻对盐胁迫的耐受性(Liang *et al.*, 2015)。研究表明,褪黑激素通过调节水稻不同部位对 Na^+ 和 Cl- 的积累来增强植株对盐胁迫的耐受性(Li *et al.*, 2017)。同时,褪黑激素还能通过质膜 K^+ 转运蛋白和 K^+ 稳态的 NADPH 氧化酶依赖途径来提高水稻的耐盐性(Liu *et al.*, 2020)。此外,褪黑激素还能够通过调控 NO 的生物合成和 NO 信号途径来改善水稻的 K^+ 和 Na^+ 稳态,从而提高水稻的耐盐性(Yan *et al.*, 2020)。进一步的研究发现,褪黑激素是通过增强根系 H+ 泵活性和 Na^+/K^+ 转运蛋白对 ROS/RNS 的敏感性来增强盐胁迫下水稻幼苗的 Na^+/K^+ 稳态(Yan *et al.*, 2021a)。关于褪黑激素在水稻耐盐性的作用上的报道还有许多,但是关于褪黑激素在水稻耐盐性的生产应用的报道较少。

另外,褪黑激素在缓解砷盐胁迫中也发挥着重要作用。褪黑激素通过调节抗氧化防御系统和次生代谢物以及减少氧化应激来减轻水稻植物中的砷(As)毒性(Jan *et al.*, 2023)。而进一步在水稻原生质体中的研究表明,褪黑激素处理减少了细胞原生质体中的砷积累和增加了水稻中的抗氧化能力,进而减轻了亚砷酸盐对细胞的毒性作用(Li et al., 2023)。此外,也有许多其他研究表明,褪黑激素对其他种类的砷盐或者亚砷盐对植物细胞的毒性具有缓解作用。

在重金属胁迫方面,在水稻中过表达 OsSNAT1 基因也表现出对镉和衰老胁迫的显著抗性,同时植株中的褪黑激素含量也显著升高(Lee and Back,2017)。此外,褪黑激素对镉胁迫的抗性还可以通过对氧化系统的调节和植物激素平衡的调节来实现,因为增强的抗氧化系统能够缓解由镉胁迫导致的细胞氧化损伤,而保持植物激素的稳态则可以促进水稻胁迫下的正常生长(Munir et al.,2024)。此外,褪黑激素还可以通过影响 lncRNA 来影响水稻细胞壁的通透性和光合作用,进而影响水稻对金属镉的耐受性(Qiu et al.,2024)。另外,金属镉还影响水稻品质,而褪黑激素的处理可以减少水稻种子中镉的积累,维持水稻种子的品质(Liu et al.,2024)。褪黑激素还能通过各种防御反应途径之间的串扰来缓解铜胁迫,促进水稻种子发芽和幼苗生长(Li et al.,2022b)。在水涝胁迫下也发现了类似的现象,褪黑激素浸种处理的最佳浓度为100μM,最佳处理时间为 2 d,处理后的种子可有效缓解水涝胁迫对水稻种子的损害,促进幼苗生长发育(Zeng et al.,2022)。

在干旱胁迫下,使用 100 μM 浓度褪黑激素的种子浸泡处理有效促进了水稻种子芽和根系的发芽率,提高了水稻种子芽和根的生物量(Li et al.,2022e)。同时,在水稻中使用外源喷施的方式也能够起到类似的作用,褪黑激素通过提高水稻的抗氧化能力、渗透调节能力等方式影响水稻对干旱胁迫的耐受性(Silalert and Pattanagul,2021)。进一步的研究发现,褪黑激素可以通过降低钠含量以维持 Na^+/K^+ 稳态、减轻膜脂质氧化和增强叶绿素含量来提高水稻植物的耐盐性(Xie et al.,2021)。褪黑激素在干旱胁迫中的作用在 Li 等人的研究中也得到了验证,且有意思的是,最佳的处理浓度也是 100 μM(Li et al.,2022c)。这在其他人的研究中也得到了证实,且褪黑激素的处理浓度也相差不远。

在热胁迫下,褪黑激素也可以对水稻起着保护作用。在对热耐受型和热敏感型水稻植物进行外源褪黑激素处理时发现,褪黑激素在两种类型的水稻中均能缓解叶绿素的降解,并改善高温胁迫下的光合速率。同时,这种缓解效应在热敏感型水稻中作用更加明显,表明褪黑激素在提高水稻耐热性方面具有潜在作用(Barman et al.,2019)。此外,Yu 等人也报道了在高温条件下褪黑激素能够增加水稻种子发芽能力,且主要是通过加强水稻的抗氧化能力来实现的（Yu *et al*., 2022b）。

　　除了在非生物胁迫中的正向作用以外，也有个别研究展示了褪黑激素在缓解非生物胁迫中的负向作用。一项研究表明，抑制编码褪黑激素生物合成中倒数第二种酶的 5- 羟色胺 N- 乙酰转移酶 2（SNAT2）基因的表达会导致褪黑激素和油菜素类固醇（BR）水平同时降低，并诱发水稻植株直立叶半矮小表型，且表现出对多种胁迫条件的耐受性，包括镉、盐、冷和热，而 SNAT2 过表达株系对胁迫的耐受性显著低于野生型植物（Hwang and Back，2019）。这项研究从 SNAT2 基因出发，揭示了内源褪黑激素的降低可能与水稻植株非生物胁迫耐受性降低相关，但不排除是由于 SNAT2 基因的特殊作用。

　　除了在非生物胁迫中表现出作用以外，褪黑激素在水稻的生物胁迫耐性中也发挥着作用。水稻条纹病毒（RSV）是水稻的一种重要病害，在一项研究中表明，褪黑激素能够通过 NO 途径增强植物对 RSV 的抗性（Lu *et al*., 2019）。褪黑激素还能够通过调节病程相关蛋白的表达来诱导由米黄单胞菌引起的水稻细菌性枯萎病（BB）抗性（Chen *et al*., 2020）。稻瘟病是水稻的重要病害之一，褪黑激素的外源施用能够增强水稻植株对稻瘟病的抗性，有利于减轻稻瘟病对水稻生长的影响，进一步的研究表明，褪黑激素和异硫代烷具有协同作用，可用于减少异硫代烷的剂量和残留水平，有助于环境友好和可持续地控制作物稻瘟病病害（Bi *et al*., 2023）。

8.2　褪黑激素与小麦

　　与水稻一样，小麦中褪黑激素的发现由来已久，在测量植物中褪黑激素含量的报道中，小麦中的褪黑激素含量也较高，可达 100ng/g 左右。而在 2005 年的一项研究中发现，褪黑激素在小麦等单子叶植物中起到生长促进剂的作用，能够起到生长素吲哚 -3- 乙酸（IAA）作用的10% ~ 55%。这些结果表明，褪黑激素很可能在小麦中发挥着重要作用。在小麦中有报道显示，外源褪黑激素对大田环境下的小麦处理并无显著的不利影响,尽管在此项研究中并无褪黑激素对小麦积极影响的证据,但已有的研究结果已经表明褪黑激素的处理对小麦的影响很可能是正面的(Katerova et al., 2024)。这在我们之前的研究中已经得到证明。在干旱和PEG胁迫下,外源褪黑激素显著影响了小麦的抗氧化系统的活性和抗坏血酸-谷胱甘肽系统的活性,进而影响了小麦的抗旱性(Cui et al., 2017, Cui et al., 2018)。

褪黑激素缓解小麦盐胁迫损伤的研究已经有许多报道,在盐胁迫下施用外源褪黑激素可显著缓解盐胁迫诱导的小麦生长抑制、活性氧积累和膜氧化损伤。此外,外源褪黑激素增加了抗氧化酶活性并调节了光合气体的交换,光合作用中编码光捕获的叶绿素蛋白复合物基因、叶绿素和类胡萝卜素生物合成相关基因显著上调。这些结果表明,外源褪黑激素通过增强抗氧化、光保护和光合作用活性提高了小麦幼苗的耐盐性(Yan et al., 2023)。另外,外源施用100 μM褪黑激素降低了耐盐小麦细胞的氧化应激并改善了盐胁迫下的小麦生长,褪黑激素通过上调抗氧化酶的活性来减少盐胁迫诱导的氧化应激,并导致了细胞膜稳定性、光合作用和N利用效率的提高。进一步的研究发现,在褪黑激素和盐胁迫下施用50 μm乙烯生物合成抑制剂增加了H_2O_2含量,降低了GR活性和GSH、光合作用和植物干重。这意味着褪黑激素介导的盐胁迫耐受性很可能与乙烯合成有关(Khan et al., 2022)。此外,褪黑激素还能通过多胺代谢来减轻盐胁迫对小麦幼苗的影响。褪黑激素对小麦种子的保护作用也至关重要。在盐胁迫下,褪黑激素增加了种子中氧化还原酶的活性、赤霉素和茉莉酸含量提高了盐胁迫下小麦种子的发芽率(Wang et al., 2022b)。更进一步的研究发现,褪黑激素对盐胁迫的抗性也可能来源于与水杨酸的相互作用(Talaat and Shawky, 2022)。

在水分胁迫中,褪黑激素也发挥着重要作用。褪黑激素在干旱胁迫下保护了小麦光合膜结构的完整性,维持了小麦在干旱胁迫下的正常生理状态和生长,对于提高小麦的最终产量意义重大(Cui et al., 2017)。此外,在大田环境中,外源褪黑激素也能够影响小麦的抗旱性,但相对于直接喷施到叶面上,在傍晚根施褪黑激素更加有效(Todorova et al., 2024)。另外,褪黑激素还能够影响小麦中的茉莉酸和木质素的生物合成,从而增强小麦的耐旱性(Luo et al., 2023)。褪黑激素对干旱胁迫的影响还体现在其对小麦根毛生长的影响,褪黑激素通过提高小麦的根的数目和改善根毛的形态增强了小麦对干旱胁迫的抵御能力(Zhang et al., 2023）。在小麦的近源种中,外源褪黑激素通过调节类黄酮的生物合成和碳水化合物的代谢,改善了小麦近源野生种对干旱胁迫的耐受性（Wang et al., 2022a）。

在水涝胁迫中,外源褪黑激素促进了小麦抗氧化酶活性的提高和碳同化水平的升高,从而提高了小麦在水涝胁迫中正常生长的能力（Ma et al., 2022b）。这种褪黑激素对涝渍胁迫的影响,在硬粒小麦中也有相似的发现。更进一步的研究表明,褪黑激素介导的种子引发可以通过ABA、GA和ROS的级联反应,在洪水胁迫下促进作物种子发芽和幼苗的形态建成（Luo et al., 2024）。

在低温胁迫中,褪黑激素处理也能增强小麦对低温胁迫的耐性。低温胁迫下,褪黑激素预浸泡提高了小麦种子的发芽率,并减轻了低温对小麦幼苗胚芽鞘中叶绿体的损伤。另外,在灌浆期对小麦植株进行处理,提高了低温下来自处理后小麦种子的发芽率（Zhang et al., 2021）。在高温胁迫中,褪黑激素处也表现出了相似的效应。褪黑激素在高温胁迫增加了小麦的抗氧化酶活性,降低了小麦细胞的氧化损伤,提高了小麦细胞中可溶性碳水化合物的积累（Kolupaev et al., 2023）。在小麦幼苗中的研究表明,褪黑激素在调节小麦的抗氧化机制中起着重要作用,这是影响小麦对高温胁迫抗性的关键因素（Buttar et al., 2020）。此外,硫化氢也在褪黑激素介导的高温胁迫抗性中发挥重要作用（Iqbal et al., 2021）。另外,褪黑激素通过调节乙烯合成基因和抗氧化代谢,影响了茉莉酸甲酯诱导的小麦的光合活性,从而维持了热胁迫下的小麦的生长,提高了小麦对热胁迫的耐性（Sehar et al., 2023）。

镉（Cd）是毒性最强、分布最广的重金属污染物之一,对农作物生产、粮食安全和人类健康构成巨大威胁。与水稻中的褪黑激素功能相似,褪黑激素在缓解重金属胁迫中也发挥着重要作用。外源褪黑激素处理小麦后能够显著提升小麦对金属Cd的耐受性,褪黑激素通过增强ASA-GSH代谢,增强了小麦对重金属毒性的缓解作用,同时通过抑制Cd转运蛋白基因的表达影响了小麦植株中Cd的摄取和转移,从而减轻了小麦中Cd的毒性（Li et al., 2022a）。同时,褪黑激素还能提高Cd胁迫下的小麦种子的发芽率,提高种子活力和幼苗的生长力（Lei et al., 2021）。另外,褪黑激素对小麦镉耐受性的影响还能够通过平衡小麦中氧化还原稳态来进行,褪黑激素能够通过对抗氧化系统的影响来平衡小麦体内的过氧化氢含量,从而维持小麦的氧化还原稳态（Ni et al.,

2018）。褪黑激素对镉胁迫的耐受性还能通过 NO 途径完成，褪黑激素通过 NO 和 H_2S 途径调节小麦的氧化应激反应，维持了 ROS 的稳态，从而提高了小麦对镉毒性的耐受作用（Kaya *et al.*, 2019, Aloui *et al.*, 2024）。

此外，在锌胁迫下，褪黑激素在小麦中也能够发挥作用，它通过改善小麦的抗氧化能力和光合碳同化能力增强了小麦的抗旱性（Zuo *et al.*, 2017）。在铬胁迫中，褪黑激素通过改变重金属铬的亚细胞分布和增强小麦幼苗中的抗氧化代谢减轻了重金属铬的毒性（Sun *et al.*, 2023b）。同时，褪黑激素还能够影响小麦对铬的吸收，降低铬胁迫下小麦中的铬含量。褪黑激素在植物对铝胁迫的耐性研究中也有报道，褪黑激素通过增强铝的外排作用和重建小麦根部的氧化还原稳态来改善铝对小麦的毒害作用（Sun *et al.*, 2020a）。

近年来，随着塑料生产和消费的增加，大量聚苯乙烯纳米塑料在土壤中积累，造成污染和对作物生长的有害影响。研究表明，外源褪黑激素通过调节水通道蛋白相关基因的表达，包括上调叶片中 TIP2-9、PIP2、PIP3 和 PIP1.2 以及根中 TIP2-9、PIP1-5、PIP2 和 PIP1.2 的表达，减少了小麦根对纳米塑料的摄取及其向芽转运。同时，褪黑激素激活了 ROS 清除系统，改善了纳米塑料对碳水化合物代谢的负面影响。这些结果表明，褪黑激素可以减轻纳米塑料对小麦的不利影响，外源性褪黑激素应用可能是一种有效的维持被纳米塑料污染的土壤中作物生产的办法（Li *et al.*, 2021a）。

电离辐射对植物的生长具有重要影响，而外源褪黑激素通过调节小麦幼苗的生长状态、渗透调节能力和光合作用能力改善了电离辐射诱导的损伤（Kurt-Celebi *et al.*, 2022）。

褪黑激素对小麦籽粒品质也具有影响。干旱胁迫会显著影响小麦籽粒的湿面筋含量、沉降指数、总蛋白含量和面筋含量，而褪黑激素的施用有效缓解了籽粒品质的损害（Fu *et al.*, 2024）。

褪黑激素对产量的影响也有报道。在本研究中，在连续两年的盆栽试验和田间试验中，外源褪黑激素预浸泡种子对冬小麦生长和产量具有显著影响。与对照相比，用不同浓度的褪黑激素（10、100 和 500 μM）预浸泡种子 24h 后，盆栽试验中单株产量提高了 29% 到 80%，田间试验中单位面积产量提高了 4% 到 19%。进一步分析表明，褪黑激素对提高小麦籽粒产量的积极作用主要来源于对小麦分蘖数的增加、对叶片衰老的延缓作用和光合作用的维持能力、对根系生长的促进能力。这些研究表明褪黑激素在提高冬小麦产量方面的潜力（Ye *et al.*，2020）。另外，氮素营养对小麦产量至关重要，而在缺氮条件下，褪黑激素通过上调氮吸收和代谢相关酶的活性促进了氮的吸收和同化，并最终促进了植物的生长和产量的维持（Qiao *et al.*，2019）。

尽管在小麦中已经有许多关于褪黑激素功能的研究，特别是非生物胁迫和重金属胁迫，但相对深入的研究较少。大多数研究仅止步于关于褪黑激素诱导的胁迫抗性，并从各个维度衡量褪黑激素对小麦生理、生态的影响，包括抗氧化生理、光合生理、代谢生理等。同时也有许多关于褪黑激素诱导的转录组、代谢组和蛋白组的研究报道，从侧面上展示出褪黑激素对小麦胁迫影响的机理。就目前的发现而言，褪黑激素对胁迫的影响主要是通过小麦的抗氧化系统、光合系统、离子通道、渗透调节物质、植物激素串扰等方面进行的。与水稻中的研究不同的是，虽然已有较多的研究，但是尚缺乏较为直接的证据（包括正向和反向的遗传学证据），表明褪黑激素的直接作用靶点具体如何作用于基因或者蛋白，从而影响了小麦对各种胁迫的抗性，并最终反映到小麦的籽粒产量和品质上的。

8.3　褪黑激素与玉米

在所有作物中，褪黑激素在水稻和小麦中的研究较多，在水稻中研究较为深入。在玉米中，关于褪黑激素的研究相对较少，但已有的研究也表明，褪黑激素在玉米中也发挥着重要作用。

有研究表明，低浓度的褪黑激素可以通过促进玉米的糖代谢、光合作用和蔗糖韧皮部积累而有益于玉米幼苗的生长，但高浓度的褪黑激素通过诱导蔗糖、己糖和淀粉的过度积累，则会抑制玉米的光合作用和蔗糖韧皮部的积累，进而抑制玉米幼苗的生长（Zhao *et al.*，2015）。

褪黑激素对于老化种子的恢复具有重要影响。在老化种子的处理中，用外源褪黑激素对已老化的种子进行处理发现，外源褪黑激素显著提高了老化种子的发芽率,进一步的研究发现,褪黑激素增强了老化种子的抗氧化能力,有助于缓解由 ROS 产生的种子老化过程(Deng *et al.*, 2017)。更多的研究表明,外源褪黑激素可以减轻衰老诱导的氧化损伤,提高衰老种子的活性,促进胚芽和胚根的生长,并减少膜脂质过氧化。此外,褪黑激素还在玉米老化种子中诱导了各种代谢过程,包括激素信号转导、细胞过程、碳水化合物代谢、次生代谢产物和氨基酸代谢等,这些均可能对老化种子的恢复具有重要意义(Su *et al.*, 2018)。

在玉米中的较早的研究中发现,褪黑激素可能在玉米的耐寒性上发挥作用。在冷胁迫(10/7 ℃)下,用 1 mM 褪黑激素玉米处理幼苗,有效减轻了寒冷胁迫造成的损害,玉米幼苗呈现出较高的相对水含量、叶绿素浓度、抗氧化酶活性以及较低的 ROS 含量。同时,褪黑激素显著改善了低温诱导的玉米幼苗中的矿物质元素包括钾、磷、硫、镁、铁、铜、锰和锌等浓度的降低,提高了幼苗在冷胁迫下的生长能力(Turk and Erdal, 2015)。更多的研究表明,褪黑激素在促进冻害胁迫下的种子发芽过程中起到重要作用。褪黑激素作为种子引剂,可以通过促进种子的抗氧化系统和淀粉的代谢来改善糯玉米在寒冷胁迫下的种子发芽情况(Cao *et al.*, 2019)。此外,在玉米种子中,外源性褪黑激素在 50 微摩尔的剂量下展现出最佳生物刺激效果,显著提高了种子在冷胁迫条件下的发芽率和胚轴生长能力,同时在胁迫解除后促进了玉米幼苗的生长。褪黑激素除了作为一种有效的抗氧化剂,减少了因冷胁迫导致的蛋白质氧化损伤和脂质过氧化产物外,还诱导了细胞学层面的防御机制,如胚轴细胞中的内复制现象,以增强玉米对胁迫的适应性和恢复能力(Kolodziejczyk *et al.*, 2021)。

干旱是影响玉米生产的重要限制因素之一,而研究表明,褪黑激素在玉米对干旱胁迫的抗性中可能发挥重要作用。褪黑激素可以减轻由干旱诱导的对玉米幼苗的光合抑制作用,同时改善玉米植株的水分状况和干旱诱导的氧化损伤,有作为玉米耐旱性的潜在植物生长调节剂的潜力(Ye *et al.*, 2016)。这种褪黑激素对光合系统的保护作用在其他人的研究中也有发现。褪黑激素的内源性含量与光保护之间存在正相关关系,在褪黑激素含量高的玉米株系中,光系统 II 的最大光化学效率(Fv/Fm 比率)得到显著改善。同时,在干旱胁迫恢复过程中褪黑激素的外源性应用也进一步证实了这一点。在干旱恢复期施用褪黑激素提高了暴露于后续干旱胁迫的玉米植株的 Fv/Fm 比率(Fleta-Soriano et al., 2017）。褪黑激素对干旱胁迫的缓解作用主要体现在其对玉米幼苗抗氧化酶填系统活性的影响和对光合系统的保护作用上，而这种作用，根施比叶面喷施效果更好（Huang et al., 2019）。此外，褪黑激素对改善由干旱胁迫诱导的叶片衰老也具有作用。在半干旱情况下，叶面喷施褪黑激素可以延缓干旱对玉米生长的影响，通过增强的抗氧化系统和对光合系统的保护作用有效地延缓了玉米叶片的衰老（Ahmad et al., 2020）。在干旱胁迫下，褪黑激素对谷胱甘肽 - 抗坏血酸循环的影响也是显著的，外源的褪黑激素处理加速了细胞中的 AsA-GSH 循环，提高了相关酶的活性和基因表达，这一机制在抗旱性中起到了重要作用（Guo et al., 2020）。同时，在由 PEG 诱导的干旱胁迫下，褪黑激素还能调节脱落酸的代谢，进而调控玉米叶片气孔的开闭，提高玉米在胁迫条件下对气体交换和水分散失的调节能力（Li et al., 2021b）。褪黑激素对玉米气孔的调节作用在其他人的研究中也得到证实（Zhao et al., 2021）。

褪黑激素还能影响干旱胁迫下玉米的产量。研究表明，褪黑激素对半干旱地区夏玉米产量具有显著影响，并主要是通过其对玉米籽粒灌浆速率和激素水平的调控作用来实现的。与叶面喷施相比，种子浸泡褪黑激素能更有效地提高玉米的单粒种子重量和灌浆速率，这主要归因于褪黑激素对激素水平的调节。具体来说，褪黑激素处理显著增加了玉米籽粒中玉米素和玉米素核苷（Z+ZR）、吲哚 -3- 乙酸（IAA）和赤霉素（GA）的含量，这些激素与玉米的灌浆速率和产量呈正相关；同时，褪黑激素还抑制了脱落酸（ABA）的含量，而 ABA 在部分情况下与灌浆速率呈负相关。此外，褪黑激素处理还显著提高了玉米的单株干物质重、百粒重、穗部性状和最终产量。因此，褪黑激素作为一种植物生长调节剂，具有在半干旱地区提高玉米抗旱性和产量的潜力（Ahmad et al., 2021）。

外源褪黑激素还影响了玉米植株中的水分传导。研究表明，褪黑激素通过上调水通道蛋白基因的转录水平，增强了水通道蛋白的活性，从而促进了水分的快速吸收和运输。表现在生理表型上即是全株和根系水力导度的增加，从而促进了根系对水分的吸收能力。褪黑激素的这种生理响应有助于玉米幼苗在短期水分亏缺条件下维持良好的水分状态，提高其耐旱性（Qiao et al., 2020）。

在研究玉米的水涝胁迫中发现，通过种子浸泡和叶面喷施的方式，褪黑激素和 KNO3 联合施用能够显著改善水涝胁迫下玉米幼苗的生长特性、叶绿素含量、光合速率等生化参数。具体而言,100 微摩尔褪黑激素显著促进了玉米幼苗的生长,减少了氧化应激产物的积累,并增强了抗氧化酶的活性,并最终缓解水涝对玉米生长的胁迫(Zhao et al.,2021)。

高温胁迫也是玉米生长期常面临的重要环境因子之一,研究表明,褪黑激素在植物高温胁迫中也得发挥作用。褪黑激素作为一种信号分子,能够显著提升玉米幼苗在热胁迫条件下的生存能力。褪黑激素处理显著增强了玉米幼苗中的抗氧化酶活性(如 GPX、GR、CAT),并增加了非酶类抗氧化剂(AsA、GSH)的含量,从而提高了玉米幼苗的抗氧化能力。而抗氧化能力的增强则减少了由热胁迫引起的丙二醛(MDA)增加和电解质的渗漏,有效缓解了热胁迫对玉米幼苗的损害。另外,褪黑激素还促进了甲基乙二醛解毒酶(Gly I、Gly II)的活性,有助于清除有害的甲基乙二醛产物,保护细胞免受损伤。同时,褪黑激素处理还增加了渗透调节物质(如脯氨酸、海藻糖和总可溶性糖)的含量,有助于维持细胞内的渗透平衡,提高玉米幼苗对高温胁迫的耐受性(Li et al.,2019)。

盐胁迫也是影响玉米生产的重要环境因素之一,研究表明,褪黑激素的外源施用对缓解盐胁迫对玉米生长的影响具有重要作用。用 $1\mu M$ 褪黑激素处理玉米显著减轻盐胁迫对玉米生长的抑制作用,并将 P 玉米叶片的净光合速率提高了 19% 以上。另外,褪黑激素施用还增强了盐胁迫下玉米叶片的抗氧化酶活性,并将其电解质泄漏和 MDA 含量分别降低了 25% 和 22%。此外,褪黑激素施用还使得盐胁迫下玉米地上部位的 K^+ 含量和 K^+/Na^+ 比率分别提高了 18% 和 52%。这些结果表明,盐胁迫下,褪黑激素通过提高叶片的光合能力、抗氧化能力和离子稳态,增强了玉米的耐盐性(Jiang et al.,2016a)。褪黑激素对玉米幼苗在盐胁迫下的保护作用在其他人的研究中也得到证实,外源褪黑激素通过提高玉米幼苗的抗氧化、光合能力和对渗透调节物质合成的影响增强了玉米幼苗的耐盐性(Chen et al.,2018,Ren et al.,2020)。

在盐胁迫中,已经有褪黑激素在大田中应用的实践。研究表明,在大田环境下,盐胁迫显著抑制了玉米的生长和发育,而褪黑激素的应用,特别是在 1.0 mM 浓度下,有效缓解了盐胁迫带来的负面影响。褪黑激素提高了玉米的植株高度、叶绿素和水分含量,降低了抗氧化应激指标,并增加了抗氧化酶的活性和籽粒中的营养物质浓度。此外,与

8711 杂交种相比，2225 杂交种对褪黑激素的应用表现出更显著的响应和更好的生长状况。这些发现揭示了褪黑激素在减轻盐胁迫对玉米危害方面的潜力，并为盐碱地农业中的可持续生产提供了科学依据（Ali *et al.*, 2024）。

此外，在重金属胁迫中，褪黑激素对缓解重金属胁迫对玉米植株的损伤也具有重要作用。褪黑激素通过其抗氧化和解毒作用，降低了铬引起的氧化应激，从而促进了玉米幼苗的生长。另外，褪黑激素的应用还改善了铬对玉米幼苗其他生理指标的不良影响，如根系形态、叶绿素和类胡萝卜素含量等（Malik *et al.*, 2022）。此外，在氧化铜诱导的纳米毒性研究中，褪黑激素通过调节玉米幼苗的光合器官、细胞损伤和抗氧化防御系统减轻了由重金属铜诱导的氧化胁迫（Khan *et al.*, 2023）。在金属铬胁迫中也有类似的效果，褪黑激素通过调节细胞壁多糖的生物合成、谷胱甘肽代谢和抗氧化能力减轻了铬胁迫对玉米的毒害作用（Yang *et al.*, 2023）。进一步的研究发现，Cr 胁迫能够触发玉米中 L-/D- 半胱氨酸脱硫酶（LCD/DCD）的表达，从而增加内源 H_2S 水平，同时内源褪黑激素系统也被 Cr 胁迫激活。重要的是，褪黑激素能够进一步促进 LCD/DCD 的表达，显著提高玉米叶片和根系中的 H_2S 水平，而 H_2S 的增加则增强了玉米对 Cr 的耐受性。这种耐受性的增强体现在多个方面，包括基因表达的上调、细胞壁多糖含量的增加、果胶甲酯酶活性的提高以及抗氧化酶活性的改善。相反，H_2S 对褪黑激素系统的直接影响较小，而褪黑激素合成的抑制剂对 H_2S 诱导的 Cr 耐受性也没有显著影响。这些发现表明，在玉米中，H_2S 很可能作为褪黑激素下游的信号分子，在褪黑激素诱导的 Cr 耐受性中发挥了重要作用（Yang *et al.*, 2024b）2024b。

在玉米种子中的实验结果表明，用褪黑激素作为种子引物剂，对于缓解玉米在随后生长过程中面临的非生物胁迫具有重要意义，在褪黑激素处理的种子中，会额外合成抗氧化、解毒、抗应激相关的蛋白质，将有助于玉米植株度过可能的胁迫条件（Kolodziejczyk *et al.*, 2016）。而在盐胁迫下，褪黑激素作为种子引发剂对玉米种子的萌发和玉米幼苗的形态建成均具有积极影响（Jiang *et al.*, 2016b）。

除了非生物胁迫以外，褪黑激素在玉米中缓解病害胁迫的研究也有报道。研究发现，褪黑激素能够显著减少由禾谷镰刀菌 PH-1 引起的玉米茎秆和玉米粒上的病斑,这得益于褪黑激素对植物防御酶活性的调节,特别是超氧化物歧化酶的增加和过氧化物酶及抗坏血酸过氧化物酶的减少。此外,褪黑激素还通过水杨酸信号通路增强了玉米的先天免疫力,上调了多个与防御相关的基因表达,同时下调了与有害毒素产生相关的基因表达。这些发现为褪黑激素在植物病害防控中的应用提供了新的视角和理论依据。

综上所述,褪黑激素在玉米中发挥着多种重要作用,特别是在提高抗逆性、促进细胞壁多糖代谢、增强抗氧化能力、促进胁迫条件下的植物生长等方面。这些作用使得褪黑激素在玉米生产中具有潜在的应用价值,特别是在盐碱地和重金属污染地区的玉米种植区中。

8.4　褪黑激素与豆类植物

豆类植物在农业生产中占据着举足轻重的地位。豆类植物是重要的粮食来源和油料来源,豆类植物如大豆、绿豆、红豆等是人类膳食中的重要组成部分,富含优质蛋白质、不饱和脂肪酸、纤维、维生素和矿物质,是人类植物蛋白的重要来源。这些营养物质对于人体健康至关重要,能够满足人们的营养需求。同时大豆等豆类植物也是重要的油料来源。大豆油作为世界上最主要的食用油之一,具有产量大、价格相对稳定的特点,广泛应用于家庭烹饪和食品加工行业。此外,豆类植物也是重要的饲料来源,在养殖业中占据重要地位。此外,豆类植物由于其天生的固氮能力,也是土壤改良与环境保护的重要植物之一。

与在其他植物中的功能相似,在豆类植物中,褪黑激素也能够在非生物胁迫中发挥作用。褪黑激素在大豆中的研究有许多报道,根据已有报道来看,褪黑激素在豆类植物的生长发育和胁迫耐性等方面发挥着重要作用,这已经是确凿无疑的(Alinia *et al.*, 2021)。

在水涝胁迫中,褪黑激素处理后的大豆的植株鲜重更大、幼苗长度更长和细胞死亡更不明显,褪黑激素显著促进了水涝胁迫下的大豆生长。对根尖的进一步研究发现,褪黑激素处理改善了水淹大豆根尖程序化死亡,根尖活化细胞的降解显著降低,细胞间隙明显小于未处理的大豆根尖,同时根尖的木质化也相应减少,根系活力显著增强(Wang et al., 2021)。

褪黑激素对大豆的生长和发育也具有显著的促进作用,包括增加叶片大小、植株高度、豆荚和种子数量,以及提高种子中的脂肪酸含量和耐盐耐旱能力。褪黑激素通过上调被盐胁迫抑制的基因表达,减轻了盐胁迫对大豆的不利影响,其促进机制可能与增强细胞分裂、光合作用、碳水化合物代谢、脂肪酸生物合成和抗坏血酸代谢等过程相关(Wei et al., 2015, Zou et al., 2021)。研究认为褪黑激素在改善大豆生长和种子生产方面具有巨大潜力,并建议未来进一步探索褪黑激素在作物中的分子机制。褪黑激素对大豆耐旱性的影响也可能通过影响内源的代谢机制比如葡萄糖代谢、次生代谢产物等来进行。这种对植物体内代谢的影响可以增强植物的抗氧化能力、渗透调节能力,从而增强大豆对干旱胁迫的耐受性(Cao et al., 2020, Cao et al., 2021b, Imran et al., 2021a)。干旱胁迫的氮代谢产生了不利影响,导致氮积累和转运减少。然而,通过外源施加褪黑激素,可以显著增强大豆中氮代谢关键酶的活性,促进氮的同化和转运,从而提高氮的积累。这一机制主要通过上调氮代谢关键基因的表达来实现,有助于大豆在干旱胁迫下维持生长和稳定的生物量生产。这些发现为褪黑激素在农业中的应用提供了新的视角,尤其是在提高作物抗旱性和氮利用效率方面(Cao et al., 2022)。褪黑激素对干旱胁迫下光合作用的影响也是其提高大豆耐旱性的重要因素。褪黑激素有效改善了植物在干旱胁迫下的光合色素活力和光合气体交换参数(Zou et al., 2019)。

另外,褪黑激素对大豆抗旱性的影响还可以通过生防菌来实现。枯草芽孢菌(Bacillus sp.)菌株 IPR-4 与褪黑激素的共接种在缓解大豆干旱胁迫中表现出重要作用。共接种显著提高了大豆的抗旱能力,具体表现在促进了大豆植株的生长、生物量增加和叶绿素含量升高,并且提高了大豆的抗氧化酶活性,降低了氧化应激产物的含量以及优化矿质元素吸收等方面。此外,共接种还调节了与干旱胁迫相关基因的表达,进一步增强了大豆的干旱耐受性(Peter et al., 2024)。近年来,枯草芽孢菌在农业领域展示了非凡的应用范围,包括土壤结构优化、植物产量获得、病虫害防治、抗逆性等方面,而褪黑激素对枯草芽孢菌的作用则在农业实践中具有潜在的应用价值,表明褪黑激素的作用决不单纯局限于抗氧化和促进植物生长,甚至很可能在共生等方面也发挥了作用。

褪黑激素对大豆的影响也并不全是正面的,也有报道显示,单独用褪黑激素对大豆产量并无显著的影响。且当将尿素和褪黑激素对大豆进行共同处理时,褪黑激素对大豆产量反而有负面效应(Xiao et al.,2022)。褪黑激素在缓解大豆盐碱胁迫方面的显著效果还包括通过增强抗氧化能力,有效清除盐碱胁迫引起的活性氧积累,减轻了 DNA 氧化损伤。并进一步地改善了光合作用相关参数,如叶肉细胞结构、叶绿体数量和光合色素含量等,从而提高了光能捕获和电子传递效率。此外,褪黑激素还促进了碳水化合物的积累和代谢,为细胞生长和代谢提供了必要的物质和能量支持(Zhao et al.,2022, Zhao et al.,2023)。这些发现为利用褪黑激素提高大豆及其他作物对盐碱胁迫的耐受性提供了新的策略。

此外,褪黑激素还能够影响大豆和大豆制口的品质。外源褪黑激素增加了干旱胁迫下大豆的碳水化合物含量(淀粉、蔗糖、葡萄糖和果糖),提高了大豆的产量和品质。同时,用褪黑激素处理的大豆产品感观品质显著上升,这扩展了褪黑激素的应用范围(Cao et al.,2021a)。

相比于褪黑激素在大豆非生物胁迫上的作用,褪黑激素在大豆身上的另一项作用可能更加重要。研究显示,褪黑激素能够促进低氮条件下根瘤菌的感染和根瘤的形成。褪黑激素通过根部灌溉可以显著提高大豆的氮素吸收和利用效率,增强植物对低氮水平的耐受性,其作用机制包括提高铵同化酶的活性、促进根瘤菌感染以及诱导木黄酮水平的上升。其中,GmMaT2 基因在介导褪黑激素对大豆结瘤和氮素代谢的有益影响中扮演了关键角色。研究结果表明,褪黑激素可能成为一种提高大豆氮素利用效率的可持续策略,并为减少农业成本和环境影响提供新的解决方案(Wang et al.,2024)。此外,褪黑激素对大豆的根际微生物群落也具有显著影响,褪黑激素和尿素的联合作用通过影响微生物的群落结构,降低了尿素对大豆产量提高的积极作用(Xiao et al.,2022)。

在金属铝离子胁迫中,褪黑激素在缓解大豆铝毒性方面也具有重要作用。适量浓度的褪黑激素(如 1 μM)能够显著增加大豆根系中褪黑激素的含量,并通过上调相关基因表达、增强抗氧化酶活性以及促进有机酸(如苹果酸和柠檬酸)的外排来减轻铝胁迫对大豆根系生长的抑制作用。然而,高浓度的褪黑激素则可能产生负面效应,抑制根系生长。这些发现为理解褪黑激素在植物金属胁迫中的作用提供了新的视角,并可能为开发提高作物铝抗性的策略提供理论依据(Zhang *et al.*, 2017)。

在大豆的高温胁迫中,褪黑激素也表现出了缓解胁迫的多重作用机制。褪黑激素通过增加大豆中抗氧化物质的产生和抗氧化酶的活性,减轻了高温引起的氧化应激。同时,褪黑激素还调节了植物激素和多胺的代谢,促进了有益化学物质的积累,并抑制了不利激素的生成。此外,褪黑激素还诱导了热休克蛋白和热休克转录因子的表达,增强了植物对高温的适应性。这些发现为利用褪黑激素提高大豆的耐热性提供了新的策略(Imran *et al.*, 2021b)。

另外,褪黑激素在适当浓度下能够促进生长素的生物合成和信号传导,表现出类似生长素的特性。褪黑激素上调了参与生长素生物合成的几个 YUCCA 基因,增强了生长素受体编码基因(如 TIR1、AFB3 和 AFB5)的表达水平。另外,数十个参与生长素转运的基因(如 AUXI 和 PIN)受到褪黑激素的调控,生长素响应基因(如 IAA、ARF、GH3 和 SAUR 样基因)也对褪黑激素和生长素都有强烈的响应。通过 DR5 启动子介导的 GUS 染色试验表明,低浓度的褪黑激素能够以剂量依赖的方式诱导生长素生物合成,而高浓度的褪黑激素则会消除这种效果(Wei *et al.*, 2022)。这些研究结果表明,褪黑激素与生长素之间存在重要的相互作用,进而调控大豆的生长和发育。

在菜豆中,通过水处理、盐胁迫处理以及褪黑激素 + 盐胁迫的对比实验,发现褪黑激素能显著增加菜豆芽的生长参数,从而减轻盐胁迫带来的负面影响。进一步通过 RNA 测序和 qRT-PCR 技术分析显示,褪黑激素通过调控细胞壁结构和合成相关基因的表达,增强了普通菜豆的耐盐性。同时,研究还对 120 份种质资源进行了广泛筛选,证实了褪黑激素处理的普遍有效性,并发现超过 65% 的种质材料在褪黑激素处理下耐盐性得到提升。此外,研究还开发了基于细胞壁合成关键基因的分子标记,这些标记能够有效预测普通菜豆在盐胁迫下对褪黑激素的响应性,为选育耐盐性强的菜豆品种提供了新的工具和策略。该项研究不仅揭示了褪黑激素在增强普通菜豆耐盐性中的重要作用及其分子机制,还为实现作物抗逆性遗传改良提供了科学依据和技术支持(Zhang *et al.*, 2022)。研究发现,褪黑激素通过增强抗细胞的抗氧化活性提高了对 ROS 的清除能力,保护了光合色素,维持了菜豆在盐胁迫下的光合作用能力(Alinia *et al.*, 2022b)。进一步通过转录组和代谢组分析发现,褪黑激素促进了色氨酸的代谢,而色氨酸的合成和代谢对植物的代谢、生长、维持和修复至关重要。褪黑激素通过调控这一过程可能在增强植物盐胁迫耐受性中发挥了关键作用(Yang et al., 2024a)。此外,产生ACC脱氨酶的工程菌和褪黑激素的共同施用也显著改善了菜豆对盐胁迫的耐受性。固氮工程菌和褪黑激素的共同作用改善了菜豆的生长、光合速率和固氮能力,同时改善了菜豆中钾的转运、茎叶和根部钾钠比,减轻了盐胁迫的负面影响(Alinia et al., 2022a)。另外,还有许多有关于褪黑激素在菜豆耐盐性中的研究,均展示了褪黑激素对菜豆耐盐性的积极作用(ElSayed et al., 2021, Azizi et al., 2022)。

臭氧对植物具有显著的破坏性作用,包括抗氧化系统损伤、膜结构损伤、光合器官破坏等。在菜豆中的研究表明,褪黑激素处理能够通过提高抗氧化酶活性、增强光合作用性能和防止膜损伤保护了豆类植物免受臭氧的损伤,表明褪黑激素在植物面对臭氧胁迫过程中也发挥着重要作用(Vougeleka et al., 2024)。

在白豆中也发现,外源褪黑激素处理能够显著缓解盐胁迫对植株的负面影响,提高白豆对盐胁迫的耐受性。相对于未处理的植株,外源褪黑激素处理后的白豆的生长量和光合特性均得到了显著改善,表明褪黑激素在白豆对盐胁的耐受性中发挥了重要作用(Askari et al., 2023)。

在蚕豆中也有类似发现,添加不同浓度的固氮菌和褪黑激素后,蚕豆的生长参数和产量构成因素均得到显著提升。特别是当两者联合使用时,效果最为明显,不仅提高了蚕豆对营养元素的吸收(如氮、磷、钾),还增加了抗逆性指标(如脯氨酸含量、RWC% 和钾钠比),并减少了有害离子(Na^+ 和 Cl^-)的积累(Abd El-Ghany and Attia, 2020)。

研究发现,干旱和高温胁迫对绿豆的生理特性和产量有负面影响,包括降低叶绿素指数、光合效率等。然而通过叶面喷施100微摩尔浓度的褪黑激素,绿豆的抗氧化酶活性得到显著增强,渗透调节和离子稳态得到改善,从而缓解了胁迫带来的负面影响,改善了绿豆的生理特性相关指标,同时提高了绿豆的产量。这表明褪黑激素在绿豆应对干旱和高温胁迫中具有显著的保护作用(Kuppusamy et al., 2023)。

褪黑激素除了能够影响豆类植物对非生物胁迫的耐受性以外,还能够影响豆类植物的生长发育。外源褪黑激素处理的扁豆和芸豆的胚根(豆芽)发育发生了显著变化,同时抗氧化能力得到显著提升。此外,内源褪黑激素的含量也发生了显著变化。这种内源褪黑激素的变化以及抗氧化能力的增强在食用性豆芽菜中的积累可用作缓解和预防慢性和与年龄相关的疾病的营养策略（Aguilera *et al.*，2015）。

8.5　褪黑激素与油菜

油菜在中国扮演着多重且至关重要的角色。其作为我国主要的油料作物之一，对保障国家食用油供给安全具有战略意义。褪黑激素在油菜中也有许多研究，表明褪黑激素在油菜中也发挥着重要作用。

已有研究表明，褪黑激素在油菜的盐胁迫中发挥重要作用。在盐胁迫条件下，向油菜施加低浓度的外源褪黑激素可以显著改善其生长状况，其褪黑激素通过增强抗氧化酶的活性来减少氧化应激，同时促进渗透调节物质的积累以缓解渗透胁迫。这些生理变化共同促进了油菜幼苗的根系发育和生物量积累，从而有效减轻了盐胁迫对油菜幼苗的负面影响（Zeng *et al.*，2018）。另外，研究还发现，NO 在褪黑激素介导的盐胁迫中发挥了重要作用，这也与在其他植物中的研究相似。在 NaCl 胁迫下，油菜幼苗根部内源性褪黑激素和 NO 的积累增加。褪黑激素和 NO 的补充能够缓解 NaCl 引起的生长抑制，从而恢复油菜细胞中的氧化还原平衡和离子稳态。进一步的研究表明，NO 位于褪黑激素下游，通过 S- 亚硝基化等机制促进盐胁迫耐受性。此外，遗传证据支持 NO 在褪黑激素介导的盐胁迫耐受性中的关键作用，因为缺乏 NO 的突变体无法通过褪黑激素补充来恢复对 NaCl 的耐受性（Zhao *et al.*，2018）。通过转录组测序技术发现，褪黑激素处理显著影响了盐胁迫条件下与植物激素合成和信号转导、木质素和脂肪酸代谢等相关的基因表达，这些途径在褪黑激素促进幼苗生长中发挥了重要作用。多个转录因子家族的成员也参与了这一响应过程。此外，内源激素含量的变化也与转录组测序的结果相符合，进一步证实了褪黑激素通过调控内在激素代谢网络来增强油菜幼苗的耐盐性（Tan *et al.*，2019）。另外，褪黑激素还能够与硫辛酸联合使用，也可减轻盐胁迫下甘蓝型油菜幼苗的氧化应激并促进根系形成和生长（Javeed *et al.*，2021）。这些研究为我们进一步理解褪黑激素在植物盐胁迫中的功能提供了新的佐证，也为盐碱地农业的可持续发展提供了重要的参考。

干旱也是影响油菜产量和品质的重要因素之一，而褪黑激素在缓解油菜干旱胁迫中也具有重要作用。实验发现，0.05 mM 的褪黑激素对油菜模拟的干旱胁迫提供了有效保护，其不仅减轻了干旱对幼苗生长的抑制作用，还显著增加了幼苗的叶面积、根和茎的鲜重与干重。此外，褪黑激素还通过降低干旱引起的过氧化氢含量增加，并增强抗氧化酶的活性（如过氧化氢酶、抗坏血酸过氧化物酶和过氧化物酶），展示了其强大的抗氧化能力。同时，褪黑激素还促进了可溶性糖和蛋白质等溶质的积累，有助于幼苗在干旱条件下保持正常的生理功能（Li *et al.*，2018b）。更多的研究表明，在干旱条件下，褪黑激素主要是通过提高抗氧化防御系统的功能、增强渗透调节和气孔调节、维持叶绿体超微结构和光合作用等方式，增强了油菜在干旱胁迫下的耐性，维持了油菜在胁迫下的生长能力（Khan *et al.*，2019）。褪黑激素对油菜在干旱胁迫下的这些作用在两种对干旱敏感程度不一的油菜品种中也得到了证实。褪黑激素通过促进根系生长和气孔开放，进而改善光合作用和抗氧化能力，显著提高了油菜在干旱胁迫下的生存能力（Dai *et al.*，2020）。另外，研究还表明，褪黑激素对干旱胁迫的缓解作用还与水杨酸密切相关（Rafique *et al.*，2023）。这些发现为褪黑激素在油菜中的应用提供了理论依据，特别是在提高油菜抗旱性方面。

作为褪黑激素合成前体的血清素（5- 羟色胺）在油菜耐寒性中的作用也有报道。外源血清素通过增加渗透调节物质的含量，提高活性氧（ROS）的清除能力，增加抗氧化酶活性（CAT、POD 和 SOD）和冷应激相关基因的转录水平，维持了冷胁迫下细胞的渗透电位平衡，协助油菜幼苗应对寒冷胁迫（He *et al.*，2021）。进一步的研究表明，褪黑激素也有相同的作用。褪黑激素能够显著提高油菜的耐寒性，褪黑激素通过增加植物体内的 NO 和 Ca^{2+} 水平，进而激活 MAPK 级联反应，提高了油菜的抗氧化能力和渗透调节能力，从而增强耐寒性。此外，NO 和 Ca^{2+} 信号在褪黑激素下游协同作用，共同调节植物的耐寒性响应（Lei *et al.*，2022，Ma *et al.*，2022a）。这些发现为深入理解褪黑激素在冻害胁迫响应中的作用机制提供了新的视角，同时也为降低冻害胁迫对油菜生长的影响提供了参考。

重金属胁迫对作物的生长造成损伤，并严重影响了作物的营养品质。在油菜中,高浓度的铜显著抑制了油菜的生长和光合作用,增加了氧化应激和脯氨酸的积累。而褪黑激素作为保护剂,能够减轻铜引起的负面影响,包括降低细胞的氧化应激水平(Kholodova *et al.*, 2018)。在镉和铝的胁迫中,褪黑激素也通过调节油菜的抗氧化能力和 ROS 稳态的维持能力提高油菜对镉和铝胁迫的耐受性(Sami *et al.*, 2020, Menhas *et al.*, 2022)。而在铬胁迫中,褪黑激素对油菜抗性的影响则归结于褪黑激素对光合作用的调节,其通过增强光系统 II 的效率和调节光电子传输通量以保护 PSII 免受氧化损伤,从而减轻了铬对油菜植物生长的毒性作用(Ayyaz *et al.*, 2020, Ayyaz *et al.*, 2021a, Ayyaz *et al.*, 2021b)。钴胁迫也对油菜的生长具有负面影响,外源褪黑激素的应用则能够显著减轻甘蓝型油菜由钴胁迫造成的氧化损伤和毒性效应,保护植物细胞膜的完整性,并提高抗氧化酶的活性和应激反应基因的表达。同时,褪黑激素还能够通过调节钴转运蛋白和增强钴解毒机制,有助于维持油菜的正常生长和生理功能(Ali *et al.*, 2023)。这些发现为利用褪黑激素作为油菜对重金属胁迫防御的增强剂提供了理论依据和实践指导。

硒对植物的生长具有重要作用,包括促进植物生长发育、增强植物的抗氧化能力和抗逆性等。但高浓度的硒则显著抑制了植物的生长,导致植物的生长速度减缓,生物量减少,如根长、株高和叶面积都可能受到负面影响。这种抑制作用会进一步影响植物的光合作用和养分吸收,降低其整体健康状态和产量。同时,硒的过量积累还可能引发植物的生理性病害,如叶片发黄、焦枯等,进一步削弱植物的生理机能。而外源褪黑激素在油菜应对高浓度硒胁迫中具有重要作用。褪黑激素通过提高油菜的抗氧化能力、促进硫醇配体的合成以及增强硒在根部的解毒和隔离,有效缓解了硒对油菜生长和生理特性的负面影响(Ulhassan *et al.*, 2019)。这些发现不仅增进了我们对硒植物毒性和褪黑激素抗逆机制的理解,还为在富硒土壤中实现安全作物生产提供了新的思路。此外,褪黑激素对油菜中的砷胁迫也具有缓解作用。通过合成褪黑激素 - 硒纳米颗粒,并应用于甘蓝型油菜,能够显著降低砷胁迫对植物的毒性,促进植物生长,增强抗氧化酶的活性,并减少砷在植物体内的积累(Farooq *et al.*, 2022)。这为提高植物对重金属胁迫的耐受性提供了新的策略。

褪黑激素在油菜的生物胁迫中的抗性也有研究。在油菜中,褪黑激素具有生物活性,能够有效缓解由坏死性植物病原菌核盘菌(Sclerotinia sclerotiorum)引起的油菜菌核茎腐病。褪黑激素以 ATP 依赖的方式诱导了油菜中的抗氧化激活,并刺激了芥子油苷的生物合成,从而有效抑制了核盘菌感染(Teng et al., 2021)。这一发现为提高油菜在病害胁迫下的抗性提供了新的策略和见解。

此外,褪黑激素在油菜产量和品质上的作用也有报道。褪黑激素作为种子引发剂,在 50 微摩尔浓度下对油菜的生长、抗氧化能力、光合作用、渗透调节、脂肪酸组成以及产量性状均有显著促进作用。褪黑激素通过减少氧化损伤、增强光合作用和 K^+/Na^+ 平衡,以及改善脂肪酸组成,从而提高了油菜的油质和产量(Mohamed et al., 2020)。这项发现预示着褪黑激素在提高油菜的产量和品质方面的潜力。另外,通过盆栽和田间实验,证明了赤霉素(GA3)和褪黑激素种子引发处理能够提高油菜在干旱胁迫和非胁迫条件下的产量和质量。这种改善作用主要归因于引发处理提高了植株在清除活性氧和积累脯氨酸方面的能力(Khan et al., 2020)。这些发现为探索新的途径和提高油菜在水资源稀缺和半干旱耕作系统下的耐旱性、产量和质量提供了参考。

尽管在油菜中已经有许多关于褪黑激素的报道,但是相当程度依然还停留在理论层面,关于褪黑激素在油菜生产中的应用还较少。同时,有关于褪黑激素在油菜中作用的分子机理研究依然还刚刚起步。在拟南芥中已经有相当多的研究进展,展示了更深一层的作用机理。而得益于拟南芥和油菜的同科属性,其研究对油菜有一定的参考价值。因此,在参考拟南芥中褪黑激素的研究基础之上,应该对褪黑激素的作用机理做出更多和更深入的研究,以为褪黑激素在生产上的应用提供更多的理论基础。

8.6　褪黑激素与番茄

番茄,是茄科茄属的一种多年生草本植物。它在全球范围内广泛种植,是重要的园艺和蔬菜作物。

番茄中的褪黑激素研究起步较晚,直到 2009 年,才有系统性的研究文章测量了模式番茄(Mic-Tom)不同组织中的褪黑激素含量。研究发现,番茄不同组织包括根、茎、叶、花、果实、幼苗和种子中均能够检测到褪黑激素,其浓度在 1.5 ~ 66.6 ng/g 鲜重范围内,其中种子中褪黑激素浓度最高。而在其他组织尤其是果实和叶片中,褪黑激素含量则随着番茄的发育阶段不同而呈现阶段性的变化趋势(Okazaki and Ezura,2009)。更多的研究表明,番茄中的内源褪黑激素含量从 10 ~ 300ng/g 鲜重不等,且不同品种番茄中的褪黑激素含量差异较大(Okazaki *et al.*,2010)。更进一步的研究表明,不同的生长条件,褪黑激素的含量差异较大,在不同的胁迫条件下褪黑激素的含量具有显著差异(Arnao and Hernández-Ruiz,2013,Riga *et al.*,2014)。

最早在番茄中的研究始于在番茄中对褪黑激素合成相关基因的遗传转化研究。为了了解褪黑激素在植物中的代谢途径和功能,研究人员将外源(水稻)褪黑激素代谢的关键基因吲哚胺 2,3- 双加氧酶(IDO)导入了番茄中,来操纵番茄植株中内源性褪黑激素含量,创造了能够稳定遗传的转基因番茄。在这些转基因番茄株系中,褪黑激素的含量显著降低,与此相对应的性状是番茄侧向小叶数量的减少,表明褪黑激素与番茄叶片的发育息息相关(Okazaki *et al.*,2010)。在发现褪黑激素在番茄中的生理功能后,越来越多的研究人员加入到了研究番茄中褪黑激素生理功能的行列。而更多的研究则表明,褪黑激素参与了番茄的多种生命活动,在番茄的生物和非生物胁迫、生长发育等方面发挥多重角色。

在非生物胁迫中,盐碱胁迫是我国沿海地区以及西北干旱和半干旱地区面临的重要环境胁迫因素,如何提高植物对盐碱胁迫的耐受能力是一个重大的研究命题,对农业可持续发展具有重要意义。在前文中已经提到,无论在水稻、小麦、玉米、豆类等植物中均有研究表明,外源褪黑激素能够提高农作物对盐碱胁迫的耐受性,维持植物在盐碱胁迫下的正常生长。而在番茄中也有相关研究,研究表明,褪黑激素通过提高番茄的抗氧化酶活性、促进抗氧化物质积累以及维持离子稳态(减少 Na^+ 积累,增加 K^+ 含量),从而有效增强了番茄植株对盐碱碱性胁迫的耐受性。其显著促进了碱性胁迫下番茄的生长,减少了氧化应激和叶绿素降解,维持了胁迫条件下的光系统 II 的功能(Liu *et al.*,2015c)。同时,番茄还能够调控盐胁迫下的光合作用,通过对光合电子传递链的氧化还原调控和 D1 蛋白的保护作用,褪黑激素维持了番茄在盐胁迫下的正常的光合反应(Zhou et al., 2016)。另外,褪黑激素还能够调节碳水化合物和氮代谢来减轻盐胁迫诱导的对番茄幼苗的生长抑制作用(Jahan et al., 2023)。进一步的研究表明,NO 可能在褪黑激素诱导的盐碱胁迫中发挥重要作用。外源褪黑激素处理提高了碱性胁迫番茄根系的 NO 水平,而 NO 的化学清除则降低了褪黑激素诱导的碱性胁迫耐受性和防御基因的表达。这些结果表明,NO 很可能作为下游信号,参与褪黑激素诱导的番茄对碱性胁迫的耐受性。这个过程可能为提高植物的抗逆性创造了一个新的信号通路(Liu et al., 2015b)。这些结果表明,褪黑激素在番茄抗盐碱胁迫中具有重要的应用价值。除此之外,褪黑激素在番茄耐盐性中的作用还有遗传学的相关证据。在番茄中过表达褪黑激素合成的关键基因后,番茄内源褪黑激素含量增加,且提高了番茄对盐胁迫的抗性(Sun et al., 2020c)。在对盐胁迫耐受性较差的番茄进行褪黑激素处理后,其对盐胁迫的耐受性表现与盐胁迫耐受性高的番茄相似,从另一方面证实了褪黑激素在盐胁迫中的作用(Zhou et al., 2022b)。

与其他植物中类似,褪黑激素也在番茄干旱胁迫中发挥作用。在干旱胁迫下,用褪黑激素(0.1 mM)预处理的番茄幼苗的叶绿素含量、净光合作用速率、叶绿素荧光动力学参数均得到了显著改善。褪黑激素通过调节抗氧化系统并降低植物有毒物质的含量显著减轻了干旱对光合 PSII 反应中心的胁迫损伤(Liu et al., 2015a, Mushtaq et al., 2022)。在干旱胁迫下,番茄幼苗的生长和光合作用受到显著抑制,但褪黑激素预处理能够缓解这些不利影响。褪黑激素通过恢复叶绿素含量、改善根系结构、恢复气体交换参数和抗氧化酶活性,提高了番茄幼苗对干旱胁迫的适应能力。同时,褪黑激素还通过调节抗氧化酶的基因表达和非酶类抗氧化剂的活性,减少了氧化损伤和渗透调节对幼苗的影响(Altaf et al., 2022)。另外,褪黑激素介导的番茄抗旱生很可能与褪黑不处理后番茄幼苗中的蔗糖合成和脱落酸抑制有关(Jahan et al., 2024)。值得注意的是,干旱会严重影响番茄植株的生长,并最终影响番茄果实的产量和品质,而外源褪黑激素对番茄在干旱胁迫下损伤的缓解作用也会最终体现在番茄果实的产量和品质上。已有的研究表明,褪黑激素能够部分抵消干旱引起的番茄氧化损伤,刺激番茄植株在干旱胁迫下的正常生长,并维持果实的产量和品质(Ibrahim et al., 2020)。这些发现为利用褪黑激素提高作物抗旱性提供了新的思路和方法。

高温胁迫严重影响番茄果实的开花和果实发育进程,长期高温胁迫下番茄的结实率和果实大小均会显著降低,并且会抑制番茄种子的形成。而褪黑激素在番茄的高温胁迫中表现出在其他植物中类似的缓解效果。有研究表明,番茄中的内源性褪黑激素水平会随着环境温度的升高而增加,并在 40℃ 左右时达到峰值。用 10 μM 的褪黑激素进行叶面喷施或过表达褪黑激素合成的关键基因即 N- 乙酰血清素甲基转移酶(ASMT)基因可有效改善番茄植株热诱导的光抑制和电解质泄漏现象。同时,褪黑激素的存在还增强了热休克蛋白(HSP)和细胞自噬相关的 ATG 基因的表达,促进了番茄对热胁迫的响应和热损坏蛋白的降解,并最终诱导了番茄对热胁迫的耐受性(Xu et al., 2016)。另外,褪黑激素还通过调节光合电子通量、维持 ROS 稳态来增强番茄的耐热性(Sun et al., 2023a)。遗传学证据表明,通过突变褪黑激素合成的关键基因,创制了褪黑激素缺乏的番茄植株,其对高温的耐受性受到显著抑制。内源性褪黑激素缺乏加剧了高温诱导的氧化应激,番茄叶片中电解质泄露值、丙二醛浓度以及氧化性蛋白质的积累均证明了这一点(Ahammed et al., 2019)。此外,褪黑激素对缓解高温诱导的番茄花粉败育也具有积极作用(Qi et al., 2018)。另外,更多的研究表明,褪黑激素诱导的番茄对高温的抗性很可能与 NO 信号途径有关。褪黑激素能够影响内源 NO 的生物合成,增强植物对热胁迫的响应(Jahan et al., 2019)。此外,褪黑激素介绍的高温和干旱胁迫抗性也可能与渗透调节的加强和 ABA 的积累有关(Mumithrakamatchi et al., 2024)。同时,有研究表明,番茄中褪黑激素合成的关键酶 SNAT 蛋白能够与热激蛋白 HSP40 相互作用,并最终影响番茄对热胁迫的耐受性(Wang et al., 2020)。

低温胁迫下,褪黑激素对番茄的保护作用也有相关报道。研究表明,褪黑激素能够提高干旱和寒冷胁迫后番茄叶片的叶绿素含量、净光合速率和番茄的生物量积累,对维持番茄在寒冷和干旱胁迫中的生长具有重要作用(Zhou et al., 2020)。此外,更进一步的研究表明,褪黑激素通过促进类胡萝卜素循环中的关键酶紫黄质脱环氧化酶(VDE)的活性,增加了类胡萝卜素色素的去环氧化状态,从而加速了非光化学淬灭(NPQ)过程,有效缓解了光抑制现象(Ding et al., 2017)。这一发现为褪黑激素在冷胁迫甚至其他逆境胁迫保护中的应用提供了新的视角,并有助于理解植物如何适应和应对环境压力。SlZAT2/6/12 基因在番茄冻害胁迫中发挥着重要作用,而 100 μM 的外源褪黑激素可以通和 CBF1

基因过调控 *SlZAT2/6/12* 和 *CBF1* 基因的表达,从而影响番茄果实对冻害胁迫的抗性。同时,褪黑激素还通过影响精氨酸途径的基因表达和酶活性的变化,增强了精氨酸途径的活性,导致内源性多胺、脯氨酸和一氧化氮的积累(Aghdam *et al.*,2019)。这些发现为延长番茄果实的储存期和保持其低温冻害下的品质提供了新的策略。

重金属胁迫也是非生物胁迫的一种,与其他植物类似,褪黑激素对缓解番茄的重金属胁迫造成的损伤也具有重要作用。适量的外源褪黑激素能有效缓解番茄在镉胁迫下的中毒反应,主要通过提高抗氧化酶活性、促进植物螯合肽合成以及增强 H^+-ATP 酶的活性来实现。褪黑激素还通过减少叶片中镉的积累并增加细胞壁和液泡对镉的隔离,帮助植物提高对镉的耐受性(Hasan *et al.*,2015,Umapathi *et al.*,2022)。同时,褪黑激素还能够介导硒诱导的番茄对镉胁迫的耐受性(Li *et al.*,2016)。此外,褪黑激素还能够和独脚金内酯串扰,通过调节番茄中的抗坏血酸 - 谷胱甘肽途径和基因表达来减轻铬对番茄的毒害作用(Raja *et al.*,2023)。镍也是重要的重金属毒物之一,其能够显著影响番茄幼苗的生长和生理机能。而使用褪黑激素对番茄幼苗进行预处理则显著减轻了这些负面影响。褪黑激素通过改善根系结构、增强养分吸收和光合作用以及提高抗氧化防御能力,增强了番茄幼苗对镍胁迫的耐受性(Altaf *et al.*,2021)。这些发现不仅加深了对褪黑激素在植物逆境适应中作用的理解,还为开发有效的植物保护策略提供了科学依据。这些发现不仅揭示了褪黑激素在植物应对重金属胁迫中的重要作用,还为通过调节褪黑激素水平来提高农作物在污染土壤中的生长和食品安全提供了新的策略。

此外,在金属铝胁迫中,褪黑激素也能够发挥积极作用。铝胁迫导致番茄植株生长受阻、光合色素减少以及氧化应激增加,而外部应用褪黑激素显著提高了植株的抗氧化酶活性,减少了氧化损伤,并增加了番茄特定器官对铝元素的固定能力,从而减少了铝向叶片的转运。此外,褪黑激素处理还增加了植物体内一氧化氮的含量,而一氧化氮清除剂的加入则抑制了褪黑激素的保护作用,表明一氧化氮在褪黑激素诱导的防御反应中起关键作用(Ghorbani *et al.*,2023)。这些发现为理解植物在铝污染环境中的适应机制提供了新的视角,并可能为开发有效的植物保护策略提供新的思路。

砷及其化合物也是重要的非生物胁迫之一,能够对植物造成多种毒害作用,包括损伤根系活性、造成植株矮小发黄等。研究表明,褪黑激素和硫化氢作为植物气体信号分子,在减轻番茄植株砷毒性方面具有协同作用。这两种物质单独或联合使用,均能有效对抗砷的毒害作用。它们通过上调与酚类和花青素合成相关的基因表达,促进了这些有益化合物的积累,从而增强了番茄的防御能力。此外,褪黑激素和硫化氢还降低了与砷吸收和转运相关的基因表达,减少了砷在植物体内的积累。同时,它们促进了抗氧化物质(如谷胱甘肽和植物螯合素)的合成,有助于将砷固定在根部,防止其扩散到叶片并对细胞造成损害。特别值得注意的是,与单独使用褪黑激素相比,褪黑激素和硫化氢联合使用对砷胁迫下的番茄表现出更强的保护作用,这表明两者之间存在显著的协同作用。进一步的研究还表明,硫化氢在褪黑激素介导的防御反应中扮演着关键角色,因为使用硫化氢清除剂会削弱褪黑激素处理及其联合硫化氢处理的效果。总之,褪黑激素和硫化氢通过促进抗氧化物质的合成、减少砷的吸收和转运,以及增强酚类和花青素的合成,共同发挥了减轻番茄砷毒性的重要作用(Ghorbani et al., 2024)2024。这一发现为开发新型植物保护策略提供了有价值的参考。

酸雨是一个严重的全球环境问题,会导致植物发生生理形态变化。研究表明,酸雨胁迫对番茄植物的生长和生理机能产生了负面影响,但褪黑激素处理能够减轻这些影响。褪黑激素通过修复叶绿体结构、改善光合作用和增强抗氧化防御系统,提高了番茄植物对酸雨胁迫的适应性(Debnath et al., 2018a)。褪黑激素对酸雨胁迫的缓解作用也可能是通过其调控次生代谢来实现的(Debnath et al., 2020)。另外,在模拟酸雨条件下,相对于酸雨胁迫条件,褪黑激素处理能够显著提升番茄果实的品质、抗氧化生物活性化合物的含量,并通过增强抗氧化作用来对抗酸雨引起的氧化应激。尽管酸雨胁迫下的番茄果实抗氧化活性有所提高,但仍未能完全阻止产量和品质的降低,但褪黑激素处理显著改善了酸雨胁迫下番茄果实的品质和产量特性,表明褪黑激素在调节酸雨胁迫条件下的番茄果实品质和产量形成方面具有重要作用(Debnath et al., 2018b)。这些发现为褪黑激素在酸雨胁迫中的应用提供了新的视角,并有助于开发更有效的植物保护策略。

除了在非生物胁迫中的作用,在生物胁迫如病害胁迫中,褪黑激素也能够发挥作用。在番茄灰霉病的研究中表明,单独使用褪黑激素对灰霉病(由灰葡萄孢菌引起)无抗真菌效果,但当与硒元素结合使用时,其协同作用显著增强了番茄果实的抗病性。进一步研究表明,这是通过提高抗氧化酶的活性和增加病程相关蛋白的基因表达来实现的(Zang *et al.*, 2022)。褪黑激素在番茄灰霉病抗性中的作用也有不一样的发现。Liu 等人研究表明,50 μM 的褪黑激素处理能够显著增强番茄果实对灰霉病的抗性,其通过调节防御相关酶的活性、降低过氧化氢含量以及增强抗氧化酶活性来增强果实的抗病性。此外,褪黑激素还通过调节茉莉酸信号通路,包括增加甲基茉莉酸含量和调节相关基因的表达,进一步增强了果实对灰霉病的抗性(Liu *et al.*, 2019)。同时,也有研究表明,褪黑激素诱导的对灰霉病的抗性依赖于 SA 信号通路的激活,因为 SA 生物合成抑制剂多效唑处理完全消除了褪黑激素的抗病效果(Li *et al.*, 2022d)。这些发现为褪黑激素在植物病害防控中的应用提供了新的视角,为开发新型、环保的番茄采后病害防控策略提供了科学依据。

褪黑激素在番茄根系生长的调节中也具有重要作用。50μM 褪黑激素显著促进了番茄不定根的形成,而这与生长素和 NO 信号通路的激活有关。褪黑激素通过下调 S- 亚硝基谷胱甘肽还原酶(GSNOR)的表达,促进了内源性一氧化氮(NO)的积累。同时, NO 作为褪黑激素下游的信号分子,在褪黑激素诱导的生长素转运、信号转导和积累中发挥作用,涉及一系列与生长素信号通路相关的基因表达变化,如 PIN1、PIN3、PIN7、IAA19 和 IAA24 等(Wen *et al.*, 2016)。这项研究阐明了褪黑激素在促进番茄植物不定根形成中的具体机制,即通过 NO 信号通路调控生长素信号,还展示了这些发现在农业生产和植物育种中的潜在应用价值,为进一步研究植物根系发育的调控机制提供了新的视角和思路。

褪黑激素对叶片衰老也具有调节作用。利用褪黑激素分解基因褪黑激素 3- 羟化酶(M3H)的番茄突变体和过表达转基因番茄植株,研究人员探究了褪黑激素与叶片衰老的关系。褪黑激素通过抑制衰老相关基因 SlCV 的表达,减少了 ROS 的产生,促进了 ROS 的清除,从而维持了 ROS 的稳态并延缓了叶片的衰老。此外,褪黑激素还通过减弱 SlCV 与 SlPsbO/SlCAT3 之间的相互作用,减少了光系统 II 中的 ROS 产生(Yu *et al.*, 2022a)。这些发现为理解褪黑激素在植物抗衰老过程中的作用提供了新的视角,并可能为农业生产中延缓作物衰老、提高作物产量提供新的策略。

褪黑激素在番茄种子中也发挥着重要作用。研究表明,番茄种子在储存过程中褪黑激素含量呈现周期性波动,在特定月份(如八月)达到高峰,这可能是种子应对老化和确保生命力的重要方式之一。更多的实验证实,储存前用褪黑激素和色氨酸处理种子能够显著降低种子老化,提高种子的发芽性能,尤其是在低温条件下(Karaca et al.,2023)。这一发现为长期储存濒危物种或珍贵育种材料的种子提供了新的方法和思路,有助于减少储存损失并延长种子的保存期限。

番茄是果实研究的模式植物,研究果实发育、成熟和衰老机制对延长水果的货架期、提高其商品价值具有重要意义。已有研究表明,褪黑激素对番茄果实发育和品质具有重要影响。在番茄的栽培实验中,每周用补充褪黑激素的营养液灌溉番茄果实的可溶性固形物、抗坏血酸、番茄红素、柠檬酸和 P 元素的含量显著高于对照,表明外源褪黑激素在提高番茄果实产量和品质方面的作用(Liu et al.,2016)。另外,在番茄果实上喷洒 100μM 的褪黑激素能够显著增加果实中可溶性糖、氨基酸等初级代谢产物的积累,并促进酚酸、黄酮类化合物及挥发性物质等次级代谢产物的积累,从而改善番茄果实的营养和风味品质(Dou et al.,2022)。咖啡酸 O-甲基转移酶 1(COMT1)是褪黑激素合成的关键酶,研究人员通过在番茄中沉默 SlCOMT1 基因的表达,揭示了褪黑激素在番茄果实生长、发育和质量形成中的关键作用。SlCOMT1 的缺失导致褪黑激素含量显著降低,并影响了果实的多个生理指标和品质特性,包括果实发育时间、重量、种子数、坐果率、糖酸比、果实硬度、Vc 含量和可溶性蛋白含量等。此外,还发现褪黑激素与细胞壁和类胡萝卜素代谢相关基因的表达及产物含量密切相关。这些结果为褪黑激素影响番茄果实发育和成熟提供了直接证据(He et al.,2023)。这些发现揭示了褪黑激素在调节番茄果实发育、成熟、品质形成中的重要作用,并为未来的品质改良育种提供了重要参考。

此外,外源褪黑激素对番茄果实成熟也具有显著影响。褪黑激素处理可以显著提高番茄果实的番茄红素含量,促进果实颜色发育,增加果实水分流失,并影响细胞壁成分,从而促进果实软化。此外,褪黑激素还通过调控乙烯的生物合成、感知和信号传导途径,加速番茄果实的成熟过程(Sun et al.,2015)。同时,研究还发现,褪黑激素对于番茄花青素的积累也具有有益作用(Sun et al.,2016)。另外,通过对比对照组和褪黑激素处理组的番茄果实在成熟过程中的类胡萝卜素含量变化,发现褪黑激素显著增加了 α-胡萝卜素、β-胡萝卜素和番茄红素的含量,并上调了类胡萝卜素生物合成基因的表达。然而,在乙烯不敏感突变体中,褪黑激素未能显著增加类胡萝卜素的积累,表明褪黑激素在促进类胡萝卜素合成方面可能依赖于乙烯的作用,褪黑激素可能通过乙烯在番茄果实成熟和类胡萝卜素积累中起作用(Sun *et al.*, 2020b)。此外,褪黑激素还可以介导 DNA 甲基化,从而参与乙烯信号的调控,影响果实成熟和衰老(Shan *et al.*, 2022)。这些发现为褪黑激素在果蔬采后处理中的应用提供了科学依据,并有望在未来推广至其他园艺产品的采后保鲜和质量提升中。

褪黑激素在番茄中的研究尚有许多未解之谜,因此进一步探索褪黑激素影响番茄生物和非生物胁迫、生长发育中的分子机制,是下一步番茄中褪黑激素功能研究的方向。如果能够明确褪黑激素影响番茄生理功能的分子机制,将对进一步理解褪黑激素的作用机理,并将其应用到番茄生产和采后贮藏中具有重要意义。

8.7　褪黑激素与苹果

苹果是世界范围内广泛种植的主要水果之一,因其营养丰富而广受好评。不恰当的栽培管理措施和采后存储条件容易对苹果的产量和品质造成影响,进而影响其商品价值。如何提高苹果树对胁迫条件的耐受能力、如何提高苹果的采后保鲜时间,对提高苹果的经济价值、延长苹果的商品货架期具有重要意义。

褪黑激素在植物的生物和非生物胁迫以及果实的发育和成熟中发挥了重要的调控作用,如何利用褪黑激素来提高苹果的产量和品质、延长苹果的采后存储时间是一个重要的研究方向,对提高苹果的商品价值具有重要意义。

干旱胁迫是苹果主产区所面临的重要非生物胁迫之一,与其他植物类似,在苹果的干旱胁迫中,褪黑激素也能够发挥作用。在干旱胁迫下,褪黑激素预处理通过调节植物体内的水分平衡、电解质平衡、叶绿素含量和光合性能,显著提高了耐旱和干旱敏感型苹果的耐旱性。同时,褪黑激素还减少了植物在干旱胁迫下的 ABA 含量,并通过清除 ROS 来改善气孔功能,进而促进植物在干旱条件下的水分调节。此外,褪黑激素合成基因的上调也在这一过程中发挥了关键作用(Li *et al.*, 2015)。另外,在长期的干旱胁迫中,外源施用褪黑激素可显著改善中度干旱胁迫下苹果植株的养分吸收,对于苹果维持干旱胁迫下的植株生长具有重要作用(Liang *et al.*, 2018)。在苹果砧木中,干旱胁迫显著抑制了苹果砧木湖北海棠的生长和光合作用,并增加了叶片中的氧化应激。然而,褪黑激素的应用有效减轻了这些负面影响,包括促进生长、改善光合效率以及减少氧化应激。具体来说,褪黑激素能够增加光合系统的量子产量,减少了过氧化氢和超氧自由基的生成,并保护细胞膜免受干旱引起的损伤(Wang *et al.*, 2022c)。另外,在苹果中过表达褪黑激素合成的关键基因 MdASMT9,能够显著提高苹果在干旱胁迫下植株对水分的利用效率,褪黑激素通过加强的光保护机制、气孔行为、渗透调节和抗氧化活性增强了转基因苹果品系的水分利用效率,这对苹果干旱育种和品种改良具有重要意义(Zhou *et al.*, 2022a)。这些发现表明,褪黑激素在减轻苹果干旱胁迫方面具有重要作用,为农业生产中提高苹果抗逆性提供了新的策略。

盐碱胁迫也是重要的非生物胁迫之一,而褪黑激素在缓解盐和碱性胁迫方面也发挥着重要作用。研究表明,褪黑激素处理能够显著改善碱性胁迫下幼苗的黄化和生长抑制现象,减少细胞膜损伤,维持根系结构,并降低细胞中活性氧的积累。这一效果主要归因于褪黑激素对抗氧化酶活性的增强以及促进多胺生物合成的基因表达上调(Gong *et al.*, 2017)。因此,褪黑激素在提高植物对碱性胁迫的耐受性方面具有重要作用。褪黑激素在盐胁迫中也发挥了重要作用。与褪黑激素合成的关键基因 HIOMT 在苹果中的异源表达显著提高了苹果的耐盐性,确切证实了褪黑激素对盐胁迫的作用(Tan *et al.*, 2021, Tan *et al.*, 2023)。

在水涝胁迫中,褪黑激素也能够发挥作用。通过褪黑激素的施用,由水涝胁迫诱导的苹果幼苗的黄化和萎蔫现象明显减少,这得益于褪黑激素在维持植物有氧呼吸、保护光合作用以及减少氧化损伤方面的功能。此外,褪黑激素的应用还促进了其合成酶基因的表达,从而增加了褪黑激素的产生,形成了正反馈机制(Zheng *et al.*, 2017)。这项研究初步证实了褪黑激素在苹果水涝胁迫中的作用,能够显著保护苹果植物免受水涝胁迫的负面影响。

褪黑激素在苹果重金属胁迫中的作用也有报道。在苹果嫁接实验中，外源褪黑激素减少了砧木中 Cd 的积累并减轻了 Cd 毒性，这可能与褪黑激素介导的 Cd 在苹果组织中的分配和转移，以及抗氧化防御系统和转录调控参与解毒的关键基因的诱导有关（He et al., 2020）。

在 UV-B 辐射胁迫中，褪黑激素也表现出一定的作用。褪黑激素的应用显著减轻了 UV-B 辐射对幼苗生长、生物量、根系发育、光合参数、叶绿素荧光参数、气孔开度、叶绿素水平和叶片膜损伤的负面影响。此外，褪黑激素还增强了抗氧化酶的活性和表达，降低了叶片中的 H_2O_2 含量，并增加了内源褪黑激素和几种酚类化合物的含量（Wei et al., 2019）。这些发现不仅增进了我们对褪黑激素在植物应对 UV-B 胁迫中作用的理解，还为褪黑激素在农业中的潜在应用提供了科学依据。

冻害也是影响苹果果实品质的重要因素，有研究表明，褪黑激素在提高苹果果实冻害胁迫中也具有作用。褪黑激素预处理能增强苹果果实的抗寒性，这种增强作用与质膜中多胺（特别是精胺、亚精胺和腐胺）的结合形式有关。褪黑激素预处理促进了质膜中非共价结合的精胺和亚精胺，以及共价结合的腐胺和亚精胺的增加，从而提高了果实的抗寒性（Dong et al., 2022）。这些发现为褪黑激素在果实抗寒性和采后存储中的作用提供了新的见解。

苹果斑点落叶病是一种严重的苹果病害之一，它能够造成苹果叶片的提前脱落，从而影响苹果果实的发育和成熟，并最终影响苹果品质。研究发现，通过外源施加褪黑激素预处理苹果树，可以增强其对苹果斑点落叶病的抗性。究其原因，主要是通过维持植物细胞内过氧化氢的稳态，并提升抗氧化酶和防御相关蛋白的活性，从而提高植物的抗病性（Yin et al., 2013）。由于褪黑激素是苹果树本身就含有的信号分子，对植物体无害且有益，因此，这种方法可能成为一种有效的植物病害防控策略。再植病是苹果生产中的重要病害，通过向再植土壤中添加褪黑激素，发现其能够显著提高苹果树的生长速率、光合作用和叶绿素含量，同时增加叶片和根系中的钾含量，并提升土壤酶的活性，改善再植的生长抑制。此外，褪黑激素还改变了土壤中的细菌和真菌群落组成，有助于保护叶绿体免受氧化损伤，并减轻根系膜损伤。这些综合效应共同促进了苹果幼苗的生长，提高了其对再植病的抗性（Li et al., 2018a）。另外，在苹果组织脱毒培养中，褪黑激素的加入促进了受感染的体外芽中苹果茎沟槽病毒的根除，这无疑为其他植物的脱毒快繁提供了重要参考

（Chen *et al.*, 2019b）。

灰霉病也是重要的果实病害之一，也能够引发苹果果实发病，并减少苹果果实的采后货架期和品质，从而造成严重的经济损失。研究表明芽孢菌 Y-1 菌株与褪黑激素的联合使用能够显著减少苹果果实在采后由灰葡萄孢菌引起的腐烂。主要原因在于芽孢菌与褪黑激素的联合施用提高了果实的防御反应，包括增强抗氧化酶活性和增加防御相关基因的表达。此外，褪黑激素还增强了芽孢菌在果实上的定殖能力，从而提高了其生物防治效果（Sun *et al.*, 2021）。这些发现表明，芽孢菌与褪黑激素的联合使用是一种有潜力的生物防治策略，可用于减少苹果果实的采后灰霉病损失。

褪黑激素在根发育中的作用已经在其他植物中有所表现，在苹果中也有相关报道。褪黑激素在苹果砧木不定根的发育中具有重要作用，特别是在不定根诱导阶段。褪黑激素通过增加生长素（IAA）的水平并与之相互作用，以及上调 *MdWOX11* 基因的表达，从而促进不定根的形成。此外，转基因实验表明，*MdWOX11* 是褪黑激素调控不定根形成途径中的一个关键因子，且对褪黑激素处理更为敏感（Mao *et al.*, 2020）。这些发现为理解植物激素在不定根发育中的相互作用提供了新的视角，并为通过调控植物激素水平来优化植物根系生长提供了潜在的策略。

有研究表明，褪黑激素在延缓苹果叶片衰老方面具有重要作用。在由黑暗诱导的苹果叶片衰老研究中发现，用褪黑激素包裹叶柄的苹果叶片的衰老速度显著低于对照，叶片中的叶绿素含量、光系统 II 的光化合效率（Fv/Fm）的降低得到显著的改善。进一步检测叶绿素降解和衰老相关基因的表达显示，相关基因的转录水平显著减少，从而减缓了叶片的衰老过程。而这一效果主要归因于褪黑激素增强的抗氧化能力，包括直接清除活性氧和增强抗坏血酸 - 谷胱甘肽循环，维持了较高的抗氧化物质水平，进一步促进了叶片的抗衰老作用（Wang *et al.*, 2012）。这些研究表明，褪黑激素在延缓苹果叶片衰老方面具有潜在的应用价值，这对延缓苹果树的衰老，维持苹果的营养供给并最终影响果实品质具有重要意义。在叶片中，除了能够延缓叶片的衰老外，褪黑激素还能够促进花青素等次级代谢产物的积累。褪黑激素的应用不依赖于光照条件，就能显著提高花青素及其相关化合物（黄酮醇和原花青素）的含量（Chen *et al.*, 2019a）。

褪黑激素在光周期敏感动物的季节性繁殖中起调节作用，但其在植物繁殖中的功能尚未得到广泛研究。在苹果中的研究表明,褪黑激素很可能与苹果的季节性开花有关。通过连续两年的观察发现,褪黑激素水平的下降与苹果树的开花密切相关。褪黑激素的应用可以推迟开花,并且其效果与施用剂量有关。此外,研究还发现蓝光和远红光通过调节褪黑激素合成酶的基因表达和褪黑激素的产生来影响苹果树的开花。褪黑激素本身能够抑制苹果树的四种开花途径(Zhang et al., 2019)。这些发现不仅丰富了褪黑激素在植物中的功能研究,还表明褪黑激素可以作为光信号的化学信息来调控植物的繁殖。这一信息对于控制植物开花期、延长收获时间以及通过褪黑激素应用提高作物产量具有重要意义。

在苹果果实发育过程中,也有研究表明褪黑激素很可能与果实的正常发育有关。伴随苹果果实的发育和成熟(即苹果经历的快速膨胀和呼吸跃变期),苹果中褪黑激素含量也达到高峰,预示着褪黑激素很可能在苹果的发育和成熟中发挥作用(Lei et al., 2013)。更多的研究表明,褪黑激素处理显著提高了果实中的乙烯产量,增加了果实的大小、重量、糖含量和硬度,改善了果实的品质(Verde et al., 2022)。进一步的研究表明,褪黑激素主要是通过在果实呼吸跃变期的高峰阶段上调乙烯合成酶基因 MdACS1 和 MdACO1 的表达,从而提高乙烯含量,促进果实成熟的(Verde et al., 2023)。在苹果中,也有褪黑激素抑制乙烯合成的研究,在苹果采后贮存的研究中,外源褪黑激素影响了乙烯合成和信号传导的关键基因包括 MdACO1、MdACS1、MdAP2.4 和 MdERF109 的表达,从而影响了乙烯的合成和乙烯下游信号的传导,延迟了苹果果实的成熟(Onik et al., 2021, Verde et al., 2023)。

在苹果的采后加工处理中,褪黑激素也能够发挥作用。在苹果采后保存中,褪黑激素浸泡抑制了苹果呼吸强度和乙烯释放,增加了苹果果肉的硬度、可溶性糖、抗坏血酸和可溶性固形物含量以及可滴定酸。此外,褪黑激素处理还抑制了苹果果实中的酸性转化酶和中性转化酶活性,增加了蔗糖合酶和蔗糖磷酸合酶活性,抑制了山梨醇脱氢酶、山梨醇氧化酶和蔗糖合酶裂解的活性。所有这些发现都表明,褪黑激素的外源应用可以通过介导蔗糖代谢中的酶活性来维持苹果的果实品质,这在苹果的采后保鲜中具有重要作用(Fan et al., 2022)。在进行果汁加工的研究中发现,在苹果皮中含有高含量的褪黑激素,在榨汁过程中,褪黑激素会与氧化剂相互作用,通过清除自由基,抑制了果汁中的褐变反应,从而减少了果汁颜色的变化。此外,褪黑激素还表现出强大的抗微生物活性,尽管其具体机制尚不清楚(Zhang *et al.*,2018)。这些发现表明,褪黑激素在提高苹果汁品质和延长其保质期方面具有潜在应用价值,为商业苹果汁的加工和储存提供了新的思路。

目前褪黑激素在苹果中的研究已有一些成果,已经初步明确了其在苹果中的作用,但是具体的作用机制尚还缺少一些更重要的发现和更直接的证据。但不可否认的是,褪黑激素在苹果非生物胁迫、苹果果实的生长发育和成熟过程中发挥着重要作用,这对苹果品种选育和果实贮藏保鲜具有重要意义,也为进一步提高苹果的商品价值奠定了理论基础。

参考文献

[1] Abd El-Ghany, M.F. and Attia, M.(2020).Effect of Exopolysaccharide-Producing Bacteria and Melatonin on Faba Bean Production in Saline and Non-Saline Soil. Agronomy-Basel, 10.

[2] Aghdam, M.S., Luo, Z.S., Jannatizadeh, A., Sheikh-Assadi, M., Sharafi, Y., Farmani, B., Fard, J.R. and Razavi, F.(2019). Employing exogenous melatonin applying confers chilling tolerance in tomato fruits by upregulating *ZAT2*/*6*/*12* giving rise to promoting endogenous polyamines, proline, and nitric oxide accumulation by triggering arginine pathway activity. Food Chem., 275, 549-556.

[3] Aguilera, Y., Herrera, T., Liébana, R., Rebollo-Hernanz, M., Sanchez-Puelles, C. and Martín-Cabrejas, M.A.(2015).Impact of Melatonin Enrichment during Germination of Legumes on Bioactive Compounds and Antioxidant Activity. J. Agric. Food Chem., 63, 7967-7974.

[4] Ahammed, G.J., Xu, W., Liu, A.R. and Chen, S.C.(2019). Endogenous melatonin deficiency aggravates high temperature-induced

oxidative stress in *Solanum lycopersicum* L. Environ. Exp. Bot., 161, 303-311.

[5] Ahmad, S., Kamran, M., Zhou, X.B., Ahmad, I., Meng, X.P., Javed, T., Iqbal, A., Wang, G.Y., Su, W.N., Wu, X.R., Ahmad, P. and Han, Q.F. (2021).Melatonin improves the seed filling rate and endogenous hormonal mechanism in grains of summer maize. Physiol. Plant., 172, 1059-1072.

[6] Ahmad, S., Su, W.N., Kamran, M., Ahmad, I., Meng, X.P., Wu, X.R., Javed, T. and Han, Q.F. (2020).Foliar application of melatonin delay leaf senescence in maize by improving the antioxidant defense system and enhancing photosynthetic capacity under semi-arid regions. Protoplasma, 257, 1079-1092.

[7] Ali, M., Malik, Z., Abbasi, G.H., Irfan, M., Ahmad, S., Ameen, M., Ali, A., Sohaib, M., Rizwan, M. and Ali, S. (2024). Potential of melatonin in enhancing antioxidant defense system and yield of maize *(Zea* *mays* L.) hybrids under saline condition. Scientia Horticulturae, 325.

[8] Ali, S., Gill, R.A., Ulhassan, Z., Zhang, N., Hussain, S., Zhang, K.N., Huang, Q., Sagir, M., Tahir, M.B., Gill, M.B., Mwamba, T.M., Ali, B. and Zhou, W.J. (2023).Exogenously applied melatonin enhanced the tolerance of Brassica napus against cobalt toxicity by modulating antioxidant defense, osmotic adjustment, and expression of stress response genes. Ecotoxicol. Environ. Saf., 252.

[9] Alinia, M., Kazemeini, S.A., Dadkhodaie, A., Sepehri, M., Mahjenabadi, V.A.J., Amjad, S.F., Poczai, P., El-Ghareeb, D., Bassouny, M.A. and Abdelhafez, A.A. (2022a).Co-application of ACC deaminase-producing rhizobial bacteria and melatonin improves salt tolerance in common bean (*Phaseolus vulgaris* L.) through ion homeostasis. Sci Rep-UK, 12.

[10] Alinia, M., Kazemeini, S.A., Dadkhodaie, A., Sepehri, M. and Pessarakli, M. (2021).Improving salt tolerance threshold in common bean cultivars using melatonin priming: a possible mission? J. Plant Nutr., 44, 2691-2714.

[11] Alinia, M., Kazemeini, S.A., Sepehri, M. and Dadkhodaie, A. (2022b).Simultaneous Application of *Rhizobium* Strain and Melatonin Improves the Photosynthetic Capacity and Induces Antioxidant Defense System in Common Bean (*Phaseolus vulgaris* L.) Under Salinity Stress. J. Plant Growth Regul., 41, 1367-1381.

[12] Aloui, N., Kharbech, O., Mahjoubi, Y., Chaoui, A. and Karmous, I. (2024).Exogenous Melatonin Alleviates Cadmium Toxicity in Wheat (*Triticum turgidum* L.) by Modulating Endogenous Nitric Oxide and Hydrogen Sulfide Metabolism. Journal of Soil Science and Plant Nutrition, 24, 2535-2552.

[13] Altaf, M.A., Shahid, R., Ren, M.X., Altaf, M.M., Jahan, M.S. and Khan, L.U. (2021).Melatonin Mitigates Nickel Toxicity by Improving Nutrient Uptake Fluxes, Root Architecture System, Photosynthesis, and Antioxidant Potential in Tomato Seedling. Journal of Soil Science and Plant Nutrition, 21, 1842-1855.

[14] Altaf, M.A., Shahid, R., Ren, M.X., Naz, S., Altaf, M.M., Khan, L.U., Tiwari, R.K., Lal, M.K., Shahid, M.A., Kumar, R., Nawaz, M.A., Jahan, M.S., Jan, B.L. and Ahmad, P.(2022). Melatonin Improves Drought Stress Tolerance of Tomato by Modulating Plant Growth, Root Architecture, Photosynthesis, and Antioxidant Defense System. Antioxidants-Basel, 11.

[15] Arnao, M.B. and Hernández-Ruiz, J.(2013).Growth conditions influence the melatonin content of tomato plants. Food Chem., 138, 1212-1214.

[16] Askari, M., Hamid, N., Abideen, Z., Zulfiqar, F., Moosa, A., Nafees, M. and El-Keblawy, A.(2023).Exogenous melatonin application stimulates growth, photosynthetic. S. Afr. J. Bot., 160, 219-228.

[17] Ayyaz, A., Amir, M., Umer, S., Iqbal, M., Bano, H., Gul, H.S., Noor, Y., Kanwal, A., Khalid, A., Javed, M., Athar, H.R., Zafar, Z.U. and Farooq, M.A.(2020).Melatonin induced changes in photosynthetic efficiency as probed by OJIP associated with

improved chromium stress tolerance in canola (<i>Brassica napus</i> L.). Heliyon, 6.

[18] Ayyaz, A., Farooq, M.A., Dawood, M., Majid, A., Javed, M., Athar, H.U.R., Bano, H. and Zafar, Z.U. (2021a).Exogenous melatonin regulates chromium stress-induced feedback inhibition of photosynthesis and antioxidative protection in <i>Brassica napus</i> cultivars. Plant Cell Rep., 40, 2063-2080.

[19] Ayyaz, A., Noor, Y., Bano, H., Ghani, M.A., Javed, M., Iqbal, M., Zafar, Z.U. and Farooq, M.A. (2021b).EFFECTS OF EXOGENOUSLY APPLIED MELATONIN ON GROWTH, PHOTOSYNTHESIS, ION ACCUMULATION AND ANTIOXIDANT CAPACITY OF CANOLA<i> (BRASSICA</i><i> NAPUS</i> L.) UNDER CHROMIUM STRESS. Pakistan Journal of Botany, 53, 1561-1570.

[20] Azizi, F., Amiri, H. and Ismaili, A. (2022).Melatonin improves salinity stress tolerance of <i>Phaseolus vulgaris</i> L. cv. Pak by changing antioxidant enzymes and photosynthetic parameters. Acta Physiol Plant, 44.

[21] Barman, D., Ghimire, O.P., Chinnusamy, V., Kumar, R.R. and Arora, A. (2019).Amelioration of heat stress during reproductive stage in rice by melatonin. Indian J. Agric. Sci., 89, 91-96.

[22] Bi, R.Q., Li, R.J., Xu, Z.Y., Cai, H.Y., Zhao, J., Zhou, Y.R., Wu, B.T., Sun, P., Yang, W., Zheng, L., Chen, X.L., Luo, C.X., Teng, H.L., Li, Q. and Li, G.T. (2023).Melatonin targets MoIcl1 and works synergistically with fungicide isoprothiolane in rice blast control. J. Pineal Res., 75.

[23] Buttar, Z.A., Wu, S.N., Arnao, M.B., Wang, C.J., Ullah, I. and Wang, C.S. (2020).Melatonin Suppressed the Heat Stress-Induced Damage in Wheat Seedlings by Modulating the Antioxidant Machinery. Plants-Basel, 9.

[24] Byeon, Y. and Back, K. (2014).An increase in melatonin in transgenic rice causes pleiotropic phenotypes, including enhanced seedling growth, delayed flowering, and low grain yield. J. Pineal

Res., 56, 408-414.

[25] Byeon, Y. and Back, K. (2016).Low melatonin production by suppression of either serotonin *N*-acetyltransferase or *N*-acetylserotonin methyltransferase in rice causes seedling growth retardation with yield penalty, abiotic stress susceptibility, and enhanced coleoptile growth under anoxic conditions. J. Pineal Res., 60, 348-359.

[26] Cao, L., Jin, X.J., Zhang, Y.X., Zhang, M.C. and Wang, Y.H. (2020).Transcriptomic and metabolomic profiling of melatonin treated soybean (*Glycine max* L.) under drought stress during grain filling period through regulation of secondary metabolite biosynthesis pathways. Plos One, 15.

[27] Cao, L., Kou, F., Zhang, M.C., Jin, X.J., Ren, C.Y., Yu, G.B., Zhang, Y.X. and Wang, M.X. (2021a).Effect of Exogenous Melatonin on the Quality of Soybean and Natto Products under Drought Stress. Journal of Chemistry, 2021.

[28] Cao, L., Qin, B., Gong, Z.P. and Zhang, Y.X. (2022). Melatonin improves nitrogen metabolism during grain filling under drought stress. Physiol. Mol. Biol. Plants, 28, 1477-1488.

[29] Cao, L., Qin, B. and Zhang, Y.X. (2021b).Exogenous application of melatonin may contribute to enhancement of soybean drought tolerance via its effects on glucose metabolism. Biotechnology & Biotechnological Equipment, 35, 964-976.

[30] Cao, Q.J., Li, G., Cui, Z.G., Yang, F.T., Jiang, X.L., Diallo, L. and Kong, F.L. (2019).Seed Priming with Melatonin Improves the Seed Germination of Waxy Maize under Chilling Stress via Promoting the Antioxidant System and Starch Metabolism. Sci Rep-UK, 9.

[31] Chen, L., Lu, B., Liu, L., Duan, W., Jiang, D., Li, J., Zhang, K., Sun, H., Zhang, Y., Li, C. and Bai, Z. (2021). Melatonin promotes seed germination under salt stress by regulating ABA and GA (3).in cotton (Gossypium hirsutum L.). Plant Physiol. Biochem., 162, 506-516.

[32] Chen, L., Tian, J., Wang, S.F., Song, T.T., Zhang, J. and Yao, Y.C. (2019a).Application of melatonin promotes anthocyanin accumulation in crabapple leaves. Plant Physiol. Biochem., 142, 332-341.

[33] Chen, L., Wang, M.R., Li, J.W., Feng, C.H., Cui, Z.H., Zhao, L. and Wang, Q.C. (2019b).Exogenous application of melatonin improves eradication of apple stem grooving virus from the infected *in vitro* shoots by shoot tip culture. Plant Pathol., 68, 997-1006.

[34] Chen, X., Laborda, P. and Liu, F.Q. (2020).Exogenous Melatonin Enhances Rice Plant Resistance Against *Xanthomonas* *oryzae* pv. *oryzae*. Plant Dis., 104, 1701-1708.

[35] Chen, Y.E., Mao, J.J., Sun, L.Q., Huang, B., Ding, C.B., Gu, Y., Liao, J.Q., Hu, C., Zhang, Z.W., Yuan, S. and Yuan, M. (2018).Exogenous melatonin enhances salt stress tolerance in maize seedlings by improving antioxidant and photosynthetic capacity. Physiol. Plant., 164, 349-363.

[36] Choi, G.H. and Back, K. (2019).Suppression of Melatonin 2-Hydroxylase Increases Melatonin Production Leading to the Enhanced Abiotic Stress Tolerance against Cadmium, Senescence, Salt, and Tunicamycin in Rice Plants. Biomolecules, 9.

[37] Cui, G., Sun, F., Gao, X., Xie, K., Zhang, C., Liu, S. and Xi, Y. (2018).Proteomic analysis of melatonin-mediated osmotic tolerance by improving energy metabolism and autophagy in wheat (Triticum aestivum L.). Planta, 248, 69-87.

[38] Cui, G., Zhao, X., Liu, S., Sun, F., Zhang, C. and Xi, Y. (2017).Beneficial effects of melatonin in overcoming drought stress in wheat seedlings. Plant Physiol. Biochem., 118, 138-149.

[39] Dai, L.L., Li, J., Harmens, H., Zheng, X.D. and Zhang, C.L. (2020).Melatonin enhances drought resistance by regulating leaf stomatal behaviour, root growth and catalase activity in two contrasting rapeseed (*Brassica napus* L.) genotypes. Plant Physiol. Biochem., 149, 86-95.

[40] Debnath, B., Hussain, M., Irshad, M., Mitra, S., Li, M., Liu, S. and Qiu, D.L. (2018a).Exogenous Melatonin Mitigates Acid Rain Stress to Tomato Plants through Modulation of Leaf Ultrastructure, Photosynthesis and Antioxidant Potential. Molecules, 23.

[41] Debnath, B., Hussain, M., Li, M., Lu, X.C., Sun, Y.T. and Qiu, D.L. (2018b).Exogenous Melatonin Improves Fruit Quality Features, Health Promoting Antioxidant Compounds and Yield Traits in Tomato Fruits under Acid Rain Stress. Molecules, 23.

[42] Debnath, B., Li, M., Liu, S., Pan, T.F., Ma, C.L. and Qiu, D.L. (2020).Melatonin-mediate acid rain stress tolerance mechanism through alteration of transcriptional factors and secondary metabolites gene expression in tomato. Ecotoxicol. Environ. Saf., 200.

[43] Deng, B.L., Yang, K.J., Zhang, Y.F. and Li, Z.T. (2017). Can antioxidant's reactive oxygen species (ROS).scavenging capacity contribute to aged seed recovery? Contrasting effect of melatonin, ascorbate and glutathione on germination ability of aged maize seeds. Free Radical Research, 51, 765-771.

[44] Ding, F., Wang, M.L., Liu, B. and Zhang, S.X. (2017). Exogenous Melatonin Mitigates Photoinhibition by Accelerating Non-photochemical Quenching in Tomato Seedlings Exposed to Moderate Light during Chilling. Front. Plant Sci., 8.

[45] Dong, Q.Y., Lai, Y., Hua, C.M., Liu, H.P. and Kurtenbach, R. (2022).Polyamines Conjugated to Plasma Membrane Were Involved in Melatonin-mediated Resistance of Apple (*Malus pumila* Mill.) Fruit to Chilling Stress. Russian Journal of Plant Physiology, 69.

[46] Dou, J.H., Wang, J., Tang, Z.Q., Yu, J.H., Wu, Y., Liu, Z.C., Wang, J.W., Wang, G.Z. and Tian, Q. (2022).Application of Exogenous Melatonin Improves Tomato Fruit Quality by Promoting the Accumulation of Primary and Secondary Metabolites. Foods, 11.

[47] ElSayed, A.I., Rafudeen, M.S., Gomaa, A.M. and Hasanuzzaman, M. (2021).Exogenous melatonin enhances the

reactive oxygen species metabolism, antioxidant defense-related gene expression, and photosynthetic capacity of <i>Phaseolus vulgaris</i> L. to confer salt stress tolerance. Physiol. Plant., 173, 1369-1381.

[48] Fan, Y.T., Li, C.Y., Li, Y.H., Huang, R., Guo, M., Liu, J.X., Sun, T. and Ge, Y.H. (2022).Postharvest melatonin dipping maintains quality of apples by mediating sucrose metabolism. Plant Physiol. Biochem., 174, 43-50.

[49] Farooq, M.A., Islam, F., Ayyaz, A., Chen, W.Q., Noor, Y., Hu, W.Z., Hannan, F. and Zhou, W.J. (2022).Mitigation effects of exogenous melatonin-selenium nanoparticles on arsenic-induced stress in <i>Brassica napus</i>. Environ. Pollut., 292.

[50] Fleta-Soriano, E., Díaz, L., Bonet, E. and Munné-Bosch, S. (2017).Melatonin may exert a protective role against drought stress in maize. J Agron Crop Sci, 203, 286-294.

[51] Fu, Y.Y., Li, P.H., Liang, Y.P., Si, Z.Y., Ma, S.T. and Gao, Y. (2024).Effects of exogenous melatonin on wheat quality under drought stress and rehydration. Plant Growth Regul., 103, 471-490.

[52] Ghorbani, A., Emamverdian, A., Pishkar, L., Chashmi, K.A., Salavati, J., Zargar, M. and Chen, M.X. (2023).Melatonin-mediated nitric oxide signaling enhances adaptation of tomato plants to aluminum stress. S. Afr. J. Bot., 162, 443-450.

[53] Ghorbani, A., Pehlivan, N., Zargar, M. and Chen, M.X. (2024).Synergistic role of melatonin and hydrogen sulfide in modulating secondary metabolites and metal uptake/sequestration in arsenic-stressed tomato plants. Scientia Horticulturae, 331.

[54] Gong, X.Q., Shi, S.T., Dou, F.F., Song, Y. and Ma, F.W. (2017).Exogenous Melatonin Alleviates Alkaline Stress in <i>Malus hupehensis</i> Rehd. by Regulating the Biosynthesis of Polyamines. Molecules, 22.

[55] Guo, Y.Y., Li, H.J., Zhao, C.F., Xue, J.Q. and Zhang, R.H. (2020).Exogenous Melatonin Improves Drought Tolerance in Maize Seedlings by Regulating Photosynthesis and the Ascorbate-Glutathione

Cycle. Russian Journal of Plant Physiology, 67, 809-821.

[56] Hasan, M.K., Ahammed, G.J., Yin, L.L., Shi, K., Xia, X.J., Zhou, Y.H., Yu, J.Q. and Zhou, J. (2015).Melatonin mitigates cadmium phytotoxicity through modulation of phytochelatins biosynthesis, vacuolar sequestration, and antioxidant potential in <i>Solanum lycopersicum</i> L. Front. Plant Sci., 6.

[57] He, H., Lei, Y., Yi, Z., Raza, A., Zeng, L., Yan, L., Ding, X.Y., Yong, C. and Zou, X.L. (2021).Study on the mechanism of exogenous serotonin improving cold tolerance of rapeseed (<i>Brassica napus</i> L.) seedlings. Plant Growth Regul., 94, 161-170.

[58] He, J.L., Zhuang, X.L., Zhou, J.T., Sun, L.Y., Wan, H.X., Li, H.F. and Lyu, D.G. (2020).Exogenous melatonin alleviates cadmium uptake and toxicity in apple rootstocks. Tree Physiology, 40, 746-761.

[59] He, Z., Wen, C. and Xu, W. (2023).Effects of Endogenous Melatonin Deficiency on the Growth, Productivity, and Fruit Quality Properties of Tomato Plants. Horticulturae, 9.

[60] Huang, B., Chen, Y.E., Zhao, Y.Q., Ding, C.B., Liao, J.Q., Hu, C., Zhou, L.J., Zhang, Z.W., Yuan, S. and Yuan, M. (2019).Exogenous Melatonin Alleviates Oxidative Damages and Protects Photosystem II in Maize Seedlings Under Drought Stress. Front. Plant Sci., 10.

[61] Huangfu, L.X., Chen, R.J., Lu, Y., Zhang, E.Y., Miao, J., Zuo, Z.H., Zhao, Y., Zhu, M.Y., Zhang, Z.H., Li, P.C., Xu, Y., Yao, Y.L., Liang, G.H., Xu, C.W., Zhou, Y. and Yang, Z.F. (2022).<i>OsCOMT</i>, encoding a caffeic acid O-methyltransferase in melatonin biosynthesis, increases rice grain yield through dual regulation of leaf senescence and vascular development. Plant Biotechnol. J., 20, 1122-1139.

[62] Hwang, O.J. and Back, K. (2018).Melatonin is involved in skotomorphogenesis by regulating brassinosteroid biosynthesis in rice plants. J. Pineal Res., 65.

[63] Hwang, O.J. and Back, K. (2019).Melatonin Deficiency Confers Tolerance to Multiple Abiotic Stresses in Rice via Decreased Brassinosteroid Levels. Int. J. Mol. Sci., 20.

[64] Hwang, O.J. and Back, K. (2020).Simultaneous Suppression of Two Distinct Serotonin *N*-Acetyltransferase Isogenes by RNA Interference Leads to Severe Decreases in Melatonin and Accelerated Seed Deterioration in Rice. Biomolecules, 10.

[65] Ibrahim, M.F.M., Abd Elbar, O.H., Farag, R., Hikal, M., El-Kelish, A., Abou El-Yazied, A., Alkahtani, J. and Abd El-Gawad, H.G. (2020).Melatonin Counteracts Drought Induced Oxidative Damage and Stimulates Growth, Productivity and Fruit Quality Properties of Tomato Plants. Plants-Basel, 9.

[66] Imran, M., Khan, A.L., Shahzad, R., Khan, M.A., Bilal, S., Khan, A., Kang, S.M. and Lee, I.J. (2021a).Exogenous melatonin induces drought stress tolerance by promoting plant growth and antioxidant defence system of soybean plants. Aob Plants, 13.

[67] Imran, M., Khan, M.A., Shahzad, R., Bilal, S., Khan, M., Yun, B.W., Khan, A.L. and Lee, I.J. (2021b).Melatonin Ameliorates Thermotolerance in Soybean Seedling through Balancing Redox Homeostasis and Modulating Antioxidant Defense, Phytohormones and Polyamines Biosynthesis. Molecules, 26.

[68] Iqbal, N., Fatma, M., Gautam, H., Umar, S., Sofo, A., D'Ippolito, I. and Khan, N.A. (2021).The Crosstalk of Melatonin and Hydrogen Sulfide Determines Photosynthetic Performance by Regulation of Carbohydrate Metabolism in Wheat under Heat Stress. Plants-Basel, 10.

[69] Jahan, M.S., Li, G.H., Xie, D.S., Farag, R., Hasan, M.M., Alabdallah, N.M., Al-Harbi, N.A., Al-Qahtani, S.M., Zeeshan, M., Nasar, J., Altaf, M.A. and Rahman, M.A. (2023).Melatonin Mitigates Salt-Induced Growth Inhibition Through the Regulation of Carbohydrate and Nitrogen Metabolism in Tomato Seedlings. Journal of Soil Science and Plant Nutrition, 23, 4290-4308.

[70] Jahan, M.S., Shu, S., Wang, Y., Chen, Z., He, M.M.,

Tao, M.Q., Sun, J. and Guo, S.R. (2019).Melatonin alleviates heat-induced damage of tomato seedlings by balancing redox homeostasis and modulating polyamine and nitric oxide biosynthesis. BMC Plant Biol., 19.

[71] Jahan, M.S., Yang, J.Y., Althaqafi, M.M., Alharbi, B.M., Wu, H.Y. and Zhou, X.B. (2024).Melatonin mitigates drought stress by increasing sucrose synthesis and suppressing abscisic acid biosynthesis in tomato seedlings. Physiol. Plant., 176.

[72] Jan, R., Asif, S., Asaf, S., Lubna, Du, X.X., Park, J.R., Nari, K., Bhatta, D., Lee, I.J. and Kim, K.M. (2023). Melatonin alleviates arsenic (As) toxicity in rice plants via modulating antioxidant defense system and secondary metabolites and reducing oxidative stress. Environ. Pollut., 318.

[73] Javeed, H.M.R., Ali, M., Skalicky, M., Nawaz, F., Qamar, R., Rehman, A.U., Faheem, M., Mubeen, M., Iqbal, M.M., Rahman, M.H.U., Vachova, P., Brestic, M., Baazeem, A. and El Sabagh, A. (2021).Lipoic Acid Combined with Melatonin Mitigates Oxidative Stress and Promotes Root Formation and Growth in Salt-Stressed Canola Seedlings (*Brassica napus* L.). Molecules, 26.

[74] Jiang, C.Q., Cui, Q.R., Feng, K., Xu, D.F., Li, C.F. and Zheng, Q.S. (2016a).Melatonin improves antioxidant capacity and ion homeostasis and enhances salt tolerance in maize seedlings. Acta Physiol Plant, 38.

[75] Jiang, X.W., Li, H.Q. and Song, X.Y. (2016b).SEED PRIMING WITH MELATONIN EFFECTS ON SEED GERMINATION AND SEEDLING GROWTH IN MAIZE UNDER SALINITY STRESS. Pakistan Journal of Botany, 48, 1345-1352.

[76] Kang, K., Lee, K., Park, S., Kim, Y.S. and Back, K. (2010).Enhanced production of melatonin by ectopic overexpression of human serotonin *N*-acetyltransferase plays a role in cold resistance in transgenic rice seedlings. J. Pineal Res., 49, 176-182.

[77] Karaca, A., Ardiç, S.K., Havan, A., Aslan, M., Yakupoglu, G. and Korkmaz, A. (2023).Melatonin and tryptophan

effects on tomato seed deterioration during long-term storage. S. Afr. J. Bot., 156, 79-90.

[78] Katerova, Z., Todorova, D., Brankova, L. and Sergiev, I. (2024).MELATONIN APPLICATION EFFECTS ON TWO BULGARIAN WHEAT CULTIVARS. Comptes Rendus De L Academie Bulgare Des Sciences, 77, 773-779.

[79] Kaya, C., Okant, M., Ugurlar, F., Alyemeni, M.N., Ashraf, M. and Ahmad, P. (2019).Melatonin-mediated nitric oxide improves tolerance to cadmium toxicity by reducing oxidative stress in wheat plants. Chemosphere, 225, 627-638.

[80] Khan, A.R., Fan, X.M., Salam, A., Azhar, W., Ulhassan, Z., Qi, J.X., Liaquat, F., Yang, S.Q. and Gan, Y.B. (2023). Melatonin-mediated resistance to copper oxide nanoparticles-induced toxicity by regulating the photosynthetic apparatus, cellular damages and antioxidant defense system in maize seedlings. Environ. Pollut., 316.

[81] Khan, M.N., Khan, Z., Luo, T., Liu, J.H., Rizwan, M., Zhang, J., Xu, Z.H., Wu, H.H. and Hu, L.Y. (2020).Seed priming with gibberellic acid and melatonin in rapeseed: Consequences for improving yield and seed quality under drought and non-stress conditions. Industrial Crops and Products, 156.

[82] Khan, M.N., Zhang, J., Luo, T., Liu, J.H., Rizwan, M., Fahad, S., Xu, Z.H. and Hu, L.Y. (2019).Seed priming with melatonin coping drought stress in rapeseed by regulating reactive oxygen species detoxification: Antioxidant defense system, osmotic adjustment, stomatal traits and chloroplast ultrastructure perseveration. Industrial Crops and Products, 140.

[83] Khan, S., Sehar, Z., Fatma, M., Mir, I.R., Iqbal, N., Tarighat, M.A., Abdi, G. and Khan, N.A. (2022).Involvement of ethylene in melatonin-modified photosynthetic-N use efficiency and antioxidant activity to improve photosynthesis of salt grown wheat. Physiol. Plant., 174.

[84] Kholodova, V.P., Vasil'ev, S.V., Efimova, M.V., Voronin,

P.Y., Rakhmankulova, Z.F., Danilova, E.Y. and Kuznetsov, V.V. (2018).Exogenous Melatonin Protects Canola Plants from Toxicity of Excessive Copper. Russian Journal of Plant Physiology, 65, 882-889.

[85] Kolodziejczyk, I., Dzitko, K., Szewczyk, R. and Posmyk, M.M. (2016).Exogenous melatonin expediently modifies proteome of maize (*Zea mays* L.) embryo during seed germination. Acta Physiol Plant, 38.

[86] Kolodziejczyk, I., Kazmierczak, A. and Posmyk, M.M. (2021).Melatonin Application Modifies Antioxidant Defense and Induces Endoreplication in Maize Seeds Exposed to Chilling Stress. Int. J. Mol. Sci., 22.

[87] Kolupaev, Y.E., Taraban, D.A., Karpets, Y.V., Makaova, B.E., Ryabchun, N.I., Dyachenko, A.I. and Dmitriev, O.P. (2023). Induction of Cell Protective Reactions of *Triticum aestivum* and *Secale cereale* to the Effect of High Temperatures by Melatonin. Cytology and Genetics, 57, 117-127.

[88] Kuppusamy, A., Alagarswamy, S., Karuppusami, K.M., Maduraimuthu, D., Natesan, S., Ramalingam, K., Muniyappan, U., Subramanian, M. and Kanagarajan, S. (2023).Melatonin Enhances the Photosynthesis and Antioxidant Enzyme Activities of Mung Bean under Drought and High-Temperature Stress Conditions. Plants-Basel, 12.

[89] Kurt-Celebi, A., Colak, N., Torun, H., Dosedelová, V., Tarkowski, P. and Ayaz, F.A. (2022).Exogenous melatonin ameliorates ionizing radiation-induced damage by modulating growth, osmotic adjustment and photosynthetic capacity in wheat seedlings. Plant Physiol. Biochem., 187, 67-76.

[90] Lee, K. and Back, K. (2017).Overexpression of rice serotonin *N*-acetyltransferase 1 in transgenic rice plants confers resistance to cadmium and senescence and increases grain yield. J. Pineal Res., 62.

[91] Lee, K. and Back, K. (2019).Melatonin-deficient rice plants show a common semidwarf phenotype either dependent or independent

of brassinosteroid biosynthesis. J. Pineal Res., 66.

[92] Lei, K.Q., Sun, S.Z., Zhong, K.T., Li, S.Y., Hu, H., Sun, C.J., Zheng, Q.M., Tian, Z.W., Dai, T.B. and Sun, J.Y.（2021）.Seed soaking with melatonin promotes seed germination under chromium stress via enhancing reserve mobilization and antioxidant metabolism in wheat. Ecotoxicol. Environ. Saf., 220.

[93] Lei, Q., Wang, L., Tan, D.X., Zhao, Y., Zheng, X.D., Chen, H., Li, Q.T., Zuo, B.X. and Kong, J.（2013）.Identification of genes for melatonin synthetic enzymes in 'Red Fuji' apple（<i>Malus domestica Borkh. cv. Red</i>）and their expression and melatonin production during fruit development. J. Pineal Res., 55, 443-451.

[94] Lei, Y., He, H., Raza, A., Liu, Z., Ding, X.Y., Wang, G.J., Yan, L., Yong, C. and Zou, X.L.（2022）.Exogenous melatonin confers cold tolerance in rapeseed（<i>Brassica napus</i> L.）seedlings by improving amtioxidanis and genes expression. Plant Signaling & Behavior, 17.

[95] Li, C., Tan, D.X., Liang, D., Chang, C., Jia, D.F. and Ma, F.W.（2015）.Melatonin mediates the regulation of ABA metabolism, free-radical scavenging, and stomatal behaviour in two <i>Malus</i> species under drought stress. J. Exp. Bot., 66, 669-680.

[96] Li, C., Zhao, Q., Gao, T.T., Wang, H.Y., Zhang, Z.J., Liang, B.W., Wei, Z.W., Liu, C.H. and Ma, F.W.（2018a）.The mitigation effects of exogenous melatonin on replant disease in apple. J. Pineal Res., 65.

[97] Li, G.Z., Wang, Y.Y., Liu, J., Liu, H.T., Liu, H.P. and Kang, G.Z.（2022a）.Exogenous melatonin mitigates cadmium toxicity through ascorbic acid and glutathione pathway in wheat. Ecotoxicol. Environ. Saf., 237.

[98] Li, J.J., Zeng, L., Cheng, Y., Lu, G.Y., Fu, G.P., Ma, H.Q., Liu, Q.Y., Zhang, X.K., Zou, X.L. and Li, C.S.（2018b）.Exogenous melatonin alleviates damage from drought stress in <i>Brassica napus</i> L.（rapeseed）seedlings. Acta Physiol Plant, 40.

[99] Li, M.Q., Hasan, M.K., Li, C.X., Ahammed, G.J., Xia,

X.J., Shi, K., Zhou, Y.H., Reiter, R.J., Yu, J.Q., Xu, M.X. and Zhou, J. (2016).Melatonin mediates selenium-induced tolerance to cadmium stress in tomato plants. J. Pineal Res., 61, 291-302.

[100] Li, R.Q., Wu, L.Q., Shao, Y.F., Hu, Q.W. and Zhang, H.L. (2022b).Melatonin alleviates copper stress to promote rice seed germination and seedling growth via crosstalk among various defensive response pathways. Plant Physiol. Biochem., 179, 65-77.

[101] Li, R.Q., Yang, R.F., Zheng, W.Y., Wu, L.Q., Zhang, C. and Zhang, H.L. (2022c).Melatonin Promotes SGT1-Involved Signals to Ameliorate Drought Stress Adaption in Rice. Int. J. Mol. Sci., 23.

[102] Li, S.E., Huan, C., Liu, Y., Zheng, X.L. and Bi, Y. (2022d).Melatonin induces improved protection against Botrytis cinerea in cherry tomato fruit by activating salicylic acid signaling pathway. Scientia Horticulturae, 304.

[103] Li, S.X., Guo, J.H., Wang, T.Y., Gong, L., Liu, F.L., Brestic, M., Liu, S.Q., Song, F.B. and Li, X.N. (2021a).Melatonin reduces nanoplastic uptake, translocation, and toxicity in wheat. J. Pineal Res., 71.

[104] Li, X.J., Yu, B.J., Cui, Y.Q. and Yin, Y.F. (2017). Melatonin application confers enhanced salt tolerance by regulating Na^+ and Cl^- accumulation in rice. Plant Growth Regul., 83, 441-454.

[105] Li, Y., Chu, Y.T., Sun, H.Y., Bao, Q.L. and Huang, Y.Z. (2023).Melatonin alleviates arsenite toxicity by decreasing the arsenic accumulation in cell protoplasts and increasing the antioxidant capacity in rice. Chemosphere, 312.

[106] Li, Y.F., Zhang, L.Q., Yu, Y.F., Zeng, H.L., Deng, L.Y., Zhu, L.F., Chen, G.H. and Wang, Y. (2022e).Melatonin-Induced Resilience Strategies against the Damaging Impacts of Drought Stress in Rice. Agronomy-Basel, 12.

[107] Li, Z., Su, X.Y., Chen, Y.L., Fan, X.C., He, L.Z., Guo, J.M., Wang, Y.C. and Yang, Q.H. (2021b).Melatonin Improves Drought Resistance in Maize Seedlings by Enhancing the Antioxidant

System and Regulating Abscisic Acid Metabolism to Maintain Stomatal Opening Under PEG-Induced Drought. Journal of Plant Biology, 64, 299-312.

[108] Li, Z.G., Xu, Y., Bai, L.K., Zhang, S.Y. and Wang, Y. (2019).Melatonin enhances thermotolerance of maize seedlings (Zea mays L.) by modulating antioxidant defense, methylglyoxal detoxification, and osmoregulation systems. Protoplasma, 256, 471-490.

[109] Liang, B.W., Ma, C.Q., Zhang, Z.J., Wei, Z.W., Gao, T.T., Zhao, Q., Ma, F.W. and Li, C. (2018).Long-term exogenous application of melatonin improves nutrient uptake fluxes in apple plants under moderate drought stress. Environ. Exp. Bot., 155, 650-661.

[110] Liang, C.Z., Li, A.F., Yu, H., Li, W.Z., Liang, C.Z., Guo, S.D., Zhang, R. and Chu, C.C. (2017).Melatonin Regulates Root Architecture by Modulating Auxin Response in Rice. Front. Plant Sci., 8.

[111] Liang, C.Z., Zheng, G.Y., Li, W.Z., Wang, Y.Q., Hu, B., Wang, H.R., Wu, H.K., Qian, Y.W., Zhu, X.G., Tan, D.X., Chen, S.Y. and Chu, C.C. (2015).Melatonin delays leaf senescence and enhances salt stress tolerance in rice. J. Pineal Res., 59, 91-101.

[112] Liu, C.X., Chen, L.L., Zhao, R.R., Li, R., Zhang, S.J., Yu, W.Q., Sheng, J.P. and Shen, L. (2019).Melatonin Induces Disease Resistance to *Botrytis cinerea* in Tomato Fruit by Activating Jasmonic Acid Signaling Pathway. J. Agric. Food Chem., 67, 6116-6124.

[113] Liu, J., Shabala, S., Zhang, J., Ma, G.H., Chen, D.D., Shabala, L., Zeng, F.R., Chen, Z.H., Zhou, M.X., Venkataraman, G. and Zhao, Q.Z. (2020).Melatonin improves rice salinity stress tolerance by NADPH oxidase-dependent control of the plasma membrane K^+ transporters and K^+ homeostasis. Plant Cell and Environment, 43, 2591-2605.

[114] Liu, J., Wang, J.J., Zhang, T.H., Li, M., Yan, H.M., Liu, Q.Y., Wei, Y.F., Ji, X. and Zhao, Q.Z. (2023).Exogenous

Melatonin Positively Regulates Rice Root Growth through Promoting the Antioxidant System and Mediating the Auxin Signaling under Root-Zone Hypoxia Stress. Agronomy-Basel, 13.

[115] Liu, J.L., Wang, W.X., Wang, L.Y. and Sun, Y. (2015a). Exogenous melatonin improves seedling health index and drought tolerance in tomato. Plant Growth Regul., 77, 317-326.

[116] Liu, J.L., Zhang, R.M., Sun, Y.K., Liu, Z.Y., Jin, W. and Sun, Y. (2016).The beneficial effects of exogenous melatonin on tomato fruit properties. Scientia Horticulturae, 207, 14-20.

[117] Liu, N., Gong, B., Jin, Z.Y., Wang, X.F., Wei, M., Yang, F.J., Li, Y. and Shi, Q.H. (2015b).Sodic alkaline stress mitigation by exogenous melatonin in tomato needs nitric oxide as a downstream signal. J. Plant Physiol., 186, 68-77.

[118] Liu, N., Jin, Z.Y., Wang, S.S., Gong, B.A., Wen, D., Wang, X.F., Wei, M. and Shi, Q.H. (2015c).Sodic alkaline stress mitigation with exogenous melatonin involves reactive oxygen metabolism and ion homeostasis in tomato. Scientia Horticulturae, 181, 18-25.

[119] Liu, Z.W., Sun, H.Y., Li, Y., Bao, Q.L. and Huang, Y.Z. (2024).Metabolic regulation mechanism of melatonin for reducing cadmium accumulation and improving quality in rice. Food Chem., 455.

[120] Lu, R.F., Liu, Z.Y., Shao, Y.D., Sun, F., Zhang, Y.L., Cui, J., Zhou, Y.J., Shen, W.B. and Zhou, T. (2019).Melatonin is responsible for rice resistance to rice stripe virus infection through a nitric oxide-dependent pathway. Virol. J., 16.

[121] Luo, M.Z., Wang, D.P., Delaplace, P., Pan, Y.H., Zhou, Y.B., Tang, W.S., Chen, K., Chen, J., Xu, Z.S., Ma, Y.Z. and Chen, M. (2023).Melatonin enhances drought tolerance by affecting jasmonic acid and lignin biosynthesis in wheat (*Triticum* *aestivum* L.). Plant Physiol. Biochem., 202.

[122] Luo, X.F., Xu, X.J., Xu, J.H., Zhao, X.T., Zhang, R.R., Shi, Y.P., Xia, M.Y., Xian, B.S., Zhou, W.G., Zheng, C., Wei,

S.W., Wang, L., Du, J.B., Liu, W.G. and Shu, K.（2024）.Melatonin Priming Promotes Crop Seed Germination and Seedling Establishment Under Flooding Stress by Mediating ABA, GA, and ROS Cascades. J. Pineal Res., 76.

[123] Ma, C., Pei, Z.Q., Bai, X., Feng, J.Y., Zhang, L., Fan, J.R., Wang, J., Zhang, T.G. and Zheng, S.（2022a）.Involvement of NO and Ca2+in the enhancement of cold tolerance induced by melatonin in winter turnip rape*（Brassica* *rapa* L.）. Plant Physiol. Biochem., 190, 262-276.

[124] Ma, S.Y., Gai, P.P., Geng, B.J., Wang, Y.Y., Ullah, N., Zhang, W.J., Zhang, H.P., Fan, Y.H. and Huang, Z.L.（2022b）. Exogenous Melatonin Improves Waterlogging Tolerance in Wheat through Promoting Antioxidant Enzymatic Activity and Carbon Assimilation. Agronomy-Basel, 12.

[125] Malik, Z., Afzal, S., Dawood, M., Abbasi, G.H., Khan, M.I., Kamran, M., Zhran, M., Hayat, M.T., Aslam, M.N. and Rafay, M.（2022）.Exogenous melatonin mitigates chromium toxicity in maize seedlings by modulating antioxidant system and suppresses chromium uptake and oxidative stress. Environ. Geochem. Health, 44, 1451-1469.

[126] Mao, J.P., Niu, C.D., Li, K., Chen, S.Y., Tahir, M.M., Han, M.Y. and Zhang, D.（2020）.Melatonin promotes adventitious root formation in apple by promoting the function of *MdWOX11*. BMC Plant Biol., 20.

[127] Menhas, S., Yang, X.J., Hayat, K., Ali, A., Ali, E.F., Shahid, M., Shaheen, S.M., Rinklebe, J., Hayat, S. and Zhou, P.（2022）.Melatonin enhanced oilseed rape growth and mitigated Cd stress risk：A novel trial for reducing Cd accumulation by bioenergy crops. Environ. Pollut., 308.

[128] Mohamed, I.A.A., Shalby, N., El-Badri, A.M.A., Saleem, M.H., Khan, M.N., Nawaz, M.A., Qin, M., Agami, R.A., Kuai, J., Wang, B. and Zhou, G.S.（2020）.Stomata and Xylem Vessels Traits Improved by Melatonin Application Contribute to Enhancing

Salt Tolerance and Fatty Acid Composition of <i>Brassica napus</i> L. Plants. Agronomy-Basel, 10.

[129] Mumithrakamatchi, A.K., Alagarswamy, S., Anitha, K., Djanaguiraman, M., Kalarani, M.K., Swarnapriya, R., Marimuthu, S., Vellaikumar, S. and Kanagarajan, S. (2024).Melatonin imparts tolerance to combined drought and high-temperature stresses in tomato through osmotic adjustment and ABA accumulation. Front. Plant Sci., 15.

[130] Munir, R., Yasin, M.U., Afzal, M., Jan, M., Muhammad, S., Jan, N., Nana, C., Munir, F., Iqbal, H., Tawab, F. and Gan, Y. (2024).Melatonin alleviated cadmium accumulation and toxicity by modulating phytohormonal balance and antioxidant metabolism in rice. Chemosphere, 346, 140590.

[131] Mushtaq, N., Iqbal, S., Hayat, F., Raziq, A., Ayaz, A. and Zaman, W. (2022).Melatonin in Micro-Tom Tomato: Improved Drought Tolerance via the Regulation of the Photosynthetic Apparatus, Membrane Stability, Osmoprotectants, and Root System. Life-Basel, 12.

[132] Ni, J., Wang, Q.J., Shah, F.A., Liu, W.B., Wang, D.D., Huang, S.W., Fu, S.L. and Wu, L.F. (2018).Exogenous Melatonin Confers Cadmium Tolerance by Counterbalancing the Hydrogen Peroxide Homeostasis in Wheat Seedlings. Molecules, 23.

[133] Okazaki, M. and Ezura, H. (2009).Profiling of melatonin in the model tomato (<i>Solanum lycopersicum</i> L.) cultivar Micro-Tom. J. Pineal Res., 46, 338-343.

[134] Okazaki, M., Higuchi, K., Aouini, A. and Ezura, H. (2010).Lowering intercellular melatonin levels by transgenic analysis of indoleamine 2,3-dioxygenase from rice in tomato plants. J. Pineal Res., 49, 239-247.

[135] Onik, J.C., Wai, S.C., Li, A., Lin, Q., Sun, Q.Q., Wang, Z.D. and Duan, Y.Q. (2021).Melatonin treatment reduces ethylene production and maintains fruit quality in apple during postharvest storage. Food Chem., 337.

[136] Park, S., Le, T.N.N., Byeon, Y., Kim, Y.S. and Back, K. (2013).Transient induction of melatonin biosynthesis in rice (<i>Oryza sativa</i> L.) during the reproductive stage. J. Pineal Res., 55, 40-45.

[137] Peter, O., Imran, M., Shaffique, S., Kang, S.M., Rolly, N.K., Felistus, C., Bilal, S., Dan-Dan, Z., Injamum-Ul-Hoque, M., Kwon, E.H., Mong, M.N., Gam, H.J., Won Chan, K. and Lee, I.J. (2024).Combined application of melatonin and <i>Bacillus</i> sp. strain IPR-4 ameliorates drought stress tolerance via hormonal, antioxidant, and physiomolecular signaling in soybean. Front. Plant Sci., 15.

[138] Qi, Z.Y., Wang, K.X., Yan, M.Y., Kanwar, M.K., Li, D.Y., Wijaya, L., Alyemeni, M.N., Ahmad, P. and Zhou, J. (2018). Melatonin Alleviates High Temperature-Induced Pollen Abortion in <i>Solanum lycopersicum</i>. Molecules, 23.

[139] Qiao, Y.J., Ren, J.H., Yin, L.N., Liu, Y.J., Deng, X.P., Liu, P. and Wang, S.W. (2020).Exogenous melatonin alleviates PEG-induced short-term water deficiency in maize by increasing hydraulic conductance. BMC Plant Biol., 20.

[140] Qiao, Y.J., Yin, L.N., Wang, B.M., Ke, Q.B., Deng, X.P. and Wang, S.W. (2019).Melatonin promotes plant growth by increasing nitrogen uptake and assimilation under nitrogen deficient condition in winter wheat. Plant Physiol. Biochem., 139, 342-349.

[141] Qiu, C.W., Richmond, M., Ma, Y., Zhang, S., Liu, W.X., Feng, X., Ahmed, I.M. and Wu, F.B. (2024).Melatonin enhances cadmium tolerance in rice<i> via</i> long non-coding RNA-mediated modulation of cell wall and photosynthesis. J. Hazard. Mater., 465.

[142] Rafique, N., Ilyas, N., Aqeel, M., Raja, N.I., Shabbir, G., Ajaib, M., Sayyed, R.Z., Alharbi, S.A. and Ansari, M.J. (2023). Interactive effects of melatonin and salicylic acid on <i>Brassica napus</i> under drought condition. Plant Soil.

[143] Raja, V., Qadir, S.U., Kumar, N., Alsahli, A.A., Rinklebe, J. and Ahmad, P. (2023).Melatonin and strigolactone mitigate chromium toxicity through modulation of ascorbate-

glutathione pathway and gene expression in tomato. Plant Physiol. Biochem., 201.

[144] Ren, J.H., Ye, J., Yin, L.N., Li, G.X., Deng, X.P. and Wang, S.W. (2020).Exogenous Melatonin Improves Salt Tolerance by Mitigating Osmotic, Ion, and Oxidative Stresses in Maize Seedlings. Agronomy-Basel, 10.

[145] Riga, P., Medina, S., García-Flores, L.A. and Gil-Izquierdo, A. (2014).Melatonin content of pepper and tomato fruits: Effects of cultivar and solar radiation. Food Chem., 156, 347-352.

[146] Sami, A., Shah, F.A., Abdullah, M., Zhou, X., Yan, Y., Zhu, Z. and Zhou, K. (2020).Melatonin mitigates cadmium and aluminium toxicity through modulation of antioxidant potential in<i>Brassica napus</i>L. Plant Biol., 22, 679-690.

[147] Sehar, Z., Fatma, M., Khan, S., Mir, I.R., Abdi, G. and Khan, N.A. (2023).Melatonin influences methyl jasmonate-induced protection of photosynthetic activity in wheat plants against heat stress by regulating ethylene-synthesis genes and antioxidant metabolism. Sci Rep-UK, 13.

[148] Shan, S.S., Wang, Z.Q., Pu, H.L., Duan, W.H., Song, H.M., Li, J.K., Zhang, Z.K. and Xu, X.B. (2022).DNA methylation mediated by melatonin was involved in ethylene signal transmission and ripening of tomato fruit. Scientia Horticulturae, 291.

[149] Silalert, P. and Pattanagul, W. (2021).Foliar application of melatonin alleviates the effects of drought stress in rice <i>(Oryza sativa</i> L.) seedlings. Notulae Botanicae Horti Agrobotanici Cluj-Napoca, 49.

[150] Su, X.Y., Xin, L.F., Li, Z., Zheng, H.F., Mao, J. and Yang, Q.H. (2018).Physiology and transcriptome analyses reveal a protective effect of the radical scavenger melatonin in aging maize seeds. Free Radical Research, 52, 1094-1109.

[151] Sun, C., Meng, S.D., Wang, B.F., Zhao, S.T., Liu, Y.L., Qi, M.F., Wang, Z.Q., Yin, Z.P. and Li, T.L. (2023a).Exogenous melatonin enhances tomato heat resistance by regulating photosynthetic

electron flux and maintaining ROS homeostasis. Plant Physiol. Biochem., 196, 197-209.

[152] Sun, C.C., Huang, Y., Lian, S., Saleem, M., Li, B.H. and Wang, C.X. (2021).Improving the biocontrol efficacy of <i>Meyerozyma guilliermondii</i> Y-1 with melatonin against postharvest gray mold in apple fruit. Postharvest Biol. Technol., 171.

[153] Sun, C.J., Gao, L.J., Xu, L.B., Zheng, Q.M., Sun, S.Z., Liu, X.X., Zhang, Z.G., Tian, Z.W., Dai, T.B. and Sun, J.Y. (2023b).Melatonin alleviates chromium toxicity by altering chromium subcellular distribution and enhancing antioxidant metabolism in wheat seedlings. Environmental Science and Pollution Research, 30, 50743-50758.

[154] Sun, C.L., Lv, T., Huang, L., Liu, X.X., Jin, C.W. and Lin, X.Y. (2020a).Melatonin ameliorates aluminum toxicity through enhancing aluminum exclusion and reestablishing redox homeostasis in roots of wheat. J. Pineal Res., 68.

[155] Sun, Q.Q., Liu, L., Zhang, L., Lv, H.M., He, Q., Guo, L.Q., Zhang, X.C., He, H.J., Ren, S.X., Zhang, N., Zhao, B. and Guo, Y.D. (2020b).Melatonin promotes carotenoid biosynthesis in an ethylene-dependent manner in tomato fruits. Plant Sci., 298.

[156] Sun, Q.Q., Zhang, N., Wang, J.F., Cao, Y.Y., Li, X.S., Zhang, H.J., Zhang, L., Tan, D.X. and Guo, Y.D. (2016).A label-free differential proteomics analysis reveals the effect of melatonin on promoting fruit ripening and anthocyanin accumulation upon postharvest in tomato. J. Pineal Res., 61, 138-153.

[157] Sun, Q.Q., Zhang, N., Wang, J.F., Zhang, H.J., Li, D.B., Shi, J., Li, R., Weeda, S., Zhao, B., Ren, S.X. and Guo, Y.D. (2015).Melatonin promotes ripening and improves quality of tomato fruit during postharvest life. J. Exp. Bot., 66, 657-668.

[158] Sun, S.S., Wen, D., Yang, W.Y., Meng, Q.F., Shi, Q.H. and Gong, B.A. (2020c).Overexpression of Caffeic Acid<i>O</i>-Methyltransferase 1 (<i>COMT1</i>) Increases Melatonin Level and Salt Stress Tolerance in Tomato Plant. J. Plant Growth Regul., 39,

1221-1235.

[159] Talaat, N.B. and Shawky, B.T.（2022）.Synergistic Effects of Salicylic Acid and Melatonin on Modulating Ion Homeostasis in Salt-Stressed Wheat（*Triticum aestivum* L.）Plants by Enhancing Root H$^+$-Pump Activity. Plants-Basel, 11.

[160] Tan, K.X., Jing, G.Q., Liu, X.H., Liu, C., Liu, X.M., Gao, T.T., Deng, T.T., Wei, Z.W., Ma, F.W. and Li, C.（2023）. Heterologous overexpression of *HIOMT* alleviates alkaline stress in apple plants by increasing melatonin concentration. Scientia Horticulturae, 309.

[161] Tan, K.X., Zheng, J.Z., Liu, C., Liu, X.H., Liu, X.M., Gao, T.T., Song, X.Y., Wei, Z.W., Ma, F.W. and Li, C.（2021）. Heterologous Expression of the Melatonin-Related Gene HIOMT Improves Salt Tolerance in Malus domestica. Int. J. Mol. Sci., 22.

[162] Tan, X.Y., Long, W.H., Zeng, L., Ding, X.Y., Cheng, Y., Zhang, X.K. and Zou, X.L.（2019）.Melatonin-Induced Transcriptome Variation of Rapeseed Seedlings under Salt Stress. Int. J. Mol. Sci., 20.

[163] Teng, Z.Y., Yu, Y.J., Zhu, Z.J., Hong, S.B., Yang, B.X. and Zang, Y.X.（2021）.Melatonin elevated Sclerotinia sclerotiorum resistance via modulation of ATP and glucosinolate biosynthesis in Brassica rapa ssp. pekinensis. J Proteomics, 243.

[164] Todorova, D., Katerova, Z., Shopova, E. and Sergiev, I.（2024）.SCREENING FOR SUITABLE MELATONIN APPLICATION SCHEME TO MODULATE DROUGHT STRESS IN BULGARIAN WHEAT. Comptes Rendus Dc L Academie Bulgare Des Sciences, 77, 1097-1105.

[165] Turk, H. and Erdal, S.（2015）.Melatonin alleviates cold-induced oxidative damage in maize seedlings by up-regulating mineral elements and enhancing antioxidant activity. J. Plant Nutr. Soil Sci., 178, 433-439.

[166] Ulhassan, Z., Huang, Q., Gill, R.A., Ali, S., Mwamba, T.M., Ali, B., Hina, F. and Zhou, W.J.（2019）.Protective mechanisms of melatonin against selenium toxicity in *Brassica

napus</i>: insights into physiological traits, thiol biosynthesis and antioxidant machinery. BMC Plant Biol., 19.

[167] Umapathi, M., Kalarani, M.K., Srinivasan, S. and Kalaiselvi, P. (2022).Alleviation of cadmium phytotoxicity through melatonin modulated physiological functions, antioxidants, and metabolites in tomato (<i>Solanum lycopersicum</i> L.). BioMetals, 35, 1113-1132.

[168] Verde, A., Miguez, J.M. and Gallardo, M. (2022).Role of Melatonin in Apple Fruit during Growth and Ripening: Possible Interaction with Ethylene. Plants-Basel, 11.

[169] Verde, A., Míguez, J.M. and Gallardo, M. (2023). Melatonin stimulates postharvest ripening of apples by up-regulating gene expression of ethylene synthesis enzymes. Postharvest Biol. Technol., 195.

[170] Vougeleka, V., Risoli, S., Saitanis, C., Agathokleous, E., Ntatsi, G., Lorenzini, G., Nali, C., Pellegrini, E. and Pisuttu, C. (2024).Exogenous application of melatonin protects bean and tobacco plants against ozone damage by improving antioxidant enzyme activities, enhancing photosynthetic performance, and preventing membrane damage. Environ. Pollut., 343.

[171] Wang, H.M., Ren, C.Y., Cao, L., Zhao, Q., Jin, X.J., Wang, M.X., Zhang, M.C., Zhang, W.J., Yu, G.B. and Zhang, Y.X. (2024).Melatonin promotes nodule development enhancing soybean nitrogen metabolism under low nitrogen levels. Environ. Exp. Bot., 226.

[172] Wang, J., Gao, X.Q., Wang, X., Song, W.X., Wang, Q., Wang, X.C., Li, S.X. and Fu, B.Z. (2022a).Exogenous melatonin ameliorates drought stress in <i>Agropyron mongolicum</i> by regulating flavonoid biosynthesis and carbohydrate metabolism. Front. Plant Sci., 13.

[173] Wang, J.J., Lv, P.H., Yan, D., Zhang, Z.D., Xu, X.M., Wang, T., Wang, Y., Peng, Z., Yu, C.X., Gao, Y.R., Duan, L.S. and Li, R.Z. (2022b).Exogenous Melatonin Improves Seed Germination

of Wheat（*Triticum aestivum* L.）.under Salt Stress. Int. J. Mol. Sci., 23.

[174] Wang, M.G., Gong, J., Song, C.H., Wang, Z.Y., Song, S.W., Jiao, J., Wang, M.M., Zhang, X.B. and Bai, T.H.（2022c）. Exogenous melatonin alleviated growth inhibition and oxidative stress induced by drought stress in apple rootstock. Biocell, 46, 1763-1770.

[175] Wang, P., Yin, L.H., Liang, D., Li, C., Ma, F.W. and Yue, Z.Y.（2012）.Delayed senescence of apple leaves by exogenous melatonin treatment: toward regulating the ascorbate-glutathione cycle. J. Pineal Res., 53, 11-20.

[176] Wang, X., Li, F., Chen, Z.Y., Yang, B.X., Komatsu, S. and Zhou, S.L.（2021）.Proteomic analysis reveals the effects of melatonin on soybean root tips under flooding stress. J Proteomics, 232.

[177] Wang, X.Y., Zhang, H.J., Xie, Q., Liu, Y., Lv, H.M., Bai, R.Y., Ma, R., Li, X.D., Zhang, X.C., Guo, Y.D. and Zhang, N.（2020）.SlSNAT Interacts with HSP40, a Molecular Chaperone, to Regulate Melatonin Biosynthesis and Promote Thermotolerance in Tomato. Plant and Cell Physiology, 61, 909-921.

[178] Wei, W., Li, Q.T., Chu, Y.N., Reiter, R.J., Yu, X.M., Zhu, D.H., Zhang, W.K., Ma, B.A., Lin, Q., Zhang, J.S. and Chen, S.Y.（2015）.Melatonin enhances plant growth and abiotic stress tolerance in soybean plants. J. Exp. Bot., 66, 695-707.

[179] Wei, W., Tao, J.J., Yin, C.C., Chen, S.Y., Zhang, J.S. and Zhang, W.K.（2022）.Melatonin regulates gene expressions through activating auxin synthesis and signaling pathways. Front. Plant Sci., 13.

[180] Wei, Z.W., Li, C., Gao, T.T., Zhang, Z.J., Liang, B.W., Lv, Z.S., Zou, Y.J. and Ma, F.W.（2019）.Melatonin increases the performance of *Malus hupehensis* after UV-B exposure. Plant Physiol. Biochem., 139, 630-641.

[181] Wen, D., Gong, B.A., Sun, S.S., Liu, S.Q., Wang, X.F., Wei, M., Yang, F.J., Li, Y. and Shi, Q.H.（2016）.Promoting

Roles of Melatonin in Adventitous Root Development of <i>Solanum lycopersicum</i> L. by Regulating Auxin and Nitric Oxide Signaling. Front. Plant Sci., 7.

[182] Xiao, R.H., Han, Q., Liu, Y., Zhang, X.H., Hao, Q.N., Chai, Q.Q., Hao, Y.F., Deng, J.B., Li, X. and Ji, H.T.（2022）. Melatonin Attenuates the Urea-Induced Yields Improvement Through Remodeling Transcriptome and Rhizosphere Microbial Community Structure in Soybean. Frontiers in Microbiology, 13.

[183] Xie, Z.Y., Wang, J., Wang, W.S., Wang, Y.R., Xu, J.L., Li, Z.K., Zhao, X.Q. and Fu, B.Y.（2021）.Integrated Analysis of the Transcriptome and Metabolome Revealed the Molecular Mechanisms Underlying the Enhanced Salt Tolerance of Rice Due to the Application of Exogenous Melatonin. Front. Plant Sci., 11.

[184] Xu, W., Cai, S.Y., Zhang, Y., Wang, Y., Ahammed, G.J., Xia, X.J., Shi, K., Zhou, Y.H., Yu, J.Q., Reiter, R.J. and Zhou, J.（2016）.Melatonin enhances thermotolerance by promoting cellular protein protection in tomato plants. J. Pineal Res., 61, 457-469.

[185] Yan, D., Wang, J.J., Lu, Z.Z., Liu, R., Hong, Y., Su, B.C., Wang, Y., Peng, Z., Yu, C.X., Gao, Y.R., Liu, Z.Y., Xu, Z.S., Duan, L.S. and Li, R.Z.（2023）.Melatonin-Mediated Enhancement of Photosynthetic Capacity and Photoprotection Improves Salt Tolerance in Wheat. Plants-Basel, 12.

[186] Yan, F., Zhang, G., Zhao, H., Huang, Z., Niu, Y. and Zhu, M.（2024）.Foliar application of melatonin improve the number of secondary branches and secondary branch grains quality of rice. PloS one, 19, e0307368.

[187] Yan, F.Y., Wei, H.M., Ding, Y.F., Li, W.W., Chen, L., Ding, C.Q., Tang, S., Jiang, Y., Liu, Z.H. and Li, G.H.（2021a）. Melatonin enhances Na^+/K^+ homeostasis in rice seedlings under salt stress through increasing the root H^+-pump activity and Na^+/K^+ transporters sensitivity to ROS/RNS. Environ. Exp. Bot., 182.

[188] Yan, F.Y., Wei, H.M., Ding, Y.F., Li, W.W., Liu, Z.H.,

Chen, L., Tang, S., Ding, C.Q., Jiang, Y. and Li, G.H. (2021b). Melatonin regulates antioxidant strategy in response to continuous salt stress in rice seedlings. Plant Physiol. Biochem., 165, 239-250.

[189] Yan, F.Y., Wei, H.M., Li, W.W., Liu, Z.H., Tang, S., Chen, L., Ding, C.Q., Jiang, Y., Ding, Y.F. and Li, G.H. (2020).Melatonin improves K^{+} and Na^{+} homeostasis in rice under salt stress by mediated nitric oxide. Ecotoxicol. Environ. Saf., 206.

[190] Yang, G., Wei, X.L. and Fang, Z.M. (2022).Melatonin Mediates Axillary Bud Outgrowth by Improving Nitrogen Assimilation and Transport in Rice. Front. Plant Sci., 13.

[191] Yang, X.X., Liu, D.J., Liu, C., Li, M.D., Yan, Z.S., Zhang, Y. and Feng, G.J. (2024a).Possible melatonin-induced salt stress tolerance pathway in *Phaseolus vulgaris* L. using transcriptomic and metabolomic analyses. BMC Plant Biol., 24.

[192] Yang, X.X., Ren, J.H., Lin, X.Y., Yang, Z.P., Deng, X.P. and Ke, Q.B. (2023).Melatonin Alleviates Chromium Toxicity in Maize by Modulation of Cell Wall Polysaccharides Biosynthesis, Glutathione Metabolism, and Antioxidant Capacity. Int. J. Mol. Sci., 24.

[193] Yang, X.X., Shi, Q.F., Wang, X.R., Zhang, T., Feng, K., Wang, G., Zhao, J., Yuan, X.Y. and Ren, J.H. (2024b).Melatonin-Induced Chromium Tolerance Requires Hydrogen Sulfide Signaling in Maize. Plants-Basel, 13.

[194] Ye, J., Wang, S.W., Deng, X.P., Yin, L.N., Xiong, B.L. and Wang, X.Y. (2016).Melatonin increased maize (*Zea mays* L.) seedling drought tolerance by alleviating drought-induced photosynthetic inhibition and oxidative damage. Acta Physiol Plant, 38.

[195] Ye, J., Yang, W.J., Li, Y.L., Wang, S.W., Yin, L.N. and Deng, X.P. (2020).Seed Pre-Soaking with Melatonin Improves Wheat Yield by Delaying Leaf Senescence and Promoting Root Development. Agronomy-Basel, 10.

[196] Yin, L.H., Wang, P., Li, M.J., Ke, X.W., Li, C.Y., Liang, D., Wu, S., Ma, X.L., Li, C., Zou, Y.J. and Ma, F.W. (2013).Exogenous melatonin improves <i>Malus</i> resistance to Marssonina apple blotch. J. Pineal Res., 54, 426-434.

[197] Yu, J.C., Lu, J.Z., Cui, X.Y., Guo, L., Wang, Z.J., Liu, Y.D., Wang, F., Qi, M.F., Liu, Y.F. and Li, T.L. (2022a).Melatonin mediates reactive oxygen species homeostasis via Sl<i>CV</i> to regulate leaf senescence in tomato plants. J. Pineal Res., 73.

[198] Yu, Y.F., Deng, L.Y., Zhou, L., Chen, G.H. and Wang, Y. (2022b).Exogenous Melatonin Activates Antioxidant Systems to Increase the Ability of Rice Seeds to Germinate under High Temperature Conditions. Plants-Basel, 11.

[199] Zang, H.W., Ma, J.J., Wu, Z.L., Yuan, L.X., Lin, Z.Q., Zhu, R.B., Banuelos, G.S., Reiter, R.J., Li, M. and Yin, X.B. (2022).Synergistic Effect of Melatonin and Selenium Improves Resistance to Postharvest Gray Mold Disease of Tomato Fruit. Front. Plant Sci., 13.

[200] Zeng, H.L., Liu, M.H., Wang, X., Liu, L., Wu, H.Y., Chen, X., Wang, H.D., Shen, Q.S., Chen, G.H. and Wang, Y. (2022).Seed-Soaking with Melatonin for the Improvement of Seed Germination, Seedling Growth, and the Antioxidant Defense System under Flooding Stress. Agronomy-Basel, 12.

[201] Zeng, L., Cai, J.S., Li, J.J., Lu, G.Y., Li, C.S., Fu, G.P., Zhang, X.K., Ma, H.Q., Liu, Q.Y., Zou, X.L. and Cheng, Y. (2018). Exogenous application of a low concentration of melatonin enhances salt tolerance in rapeseed (<i>Brassica napus</i> L.) seedlings. Journal of Integrative Agriculture, 17, 328-335.

[202] Zhang, H., Liu, L., Wang, Z.S., Feng, G.Z., Gao, Q. and Li, X.N. (2021).Induction of Low Temperature Tolerance in Wheat by Pre-Soaking and Parental Treatment with Melatonin. Molecules, 26.

[203] Zhang, H.J., Zhang, N., Yang, R.C., Wang, L., Sun, Q.Q., Li, D.B., Cao, Y.Y., Weeda, S., Zhao, B., Ren, S.X. and Guo, Y.D. (2014).Melatonin promotes seed germination under high

salinity by regulating antioxidant systems, ABA and GA$_4$ interaction in cucumber (*Cucumis sativus* L.). J. Pineal Res., 57, 269-279.

[204] Zhang, H.X., Liu, X., Chen, T., Ji, Y.Z., Shi, K., Wang, L., Zheng, X.D. and Kong, J. (2018).Melatonin in Apples and Juice: Inhibition of Browning and Microorganism Growth in Apple Juice. Molecules, 23.

[205] Zhang, H.X., Wang, L., Shi, K., Shan, D.Q., Zhu, Y.P., Wang, C.Y., Bai, Y.X., Yan, T.C., Zheng, X.D. and Kong, J.(2019). Apple tree flowering is mediated by low level of melatonin under the regulation of seasonal light signal. J. Pineal Res., 66.

[206] Zhang, J.R., Zeng, B.J., Mao, Y.W., Kong, X.Y., Wang, X.X., Yang, Y., Zhang, J., Xu, J., Rengel, Z. and Chen, Q. (2017).Melatonin alleviates aluminium toxicity through modulating antioxidative enzymes and enhancing organic acid anion exudation in soybean. Funct. Plant Biol., 44, 961-968.

[207] Zhang, Q., Qin, B., Wang, G.D., Zhang, W.J., Li, M., Yin, Z.G., Yuan, X.K., Sun, H.Y., Du, J.D., Du, Y.L. and Jia, P.Y. (2022).Exogenous melatonin enhances cell wall response to salt stress in common bean (*Phaseolus vulgaris*) and the development of the associated predictive molecular markers. Front. Plant Sci., 13.

[208] Zhang, Z.H., Guo, L., Sun, H.C., Wu, J.H., Liu, L.T., Wang, J.W., Wang, B., Wang, Q.Y., Sun, Z.M. and Li, D.X.(2023). Melatonin Increases Drought Resistance through Regulating the Fine Root and Root Hair Morphology of Wheat Revealed with RhizoPot. Agronomy-Basel, 13.

[209] Zhao, C.F., Guo, H.X., Wang, J.R., Wang, Y.F. and Zhang, R.H. (2021).Melatonin Enhances Drought Tolerance by Regulating Leaf Stomatal Behavior, Carbon and Nitrogen Metabolism, and Related Gene Expression in Maize Plants. Front. Plant Sci., 12.

[210] Zhao, G., Zhao, Y.Y., Yu, X.L., Kiprotich, F., Han, H., Guan, R.Z., Wang, R. and Shen, W.B. (2018).Nitric Oxide Is Required for Melatonin-Enhanced Tolerance against Salinity Stress in

Rapeseed (<i>Brassica napus</i> L.) Seedlings. Int. J. Mol. Sci., 19.

[211] Zhao, H.B., Su, T., Huo, L.Q., Wei, H.B., Jiang, Y., Xu, L.F. and Ma, F.W. (2015).Unveiling the mechanism of melatonin impacts on maize seedling growth: sugar metabolism as a case. J. Pineal Res., 59, 255-266.

[212] Zhao, Q., Chen, S.Y., Wang, G.D., Du, Y.L., Zhang, Z.N., Yu, G.B., Ren, C.Y., Zhang, Y.X. and Du, J.D. (2022). Exogenous melatonin enhances soybean (<i>Glycine max</i> (L.) Merr.) seedling tolerance to saline-alkali stress by regulating antioxidant response and DNA damage repair. Physiol. Plant., 174.

[213] Zhao, Q., Shen, W.Z., Gu, Y.H., Hu, J.C., Ma, Y., Zhang, X.L., Du, Y.L., Zhang, Y.X. and Du, J.D. (2023).Exogenous melatonin mitigates saline-alkali stress by decreasing DNA oxidative damage and enhancing photosynthetic carbon metabolism in soybean (<i>Glycine max</i> L. Merr.) leaves. Physiol. Plant., 175.

[214] Zheng, X.D., Zhou, J.Z., Tan, D.X., Wang, N., Wang, L., Shan, D.Q. and Kong, J. (2017).Melatonin Improves Waterlogging Tolerance of <i>Malus baccata</i> (Linn.) Borkh. Seedlings by Maintaining Aerobic Respiration, Photosynthesis and ROS Migration. Front. Plant Sci., 8.

[215] Zhou, K., Li, Y.T., Hu, L.Y., Zhang, J.Y., Yue, H., Yang, S.L., Liu, Y., Gong, X.Q. and Ma, F.W. (2022a). Overexpression of <i>MdASMT9</i>, an <i>N</i>-acetylserotonin methyltransferase gene, increases melatonin biosynthesis and improves water-use efficiency in transgenic apple. Tree Physiology, 42, 1114-1126.

[216] Zhou, R., Cen, B.J., Jiang, F.L., Sun, M.T., Wen, J.Q., Cao, X., Cui, S.Y., Kong, L.P., Zhou, N.N. and Wu, Z. (2022b). Reducing the Halotolerance Gap between Sensitive and Resistant Tomato by Spraying Melatonin. Agronomy-Basel, 12.

[217] Zhou, R., Wan, H.J., Jiang, F.L., Li, X.N., Yu, X.Q., Rosenqvist, E. and Ottosen, C.O. (2020).The Alleviation of Photosynthetic Damage in Tomato under Drought and Cold Stress by

High CO_2 and Melatonin. Int. J. Mol. Sci., 21.

[218] Zhou, X.T., Zhao, H.L., Cao, K., Hu, L.P., Du, T.H., Baluska, F. and Zou, Z.R.（2016）.Beneficial Roles of Melatonin on Redox Regulation of Photosynthetic Electron Transport and Synthesis of D1 Protein in Tomato Seedlings under Salt Stress. Front. Plant Sci., 7.

[219] Zou, J.N., Jin, X.J., Zhang, Y.X., Ren, C.Y., Zhang, M.C. and Wang, M.X.（2019）.Effects of melatonin on photosynthesis and soybean seed growth during grain filling under drought stress. Photosynthetica, 57, 512-520.

[220] Zou, J.N., Yu, H., Yu, Q., Jin, X.J., Cao, L., Wang, M.Y., Wang, M.X., Ren, C.Y. and Zhang, Y.X.（2021）.Physiological and UPLC-MS/MS widely targeted metabolites mechanisms of alleviation of drought stress-induced soybean growth inhibition by melatonin. Industrial Crops and Products, 163.

[221] Zuo, Z.Y., Sun, L.Y., Wang, T.Y., Miao, P., Zhu, X.C., Liu, S.Q., Song, F.B., Mao, H.P. and Li, X.N.（2017）.Melatonin Improves the Photosynthetic Carbon Assimilation and Antioxidant Capacity in Wheat Exposed to Nano-ZnO Stress. Molecules, 22.